国家行政学院**专题研讨班**系列教材

推进生态文明建设

国家行政学院进修部　主编

国家行政学院出版社

图书在版编目（CIP）数据

推进生态文明建设/国家行政学院进修部主编 . —北京：国家行政学院出版社，2013.12

ISBN 978-7-5150-0749-6

Ⅰ . ①推…　Ⅱ . ①国…　Ⅲ . ①生态环境建设－中国－干部教育－学习参考资料

Ⅳ . ①X321.2

中国版本图书馆 CIP 数据核字（2013）第 080450 号

书　　名	推进生态文明建设
作　　者	国家行政学院进修部　主编
责任编辑	吴蔚然
出版发行	国家行政学院出版社
	（北京市海淀区长春桥路 6 号　100089）
	（010）68920640　68929037
	http：//cbs. nsa. gov. cn
编 辑 部	（010）68928764
印　　刷	北京金秋豪印刷有限责任公司
版　　次	2013 年 12 月北京第 1 版
印　　次	2013 年 12 月北京第 1 次印刷
开　　本	787 毫米×1092 毫米　16 开
印　　张	22.25
字　　数	309 千字
书　　号	ISBN 978-7-5150-0749-6
定　　价	58.00 元

本书如有印装质量问题，可随时调换。联系电话：（010）68929022

目　录

一　主题报告

大力推进生态文明建设 …………………………………………………… 3
　　　　　报告人：中共中央政治局委员、国务院副总理　马　凯

二　专题讲授

第一讲　贯彻落实生态文明建设　大力推进绿色循环低碳发展…… 19
　　　　　讲授人：国家发展和改革委员会副主任　解振华

第二讲　积极探索环保新道路　大力推进生态文明建设………… 43
　　　　　讲授人：环境保护部部长　周生贤

第三讲　中国林业发展与生态文明建设……………………………… 59
　　　　　讲授人：国家林业局局长　赵树丛

第四讲　走新型工业化道路　推进工业绿色低碳发展……………… 78
　　　　　讲授人：工业和信息化部部长　苗　圩

第五讲　加强农业资源环境保护　促进农业可持续发展…………… 88

讲授人：农业部副部长　陈晓华

三　专家论坛

生态文明建设中的知与行 ……………………………………… 109

特邀专家：

中国工程院院士、清华大学教授　　　　　　　钱　易

清华大学教授　　　　　　　　　　　　　　　卢　风

北京林业大学人文学院院长、教授　　　　　　严　耕

财政部财政科学研究所副所长　　　　　　　　苏　明

中国社会科学院可持续发展研究中心副主任　　陈洪波

主持人：国家行政学院经济学教研部主任、教授　张占斌

四　经验交流

深入推进生态文明　加快建设人文绿都　争创"美丽中国"
标志性城市 …………………………………………………… 149

主讲人：江苏省委常委、南京市委书记　杨卫泽

五　案例教学

"十面霾伏"挑战中国政府 …………………………………… 175

主持人：国家行政学院经济学教研部副主任、教授　董小君

国家行政学院经济学教研部教授　　　　　　冯俏彬

案例文本 ……………………………………………………… 209

六　学员论坛

生态文明建设中的难点与对策 ································ 241

主讲人：　　　　　　　贵阳市委书记　　李军

重庆市副市长　　凌月明

神华集团总经理　　张玉卓

点评人：　国家行政学院决策咨询部主任、研究员　　慕海平

国家行政学院经济学教研部副主任、教授　　张孝德

七　中国政策论坛

生态美·中国美 ····································· 271

主讲人：国家发展和改革委员会、环境保护部、

国家林业局、国家行政学院领导

主持人：中央电视台主持人

八　研讨交流

第一次结构化研讨（问题汇集）全班交流实录 ············· 307

第二次结构化研讨（问题分析）交流实录 ··············· 313

第三次结构化研讨（对策建议）全班交流实录 ············· 319

九　附　录

班主任日志 ·· 335

周志龙

教学方案和课表 ······································ 342

国家行政学院进修部

一

主题报告

大力推进生态文明建设[*]

中共中央政治局委员、国务院副总理　马　凯

　　党的十八大把推进生态文明建设放在突出地位，纳入中国特色社会主义事业总体布局，是我们党又一次重大理论创新和实践深化，具有重大的现实意义和深远的历史意义。值此专题研讨班开班之际，我就大力推进生态文明建设问题谈些看法，与大家共同讨论。

一、深入理解生态文明的内涵

　　深入理解和把握生态文明的内涵，是推进生态文明建设的重要前提。什么是生态文明，理论界有不同认识。我理解，生态是自然界的存在状态，文明是人类社会的进步状态，生态文明则是人类文明中反映人类进步与自然存在和谐程度的状态。从这一表述可以看出，生态文明与物质文明、精神文明、政治文明等一样，都是人类文明体系的重要组成部分；生态文明与其他文明的不同之处在于，它是从人与自然界关系角度反映人类文明进步程度的范畴；生态文明同其他文明一样都是历史范畴，也随着人类文明的发展经历着由低级向高级不断演进的过程。我们党所追求的生态文明，是人类社会与自然界和谐共处、良性互动、持续发展的一种高级形态的文明境界，其实质是要"建设以资源环境承载力为基础、以自然规律为准则、以可持续发展为目标的资源节约型、环境友好型社会"。为了加深对我们党所追求的生态文明内涵的理解，可以从生态文明

　　* 本文根据时任国务委员兼国务院秘书长、国家行政学院院长马凯同志 2013 年 3 月 2 日在国家行政学院 2013 年春季开学典礼暨省部级领导干部推进生态文明建设研讨班开班式上的讲话整理。

的提出、核心和特征加以考察。

生态文明的提出。人类本身是自然界的产物，其一经产生便与自然发生关系，并在人类社会生产力发展的不同阶段呈现出不同特点。人与自然的关系自人类诞生就客观存在，但人类提出"生态文明"的概念，则是随着人们在处理与自然界关系的实践发展中认识不断升华的产物。在原始社会，大约距今四百万年左右，人类进入石器时代，劳动工具简陋，只能被动地依赖自然、顺从自然，人口规模和平均寿命都很低，从自然界获取很少的资源，维持着自身极低水平的生存和繁衍。在这一阶段，人类主要生产方式就是捕猎和采摘，对自然的利用能力极为低下，其破坏作用也很小，没有也不可能产生生态危机，人与自然维持着以人对自然的完全被动服从为特征的天人混沌一体的共处关系。在农业社会，大约距今一万年左右，人类进入铁器时代，随着劳动工具的改进，生产力水平有了进步，人类主动利用自然、开发资源的能力增强，相应地对自然有所破坏，局部地区甚至还较严重；同时，随着人口规模不断扩大，在当时的生产力水平下，局部地区出现过人口增长超过资源承载能力的状况，乃至引发争夺资源的战争。但从总体上看，人类开发利用自然的能力仍然低下，对自然的破坏也很有限；相对于人口规模和消费水平，资源环境还有较大容量，没有出现全面性的生态危机。这一阶段，人与自然维持着以局部性、阶段性不和谐但整体相对平衡为特征的共处关系。到了工业社会，距今三百年左右，人类进入机器时代，科技进步加快，大工业生产迅猛发展，人类利用自然、改造自然的能力空前增强，创造了前所未有的巨大物质财富，人口数量大幅增加，人均寿命大幅提升，人们的生活水平大幅改善，工业化的这些成果都是历史的进步；但同时传统工业化道路也使得人与自然的矛盾越来越尖锐，自然资源日趋匮乏，环境污染日渐严重，生态系统恶化加剧，人类生存和发展面临生态危机的重大威胁，人与自然的关系全面紧张，变得很不和谐。20世纪六七十年代以来，随着西方工业化国家环境公害事件频发，以及两次世界石油危机，引起了人类对传统工业化道路弊端的警醒。民间环保组织纷纷涌现，环保运动此起彼伏。有识之士不断发出呼吁，1962 年出版的《寂静的春天》和 1972 年发表的《增长的极限》就是其中重要的代表。1992 年联合国环境与发展大会发表《里约宣言》和《21 世纪议程》，提出要走可持续发展道路，保护地球生态系统。与此同时，一些中外学者也陆续提出并使用了"生态文明"的概念。从上述历史背景可以看出，"生态文明"的理念是工业社会发展到一定阶段人与资源、环境矛盾日益尖锐的产物，是人们对人与自然的关系特别是传统工业化增长模式导致越来越严重的生态危机进行深刻反思的结果。我们党一直高度重视生态问题，20 世纪 80 年代初就提出了绝不能走"先污染后治理"的老路，1983 年在全国环保会议上中央将环境保护确定为基本国策；1994 年中国政府发表《中国 21 世纪议程——中国 21 世纪人口、环境与发展白皮书》，首次提出把可持续发展战略纳入经济社会发展长远规划；2002 年党的十六大提出"走新型工业化道路"，推动整个社会走上生产发展、生活富裕、生态良好的文明发展道路；2003 年党的十六届三中全会提出科学发展观，强调"统筹人与自然的和谐发展"；2007 年党的十七大把"建设生态文明"作为实现全面建成小康社会的五大目标之一，并首次将人与自然和谐，建设资源节约型、环境友好型社会写入党章；2012 年党的十八大则把"生态文明建设"纳入中国特色社会主义事业"五位一体"总体布局，系统阐述了加强生态文明建设的重大意义、总体要求和重点任务，指明了推进生态文明建设的正确方向和路径。"生态文明"的概念虽然不是我们党首先提出的，但揭示其本质、丰富其内涵，不是停留在研究上、宣示上，而是把它作为执政理念上升为国家战略在全社会加以推行，则是前无古人的。这是我们党总结人类社会文明发展史，继承中国传统文化中"天人合一"的思想智慧，借鉴国际国内现代生态理论和正反两方面实践，针对我国经济社会发展面临的突出问题和重大挑战，探索中国特色社会主义取得的最新成果。

生态文明的核心。生态文明的核心问题是正确处理人与自然的关系。人与自然的关系是人类社会最基本的关系。一方面，人类与其他生物一

5

样源于自然而产生、赖于自然而存在和发展，自然界是人类社会产生、存在和发展的基础和前提，因此人类绝不是可以任意支配自然的"主宰"；另一方面，人类与其他生物相比又有不同，人类可以通过社会实践活动有目的地利用自然、改造自然，不断改进人类的生存和发展方式，并创造着人类自身的文明，因此人类也绝不是只能被动适应自然的"奴仆"。大自然本身是极其富有和慷慨的，但同时又是脆弱和需要平衡的；人类人口数量的增长和生活质量的提高不可阻挡，相应地人类对自然界的影响也不断扩大，但人类归根结底也是自然的一部分，人类活动不能超过自然界容许的限度，即出现不可逆转丧失自然恢复的能力，否则将危及人类自身的生存和发展。生态文明所要强调的就是要处理好人与自然的关系，既要获取又有限度，既要利用又要保护，促进经济发展、人口、资源、环境动态平衡，不断提升人与自然和谐相处的文明程度。

生态文明的特征。在价值理念上，生态文明的本质要求是尊重自然、顺应自然和保护自然。尊重自然，就是要从内心深处老老实实地承认人是自然之子而非自然之主宰，对自然怀有敬畏之心、感恩之心，绝不能有凌驾于自然之上的狂妄错觉。顺应自然，就是要使人类的活动符合而不是违背自然界的客观规律。当然，顺应自然不是任由自然驱使，更不是让当代人停止发展，重返原始状态，而是在按客观规律办事的前提下，充分发挥能动性和创造性，科学合理地开发利用自然。保护自然，就是要求人类在向自然界获取生存和发展之需的同时，要呵护自然，把人类活动控制在自然能够承载的程度之内，给自然留下恢复元气、休养生息、资源再生的空间，实现人类对自然获取和给予的平衡，多还旧账，不欠新账，防止出现生态赤字和人为造成的生态不可逆的状况。在社会实践上，生态文明就是要求人要能动地与自然界和谐相处，在利用自然的同时又保护自然，形成人类社会可持续的生存和发展方式。具体讲，我们党所追求的生态文明，在实践中就是要按照科学发展观的要求，走出一条低投入、低消耗、少排放、高产出、能循环、可持续的新型工业化道路，形成节约资源和保护环境的空间格局、产业结构、生产方式和生活方式。在空间维度上，生态文明是全球性的问题。人类只有一个地球，生态危机是对全人类的挑战，解决生态问题具有世界整体性的要求，任何国家都不可能独善其身，都必须从全球范围考虑人与自然的平衡。各国对保障生态安全都负有共同而有区别的责任。在一个国家内部也是如此。在时间维度上，生态文明是一个动态的历史过程。人类发展的各个阶段始终面对人与自然的关系这一永恒难题，生态文明建设永无止境。人类处理人与自然的关系就是一个不断实践、不断认识的解决矛盾的过程，旧的矛盾解决了，新的矛盾又会产生，循环往复，促进生态文明不断从低级向高级阶段进步，从而推动人类社会持续向前发展。

还应当指出的是，我们党所追求的这种高级形态的生态文明，是中国特色社会主义的本质要求和理性选择。社会主义制度和价值观念的确立，摒弃了传统工业社会一切为了资本增值的观念，树立了一切为了人（包括当代和后代）的全面发展的观念，加之社会主义国家政府不是简单的"守夜人"，可以自觉地按照客观规律弥补市场经济的不足，从而使高级形态的生态文明不但成为发展的必需，而且成为经过努力可以实现的选择。

二、充分认识推进生态文明建设的重要性和紧迫性

生态文明建设关系我国全面建成小康社会、实现社会主义现代化和中华民族伟大复兴，我们必须加深对生态文明建设重要性与紧迫性的认识。

从当前看，大力推进生态文明建设是缓解资源环境压力，保持我国经济社会持续健康发展的现实需要。世界性的生态安全难题，如能源危机、淡水危机、气候异常、物种灭绝等，在我国也有反映，加之由于高投入、高消耗、高污染的传统发展方式没有根本改变，我国在经济快速增长的同时，也付出了很高的代价，人口、资源、环境的矛盾日益突出，对我国发展的制约日益增大。一是资源约束趋紧。我国人口众多，资源相对不足，很多重要资源人均占有量低于世界平均水平，比如，淡水、

耕地、森林、煤炭、石油、铁矿石、铝土矿等。改革开放以来，随着我国工业化、城镇化快速发展，以及发展方式粗放，能源、资源消耗大、浪费多，能源、资源供给矛盾变得十分突出。2010年，我国GDP占世界的比重不足10％，但能源消费总量占近20％，粗钢占45％，水泥占56％。随着我国工业化、城镇化的发展，未来一段时期内，各类能源、资源的人均消费量还要增加，能源、资源对于经济社会发展的瓶颈约束将更加明显，粮食安全、能源安全、淡水安全面临严重挑战。二是环境污染严重。我国传统的发展方式导致主要污染物排放量过大，有的超过了环境容量，水、土壤、空气污染加重的趋势尚未得到根本遏制。饮用水安全受到威胁，近3亿农村人口喝不上安全饮用水，近6 000万城镇人口饮用水源水质不合格。土壤污染面积扩大，重金属、持久性有机物污染加重。京津冀、长三角、珠三角地区及部分大中城市大气污染问题突出，部分城市空气污染严重，雾霾等极端天气增多。环境污染给人民群众身心健康带来严重危害，环境群体性事件频发。三是生态系统退化。森林生态系统质量不高，草原退化、水土流失、土地沙化、地质灾害频发、湿地湖泊萎缩、地面沉降、海洋自然岸线减少等问题十分严峻。全国近80％以上草原出现不同程度的退化，水土流失面积占国土总面积的37％，沙化土地面积占国土总面积的18％，石漠化面积占国土总面积的1.3％，海洋自然岸线不足42％。资源开采和地下水超采造成土地沉陷和破坏。生物多样性锐减，濒危动物达258种，濒危植物达354种，濒危或接近濒危状态的高等植物有4 000～5 000种，生态系统缓解各种自然灾害的能力减弱。四是气候变化问题突出。温室气体排放总量大、增速快。上述情况表明，我国的资源、环境和生态系统已难以承载传统的发展方式，只有大力推进生态文明建设，努力走绿色循环低碳发展道路，才能从根本上缓解资源环境瓶颈制约，为我国经济社会持续健康发展奠定坚实基础。

从长远看，大力推进生态文明建设是维护代际公平、实现中华民族世世代代永续发展的必然要求。大自然是整个人类的生命支持系统，不仅在久远的过去哺育了我们的祖先，在遥远的未来还要养育我们的子孙后代。在历史长河中，我们每一代人都是宇宙的匆匆过客，是资源、环境的临时托管人。联合国曾提出这样一句寓意深刻的话来警告世人，"我们不只是继承了父辈的地球，而且是借用了儿孙的地球。"考虑生态的代际公平，既要注重当代人的福祉，也要顾及后代人的利益，不能"吃祖宗的饭，断子孙的路"。我们没有权利为了满足我们这一代的需要，就剥夺子孙后代满足他们需要的权利，不能让子孙后代承担我们过度使用资源和破坏环境的恶果。只有大力推进生态文明建设，才能维护资源环境对人类的长远供养能力，使后代具有生存和发展的公平机会，实现中华民族的永续发展和中华文明的代代相传。

从根本上看，大力推进生态文明建设是坚持以人为本，不断满足人民群众日益增长的物质文化需要的内在要求。改革开放以来，我国城乡居民的生活水平有了很大提高，老百姓物质文化生活需求的具体内容也在不断升级变化，不仅要满足对农产品、工业品和服务的需求，对生态产品的需求也越来越迫切。满足人民群众日益增长的生态产品需求日益成为人民生活水平和质量的一个重要标志。在城市，人民群众期盼的"舌尖上的安全"、清洁空气、洁净饮水、良好气候、优美环境等优质生态产品和健康需求还不能得到有效满足。在农村，生存条件简陋、环境脏乱差的问题还比较突出，相当一部分人喝不上干净水。可以说，生态产品短缺已经成为制约我国民生建设的"短板"，成为影响人民群众幸福感的重要因素。大力推进生态文明建设，让老百姓喝上干净的水、呼吸新鲜的空气、享用绿色的植被、吃上放心的食物、生活在宜居的环境中，满足城乡广大人民群众的生态产品需求，是全面建成小康社会的应有之义。这既是我们党以人为本、执政为民理念的具体体现，也是对人民群众生态产品需求日益增长的积极响应，还是提高人民福祉，建设美丽中国、幸福中国的出发点和落脚点。

从理论上看，大力推进生态文明建设是中国特色社会主义理论的重大发展。党的十八大将生态文明建设与经济建设、政治建设、文化建设、社会建设一起，纳入中国特色社会主义事业总体布局，表明了我们党对

9

中国特色社会主义规律认识的不断深化。在坚持和发展中国特色社会主义问题上，经济建设、政治建设、文化建设、社会建设和生态文明建设"五位一体"，是一个有机整体，经济建设是中心和基础，政治建设是方向和保障，文化建设是灵魂和血脉，社会建设是支撑和归宿，生态文明建设是根基和条件，它们相辅相成、相互促进。特别应该指出的是，其中生态文明建设是其他建设的自然载体和环境基础，并渗透于、贯穿于其他建设之中而不可或缺，一切发展建设都应以不损害生态环境为底线。如果生态文明建设缺失或滞后，那么，由于不能正确处理经济发展与人口、资源、环境的关系，经济建设将是不可持续的；由于不能正确处理一部分当代人与另一部分当代人以及当代人与后代人的关系，政治建设和文化建设也将是有失公平和偏颇的；由于人的生存和发展条件的恶化，以保障和改善民生为宗旨的社会建设也是难以实现的。当然，生态文明建设也离不开经济建设、政治建设、文化建设和社会建设。"五位一体"建设中国特色社会主义，就要五个建设一起抓，五个轮子一起转。这样，才能正确处理人与人、人与自然的关系，形成人与自然和谐相处、经济社会协调发展的现代化建设新格局，努力走向社会主义生态文明的新时代。这不仅是对中国特色社会主义理论的完善、丰富和重大发展，也是对人类文明形态和文明理念、道路认识的升华，不仅对中国的发展有重大而深远的意义，而且是对人类文明的重要贡献。

总之，我们一定要从战略和全局的高度，充分认识加快生态文明建设的极端重要性和紧迫性，增强忧患意识和危机意识，增强历史责任感和使命感，以对国家和人民高度负责、对子孙后代高度负责、对中华民族高度负责的精神，把生态文明建设工作摆在突出的重要位置，切实用大力气抓紧抓好。

三、推进生态文明建设的重点任务和保障措施

党的十八大对生态文明建设做出了全面部署，明确提出要把生态文明放在突出地位，融入经济建设、政治建设、文化建设、社会建设各方

面和全过程，加快建设资源节约型、环境友好型社会，努力建设美丽中国，实现中华民族永续发展，并为全球生态安全做出贡献。

按照党的十八大的总体部署，建设生态文明必须坚持以科学发展观为指导，遵循以下重要原则。一是坚持把尊重自然、顺应自然、保护自然作为本质要求，着力提高资源利用效率和生态环境质量，形成人与自然和谐发展的现代化建设新格局。二是坚持把节约优先、保护优先、自然恢复为主作为基本方针，着力推进绿色发展、循环发展、低碳发展，形成节约资源和保护环境的空间格局、产业结构、生产方式、生活方式。三是坚持把以人为本、可持续地满足人民群众日益增长的物质文化需要作为出发点和落脚点，坚持生态文明建设为了人民，生态文明建设依靠人民，为人民创造良好生产生活环境，为子孙后代留下天蓝、地绿、水净的美好家园。四是坚持把改革创新和科技创新作为根本动力，建立和完善生态文明制度体系，形成生态文明建设长效机制。

按照生态文明建设的总体要求和基本原则，当前和今后一个时期，推进生态文明建设必须突出抓好以下重点工作。

1. 切实推进主体功能区战略实施，优化国土空间开发格局

国务院已颁布《全国主体功能区规划》，实施主体功能区战略对于整体把握和系统推进生态文明建设具有重大意义。当前要按照党的十八大精神，加强顶层设计，逐步建立和完善与之相配套的法律法规和政策、规划，狠抓落实、重点突破，形成人口、资源、环境相协调的国土空间开发格局。一是加强规划实施监督。推动各地区按照主体功能定位进一步细化区域规划，厘清中央、省、市、县各自的责任。国务院各部门根据规划精神落实相关工作，加强规划实施的监督检查，进一步统筹人口分布、经济布局、国土利用，使规划落到实处。二是完善政策保障。加快落实促进主体功能区建设的财税、投资、产业、土地等政策，中央要加大对农产品主产区、中西部地区、贫困地区、重点生态功能区、自然保护区等的均衡性转移支付力度，增强限制开发和禁止开发区域的政府公共服务保障能力，促进区域协调发展。三是构建科学合理的"三大战

略格局"。把生态文明建设融入新型城镇化发展的全过程,注重生态文明试点示范、森林城市建设,形成功能定位明晰、产业布局合理、体现区位优势特色、与资源环境承载能力相适应的城镇化格局。促进农业区域化布局、专业化生产和规模化经营,保障全国耕地数量、质量和农产品供给,形成既体现我国主要农产品向优势产区集中的新变化,又结合我国农业自然资源状况特点和基础的农业发展格局。切实保护好关系国家生态安全的区域,恢复和提升重点生态功能区的生态功能,形成以森林植被为主体、林草结合的国土生态安全格局。四是坚持陆海统筹协调。强化海洋大国意识,把握好陆地空间与海洋国土空间统一性,以及海洋系统的相对独立性,处理好陆地开发与海洋开发以及海岸带保护的关系。发展海洋经济,加快海洋产业发展,增强海洋生态产品供给能力,保护海洋生态环境,坚决维护国家海洋权益,建设海洋强国。

2. 加快转变经济发展方式,促进生产方式转型

各行各业都要转变发展方式,才能从源头上减少资源消耗过度和污染排放问题,从根本上缓解经济增长与资源、环境之间的矛盾。一是调整产业结构。大力发展服务业和战略性新兴产业,提高其在国民经济中的比重。抑制高耗能、高排放行业过快增长,加快淘汰落后产能,促进产业向优势企业集中,推动过剩产能向海外有序转移。二是节约集约利用资源。从破解资源约束出发,加强生产和服务全过程资源节约和综合利用,大幅降低能源、水、土地消耗强度,有效控制用水总量,合理开发矿产资源,严格管制土地用途。推动能源生产和消费革命,大力发展新能源和可再生能源,控制能源消费总量,保障国家能源安全。三是推行绿色循环低碳的生产方式。各行各业都要按照资源节约、环境保护的要求实现生产方式的根本转变,工业生产要彻底抛弃高投入、高污染的粗放式增长模式,持续推动节能减排,按照减量化、再利用、资源化的原则,推行清洁生产,发展循环经济。农业生产要积极发展生态农业和有机农业,稳定提高农业综合生产能力,保障粮食安全。大幅度降低农药、化肥使用量,改善农业生态环境。

3. 合理引导消费行为，形成文明生活方式

消费行为和生活方式似乎是小问题，实则是全社会的大问题，每时每刻都会对资源环境产生直接影响，同时也会间接影响生产方式。我们每个人都要从我做起，从身边做起，从一点一滴做起。一是树立健康的消费理念。强化资源短缺、环境脆弱的国情宣传和教育，开展世界地球日、世界防治荒漠化和干旱日、世界湿地日、世界环境日、世界水日以及节能宣传周、爱粮节粮周等主题宣传活动，引导全社会树立环保生态意识，倡导绿色消费理念，形成崇尚节约的新风尚。节约每一滴水、每一度电、每一张纸、每一粒粮，反对铺张浪费、过度包装、讲排场比阔气、大吃大喝等奢华消费。要使节约资源和保护环境成为 13 亿中国人的主流价值观。二是形成合理的消费行为。引导消费行为与经济发展水平、社会承受能力以及个人收入相适应，形成节俭办事、减少污染、有益健康的生活方式。加强城乡公共服务能力建设，运用价格手段调节引导居民绿色居住和出行，扩大节能、低碳、环保的绿色产品消费。在建筑行业执行强制性的节能标准，推进可再生能源、环保材料在建筑和装修等领域的应用。加强绿色低碳社区建设，鼓励开展群众性生态保护和环境治理行动，推动个人和家庭在日常生活的各方面遏制浪费现象和不文明行为。三是创造整洁的生活环境。大力扶持绿色交通，推广天然气、沼气、太阳能、风能等清洁能源，减少机动车尾气、工业排放和建筑扬尘，推行垃圾分类回收和循环利用，改造地下排污管网，提高危险废弃物集中处理能力，绿化、美化、净化生活环境。特别是要加强农村生活环境治理，实施乡村清洁工程，推行"户集、村收、镇运、集中处理"的垃圾处理方式，深入实施秸秆禁烧和综合利用，建设"居住集中化、环境生态化、服务功能化"的农村新社区。

4. 着力加强生态保护与修复，营造良好生态环境

生态既要保护又要修复，要加大对已遭到破坏生态的修复和对生态脆弱地区的投入，促进生态恢复，形成自然生态和人居环境的良性循环。一是加强监测预防。加大环境监测力度，实行严格的环境质量控制标准，

强化监督管理，为污染防治奠定基础。加强气象、地质、地震灾害监测预警预报和信息发布系统建设，完善防灾减灾体系，提高防御能力。二是加强自然生态系统保护。推进天然林资源保护，巩固和扩大退耕还林还草、退牧还草等成果，保护好林草植被和河湖、湿地，加强野生动植物和生物多样性保护。加强水源地保护，加快病险水库水闸除险加固、农田水利等重点工程建设，加快实施搬迁避让。扎实推进城乡造林绿化工作，构建重要生态屏障，提高生态系统稳定性。三是实施重大生态修复工程。加快解决损害群众健康的水、土壤、大气污染等突出环境问题。推进荒漠化、石漠化、水土流失综合治理。加强重点流域和区域水污染防治、生态脆弱河湖和地区水生态修复与治理。加大治理重金属污染和土壤污染的力度。通过多种手段有效控制温室气体排放。四是增强生态产品生产供给能力。生态产品直接惠及百姓，生态保护与建设的成果是无形的生态产品，生态产业发展的成果是有形的生态产品。要大力加强林地、水源、湿地、草原等绿色生态资源的保护，增强生态产品供给能力。

5. 大力推进科技进步，支撑生态文明建设

解决资源环境面临的问题，归根结底要靠科技进步，不断提高资源利用效率、污染物排放的控制能力和废弃物的资源化利用能力。一是加快重点技术创新。在跟踪国际新技术新进展的基础上，加强基础研究和应用研究，重点在节能技术、清洁能源技术、循环经济技术方面取得突破，力争抢占国际新技术竞争的制高点。积极发展先进煤电、核电等重大装备制造核心技术、主要耗能领域的节能关键技术、重污染行业清洁生产集成技术等，使主要工业产品单位能耗指标和排放指标达到或接近世界先进水平。适应国际发展潮流，突破城市群大气污染控制、非常规污染物控制、废弃物等资源化利用的关键技术，减少排放并节约排放空间。二是加大先进技术推广应用。加强技术创新和应用推广的有机衔接，建立以企业为主体的产学研合作机制。制定配套政策，促进太阳能、风能、生物质能源等可再生能源低成本、规模化开发利用。运用价格调节、

加速折旧、财政补贴等措施加快落后产能技术的淘汰更新，促进节能产业、资源循环利用产业、环保产业、可再生能源产业等绿色产业发展，使企业从技术的转化和应用中获利，使人们广泛享受到科技进步带来的生态效益。

6. 不断创新体制机制，完善生态文明制度

推进生态文明建设是个长期的过程，依赖于一个规范的、长期的、稳定的制度环境，形成"硬约束"的长效机制。一是深化资源性产品价格改革。合理调整资源性产品价格，引导资源节约利用。创新资源性产品价格形成机制，优化水电、核电及可再生能源发电定价机制，完善居民阶梯电价改革方案，有序推进竞价上网和输配电价改革。继续探索价格形成机制改革试点，完善政府、企业、消费者共同参与协商的定价机制。二是加大资源环境税费改革。按照价、税、费、租联动机制，适当提高资源税税负，加快开征环境税，完善计征方式。积极探索运用税费手段提高环境污染成本，降低污染排放。三是健全资源补偿和交易制度。按照谁开发谁保护、谁受益谁补偿的原则，加快建立生态补偿机制，研究设立国家生态补偿专项资金，推行资源型企业可持续发展准备金制度。培育节能量和碳排放量第三方核证机构，鼓励企业积极参与节能量交易和碳交易。健全水权制度，开展水权交易，规范水权转让。深化排污权有偿使用和交易制度改革。四是完善统计评价体系。建立体现生态文明要求的目标体系，完善统计指标，把资源消耗、环境损害、生态效益纳入经济社会发展评价体系。强化领导干部的生态文明意识，根据主体功能定位探索设立不同的考核目标，增加生态文明相关指标权重，逐步完善干部考核任用制度。五是加强法律法规建设。大力推进生态文明建设，法律制度至关重要。要改变立法理念和机制相对滞后、法定权责失衡、执法力度不足的状况，健全生态环境保护责任追究制度和环境损害赔偿制度。加强环境监管，完善信息公开与公众参与制度，健全最严格的环境执法体系，提高环境违法成本，依靠强有力的法制调节和规范社会行为。

二 专题讲授

第一讲
贯彻落实生态文明建设
大力推进绿色循环低碳发展 *

国家发展和改革委员会副主任　解振华

今天我主要是结合学习十八大精神的体会和学习马凯同志报告的内容，来谈谈我们国家"贯彻落实生态文明建设，大力推进绿色循环低碳发展"。如果谈的有不对的地方，希望大家批评指正。主要谈四个方面的问题。

一、深刻认识生态文明建设是顺应国际潮流的历史选择

党的十八大把生态文明建设作为一项历史任务，纳入了中国特色社会主义"五位一体"的总体布局。这是我们党在理论创新和实践探索基础上，对自然规律及人与自然关系的再认识，是顺应国际潮流、探索中国特色社会主义道路的最新理论成果。从人类发展大的历史背景看，生态文明是工业文明发展到一定阶段的产物，是人类对传统工业文明带来的生态环境危机深刻反思的结果，是人类社会发展的必然选择。

（一）传统工业化模式带来了严重的资源环境问题

18 世纪中叶开始的工业革命使人类社会进入了工业文明，工业化在给人类带来巨大物质财富的同时，也给人类带来了沉重的资源环境代价。

首先 20 世纪 30 年代后发达国家相继出现环境公害事件。早在 19 世

---

* 本文根据国家发展和改革委员会副主任（正部级）解振华同志 2013 年 3 月 3 日在国家行政学院省部级领导干部推进生态文明建设研讨班上的授课内容整理。

纪英国的泰晤士河就由于污染，成为一条鱼虾绝迹的河流。实际上在欧洲，主要的河流在 20 世纪 30 年代、40 年代、50 年代基本上都出现了严重的环境污染。芬兰现在是环境非常好的一个国家，但是当时的芬兰湾，由于几条河流的污染也是鱼虾绝迹。日本东京的环境污染治理在世界上做得相当好，但是它也走了这么一段路，东京湾当年也是鱼虾绝迹。1930 年 12 月份比利时马斯河谷工业排放了大量烟雾，在大雾的作用之下上千人发生呼吸道疾病，一个星期内就有 63 人死亡，被称为比利时马斯河谷事件。1948 年 10 月美国多诺拉镇，由于工业排放有毒气体及金属微粒，在气候反常的作用下导致小镇 6 000 人突然发病，其中有 20 人很快死亡，被称为美国多诺拉事件。20 世纪 40 年代发生了洛杉矶光化学烟雾事件。1943 年的一次烟雾事件，导致因呼吸系统衰竭死亡的人数明显增加，约有 75％以上的市民患上红眼病，远离城市 100 公里外的海拔 2 000 米高山上的大片松林枯死。1952 年 12 月的一次光化学烟雾事件中，洛杉矶市 65 岁以上的老人死亡 400 多人。1955 年 9 月，由于大气污染和高温，短短两天之内，65 岁以上的老人又死亡 400 余人。直到 20 世纪 70 年代，洛杉矶市还被称为"美国的烟雾城"。1952 年英国发生了伦敦烟雾事件。1952 年 12 月 5 日至 8 日，以煤烟为主的空气污染导致伦敦形成厚重雾霾，约 4 000 人因呼吸道疾病等原因死亡，10 万人致病，两个月后又有 8 000 多人死亡。另外，在 20 世纪 50 年代到 70 年代，日本也相继发生了大气污染事件。熊本县的水俣病，就是汞中毒，还有富山的痛痛病和爱知县米糠油污染事件。这就是有名的八大环境公害事件。频繁发生的重大环境公害问题开始引起各国重视，发达国家相继成立了环境保护专门机构，投入了大量资金，控制环境污染。

我们北京这次雾霾天气，实际上是伦敦的烟雾事件和洛杉矶的光化学烟雾事件这两个事件的叠加。伦敦烟雾事件是燃煤产生的二氧化硫加上当地的逆温，因此最后造成了伦敦烟雾事件。洛杉矶的光化学烟雾事件，主要污染物是汽车排放的氮氧化物，最后形成了光化学烟雾事件。北京是既有燃煤又有汽车，既有二氧化硫又有氮氧化物，它们共同作用造成了这些问题。实际上北京的雾霾天气一个是雾，雾是气候气象的问题；一个是霾，霾主要还是造成的污染问题。我们说污染源主要是要看源，要真正解决问题，还得从源来入手。

其次传统高消耗的增长方式下能源资源制约日益凸显。传统的工业化模式在大规模排放污染物的同时，也在大量消耗能源、矿产和淡水等自然资源。随着全球人口不断增加，越来越多的国家步入工业化进程，全球能源、资源短缺问题也日益凸显。

特别是 20 世纪 70 年代，发生了两次世界性的石油危机，对世界经济造成巨大影响，国际舆论开始高度关注"能源危机"问题。第一次石油危机是 1973 年，持续三年的石油危机对发达国家的经济造成了严重的冲击，所有的工业化国家的经济增长都明显放慢。第二次石油危机发生在 1979 年到 1980 年初，主要是由于局部战争导致原油的价格上升，最后影响了很多国家经济的发展。石油危机表明了广泛依赖化石燃料的现代经济的脆弱性和不可持续性，很多国家采取措施全面节约能源，调整能源结构，并将其上升到国家战略层面。

再有一个问题就是淡水危机日益严峻。20 世纪 50 年代以后，随着全球人口的急剧增长、城市化加速推进、工业化发展迅速，对水的需求以惊人的速度扩张，整个 20 世纪世界人口增加了两倍，而人类的用水量增加了五倍，同时大规模的水体污染又使可供使用的水资源大量减少。据联合国调查统计，全球河流稳定流量的 40% 已被污染，所有流经亚洲城市的河流均被污染，美国 40% 的流域水资源被污染，欧洲 55 条河流当中约有近 50 条受到不同程度的污染。

目前全球性的水资源短缺已成为常态。80 多个国家约 15 亿人口面临淡水不足，其中 26 个国家约 3 亿人口完全生活在缺水状态，30 亿人缺乏用水卫生设施，每年有 300 万到 400 万人死于和水有关的疾病，到 2025 年，全球将有 35 亿人为水所困。水资源问题已经成为关系国家经济、社会可持续发展和长治久安的重大战略问题。专家警告说，随着水资源日益紧缺，水的争夺战将愈演愈烈。淡水危机有可能成为 21 世纪最

严重的环境问题、安全问题。

再次，气候变化问题成为重大的全球性问题之一。由于工业革命以来人类大量使用化石燃料，排放了大量的二氧化碳、甲烷等温室气体，正在导致全球气候发生以变暖为主要特征的显著变化。据观测，地球升温与二氧化碳浓度增长曲线是一致的。

根据联合国政府间气候变化专门委员会（IPCC）第四次评估报告，大气中二氧化碳浓度已从工业革命前的 280ppm（百万分之一单位）上升到 2011 年的 391ppm。近百年来全球地表平均温度上升了 0.74℃，未来一百年还可能上升 1.1～6.4℃。（中国过去一百年来的气候变化趋势与全球相同，并且升温幅度高于世界平均水平，达到 1.1℃。）主要原因是：1750 年以来，全球累计排放二氧化碳在 1 万亿吨以上，其中发达国家排放占 80％左右。目前，全球 70 亿人口每年消费化石能源 170 亿吨标准煤，每年新增 350 亿吨二氧化碳排放。

世界银行 2012 年 11 月公布的报告指出：到本世纪末，如果再不采取持续的政策行动的话，全球气温将上升 4℃，后果将是灾难性的（这里所说的 4℃是平均的概念，分布的不均匀使其更具灾难性）。人类将面临这样的局面：沿海城市被淹没，食品短缺，干旱加剧，洪涝增多，很多地方尤其是热带地区将遭遇史无前例的热浪，很多地区缺水明显加剧，热带气旋强度增强，生物多样性丧失，珊瑚体系丧失无法逆转。任何国家对全球变暖都没有免疫力，而其带来的食品短缺、海平面上升、飓风、干旱等问题给发展中国家带来的影响尤甚。

（二）严重的资源环境问题引发了人们对传统发展模式的反思

20 世纪中期以来全球发生的生态环境灾难性事件，引发了人类对工业文明弊端的反思，在仅仅占全球人口 20％的发达国家实现工业化、现代化的情况下，已经使石油、天然气等能源资源面临耗竭压力，生态环境遭到巨大破坏，而气候变化问题的出现，更表明全球环境容量是有限的，发达国家的传统发展方式不可持续。

1962 年，美国生物学家卡逊发表了《寂静的春天》，指出了生态环境问题如果不解决，人类将生活在"幸福的坟墓"当中。

1972 年，罗马俱乐部发表了《增长的极限》，警示人口与经济的快速增长、资源的快速消耗和环境污染，将使地球的支撑能力达到极限。

1972 年 6 月，联合国在瑞典首都斯德哥尔摩召开首次人类环境会议，提出"只有一个地球"口号，通过了著名的《人类环境宣言》，成为世界环境保护的历史转折点。《宣言》指出了环境问题不仅仅是环境污染问题，还应该包括生态破坏，并把环境与人口资源发展联系在一起，提出了从整体上要协调发展，通过协调发展来解决环境问题。从此发达国家的环境与发展开始进行转型，推动了绿色思潮的发展。

1987 年，世界环境与发展委员会发表了《我们共同的未来》的报告，第一次提出了可持续发展的理念，指出可持续发展是既满足当代人的需求，又不对后代人满足其需求的能力构成危害的一种发展，就是代际公平问题。

1992 年，在巴西里约热内卢召开了联合国环境与发展大会，发布了《里约宣言》和《21 世纪议程》，认为全球环境问题对人类生存与发展已经构成了现实的威胁，要求改变不可持续的增长方式和消费模式，走可持续发展道路。这次大会还开放签署了《联合国气候变化框架公约》，开启了国际合作应对气候变化的进程。

经过近二十年应对气候变化减排实践和艰苦谈判，2012 年在联合国气候变化多哈大会上完成了巴厘路线图谈判，也形成了只有绿色低碳发展才能实现经济发展和应对气候变化共赢的共识。

2012 年，在巴西举办的"里约＋20"峰会上，发表了《我们憧憬的未来》成果文件，提出世界各国"再次承诺实现可持续发展，确保为我们的地球和今世后代，促进创造经济、社会、环境可持续的未来"，进一步凝聚了绿色低碳发展的共识。

随着人们对可持续发展认识的逐步深入，世界各国开始大力倡导和推动发展绿色经济、循环经济和低碳经济，绿色低碳发展成为国际经济发展的潮流和科技竞争新领域。

（三）生态文明建设是顺应可持续发展世界潮流的战略选择

我国环境保护事业的发展轨迹与国际社会大体相同。

1971年，国家计委成立"三废"利用领导小组，这是我国中央政府成立的第一个环保机构。

1972年，北京发生了一次污染事件。通过认真调查，确定是官厅水库的鱼受到污染，污染源是来自宣化、张家口、大同等地区的污水。中央成立了领导小组，加强对污染源的治理，官厅水库的污染被控制。这是新中国历史上由国家进行的第一项污染治理工程，为以后的环境治理提供了重要的经验。

1973年1月，成立国务院环境保护领导小组筹备办公室。

1973年8月，国务院召开第一次全国环境保护会议，提出了环境保护工作三十二字方针，颁布了中国第一个环境保护文件《关于保护和改善环境的若干规定》。

1974年，国务院环境保护领导小组正式成立。

1978年，五届人大一次会议通过的宪法规定："国家保护环境和自然资源，防治污染和其他公害。"

1979年，五届人大十一次会议通过第一部环境保护基本法《中华人民共和国环境保护法（试行）》，建立了环境影响评价、"三同时"和排污收费三项制度，我国环境保护工作步入法制化道路。

1983年，国务院召开第二次全国环境保护会议，将环境保护确立为一项基本国策，明确了"预防为主、防治结合"、"谁污染、谁治理"和"强化环境管理"环境保护三大政策。

1989年，国务院召开第三次环境保护会议，在原三项制度基础上，又增加了环境保护目标责任制、城市环境综合整治定量考核制、排污许可制、污染集中控制和限期治理等新的五项制度。

1989年，七届人大十一次会议通过《环境保护法》，确立了包括"三大政策"和"八项制度"在内的环境保护法制框架。

1993年，全国第二次工业污染防治工作会议召开，会议提出了工业污染防治必须实行清洁生产，实行三个转变，即由末端治理向生产全过程控制转变，由浓度控制向浓度与总量控制相结合转变，由分散治理向分散与集中控制相结合转变。

1994年，国务院发布《中国21世纪议程》，明确提出实施可持续发展战略。

1996年，国务院召开第四次环境保护会议，提出保护环境的实质就是保护生产力，确立了坚持污染防治和生态保护并重的方针。会后国务院发布《关于环境保护若干问题的决定》，提出一控双达标、三河三湖两区、农业面源污染治理及保护生物多样性等，号召向环境污染宣战，自此全国开展了大规模的环境污染治理。

2002年10月，江泽民同志在北京召开的全球环境基金第二届成员国大会上指出："只有走以最有效利用资源和保护环境为基础的循环经济之路，可持续发展才能得到实现"，循环经济得以推广。

2002年，国务院召开第五次环境保护会议，要求把环境保护摆到同发展生产同样重要的位置，按照经济规律发展环保事业，强调以控制污染物排放总量为主线，以防治三河三湖两区一市一海等重点区域环境污染为重点，以强化执法监督和提高环境管理能力为保障，以改善环境质量和保护人民群众健康为出发点，建立政府主导、市场推进、公众参与的环境保护新机制。

2002年，九届人大三十次会议通过《环境影响评价法》，要求对规划和建设项目实施后可能造成的环境影响进行分析、预测和评估，从源头控制环境污染和防止生态破坏。

2005年，国务院印发《关于落实科学发展观加强环境保护的决定》，提出要把环境保护摆在更加重要的战略位置，在发展中落实保护、在保护中促进发展，不欠新账、多还旧账。同年，国务院印发《关于加快发展循环经济的若干意见》，提出循环经济发展的主要目标、重点任务和政策措施。

2006年，国务院召开第六次环境保护会议，提出加快实现三个转

变，即从重经济增长轻环境保护转变为保护环境与经济增长并重；从环境保护滞后于经济发展转变为环境保护和经济发展同步；从主要用行政办法保护环境转变为综合运用法律、经济、技术和必要的行政办法解决环境问题，自觉遵循经济规律和自然规律。

2006年，"十一五"规划纲要把节能减排作为国民经济和社会发展的约束性指标，实行严格的问责制，并把建设资源节约型、环境友好型社会作为经济社会发展的重大战略任务。

2011年，国务院召开第七次环境保护会议，提出了"总量控制、质量改善、风险控制"兼顾，现阶段以总量控制为主的环境管理策略。

需要强调的是，从1999年起，党中央在每年"两会"期间连续召开了七次人口资源环境工作座谈会，强调人口资源工作直接关系我国现代化建设全局，要求按照可持续发展的要求，正确处理经济发展同人口资源环境的关系，促进人与自然的和谐，努力开创生产发展、生活富裕、生态良好的文明发展道路。党的十六大报告提出，要走出一条科技含量高、经济效益好、资源消耗低、环境污染少、人力资源优势得到充分发挥的新型工业化路子。党的十六届三中全会提出坚持以人为本，树立全面、协调、可持续的发展观，促进经济社会和人的全面发展。

在党的十七大上，胡锦涛同志提出建设生态文明，并作为实现全面建设小康社会目标的新要求，建设资源节约型、环境友好型社会写入了党章，这标志着节约资源和保护环境作为基本国策已经成为全党意志，进入了国家政治经济生活的主干线、主战场。

十八大报告指出："建设生态文明，是关系人民福祉、关乎民族未来的长远大计。面对资源约束趋紧、环境污染严重、生态系统退化的严峻形势，必须树立尊重自然、顺应自然、保护自然的生态文明理念，把生态文明建设放在突出位置，融入经济建设、政治建设、文化建设、社会建设各方面和全过程，努力建设美丽中国，实现中华民族永续发展。"从党的十七大首次提出生态文明的概念，到十八大将其作为战略任务纳入中国特色社会主义道路"五位一体"总布局，对生态文明重视程度达到前所未有的高度，是对科学发展理念的深化和提炼，是对大自然的呵护和体恤，是对子孙后代的历史责任，也是缓解资源环境对经济社会发展制约的迫切要求。

可见，我国与发达国家对生态环保的认识和实践轨迹基本相同，不同的是发达国家一二百年工业化过程中分阶段出现并逐步解决的环境问题在我国快速发展的三十多年里集中显现，呈压缩型、复合型特点，增加了治理的难度和复杂性。

我们党的十八大提出加快生态文明建设，是根据我国经济社会和资源环境实际，顺应国际绿色循环低碳发展潮流、实现科学发展做出的必然选择，也是我国对保护地球生态安全做出的积极贡献。

二、准确把握绿色循环低碳发展是生态文明建设的基本途径和方式

十八大关于生态文明建设的论述和部署，有五个鲜明特点。

一是战略性。在历次党的代表大会报告中，生态文明建设第一次单独成篇，纳入了"五位一体"总体布局，并要求放在突出地位，这是努力建设美丽中国、实现中华民族永续发展的战略部署，吹响了加快形成人与自然和谐发展的现代化建设新格局的进军号。

二是时代性。生态文明的提出是对传统工业文明深刻反思的成果，体现了文明演进的阶段性特征；同时，推进生态文明建设，不仅关系到有效破解我国前进过程的资源环境硬约束，也关系到我国"绿色国力"持续增强和在国际博弈中的优势所在，我们建设好中国特色社会主义生态文明新时代，就能在世界上占有生态和文明结合的制高点，对全球生态安全与和平发展具有重要战略意义，具有鲜明的时代特色。

三是方向性。十八大报告提出了节约优先、保护优先、自然恢复为主的方针，这是在总结多年来资源节约和环境保护经验教训基础上提出的根本方针，体现了生态文明建设规律的内在要求，明确了主要着力方向。强调节约资源和保护环境的基本国策，在资源上把节约放在首位，

在环境上把保护放在首位，在生态保护和建设上由工程建设为主转向自然恢复为主，进一步明确各项经济社会政策、规划、工作必须遵循的原则，以及能源资源开发利用、环境保护、生态修复等领域的主攻方向。

四是思想性。十八大报告要求树立尊重自然、顺应自然、保护自然的生态文明理念，体现了新的主流价值观，这是推进生态文明建设的重要思想基础，是生态文明建设的软实力，摒弃了人定胜天的思维定式，是我们党对人与自然关系、人类社会发展客观规律的再认识，是在实践基础上世界观和方法论提高升华的集中体现。在生产力布局、城镇化发展、重大项目建设中充分考虑资源环境承载能力的要求，实现人与自然和谐发展，丰富了科学发展观及社会主义核心价值体系的内涵，代表了新的价值取向。

五是标志性。十八大报告提出了生态文明建设的三个标志性特征——绿色发展、循环发展、低碳发展，既体现了生态文明建设的基本内涵，也明确了推进生态文明建设的基本途径和方式，这也是加快转变经济发展方式的重点任务和主要内涵，标志着推进绿色循环低碳发展，是加快生态文明建设的重要抓手和着力点。

十八大提出建设生态文明，也是基于我国国情的战略决策。改革开放三十多年来，我国经济社会发展取得了举世瞩目的伟大成就。2012年，我国经济总量为51.9万亿元（约8.3万亿美元），位居世界第二位；全国粮食总产量达58 957万吨，实现了"九连增"；钢铁、水泥、汽车等220多种工业品产量居世界第一位；服务业加快增长，2012年增加值占国内生产总值的比重上升到43.1%；城乡居民的收入也在稳步地增长，2012年达到了24 565元；科技的实力也在明显地增强。但也必须清醒地认识到，发展不平衡、不协调、不可持续的问题依然突出，经济增长的资源环境代价太大，资源利用效率不高、环境污染严重、生态系统退化等严重制约经济社会可持续发展。这些问题不解决或解决不好，必将成为实现"中国梦"的最大障碍和硬约束。解决这些问题，必须牢固树立生态文明理念，坚持节约资源和保护环境的基本国策，着力推进绿色发展、循环发展、低碳发展，加快形成节约资源和保护环境的空间格局、产业结构、生产方式、生活方式，从源头扭转生态环境恶化趋势，实现中华民族伟大复兴和一代一代永续发展。

（一）低碳发展

低碳发展就是以低碳排放为特征的发展，主要是通过节约能源提高能效，发展可再生能源和清洁能源，增加森林碳汇，降低能耗强度和碳强度，实质是解决能源可持续问题和能源消费引起的气候变化等问题。

我国能源资源禀赋先天不足。石油、天然气、煤炭人均占有率分别为世界平均水平的7％、7％和67％左右。原煤生产最佳保障能力只有20多亿吨，但2012年产量已达36.5亿吨。

由于国内生产无法满足需求，我国能源资源对国际市场的依存度正在逐步提高。2012年石油对外依存度已达57.8％，天然气、煤炭进口量分别达到425亿立方米和2.89亿吨。

我国正处在工业化、城镇化和农业现代化快速发展的历史阶段，能源需求还将刚性增长。如城镇化，2010年我国城镇和农村人均能耗分别为2.41吨标准煤和0.79吨标准煤（未含生物质能），城镇人均能耗为农村的3.7倍。从2000年到2011年，我国新增城镇人口2.32亿人，据此测算新增城镇人口就增加能源消费4.92亿吨标准煤。到2020年，预计我国人口将达到14亿，城镇化率达到60％，对能源需求还将大幅增加。还有农村，原来农村大部分使用生物质能源做饭、采暖，随着人们生活水平的提高，商品能源的使用快速增加，如果农村全部转为使用煤炭、天然气等，又会增加一大块能源需求。还有汽车，2011年我国每千人汽车拥有量为47辆，而世界平均水平为150辆，我国是全球第一汽车制造大国，随着汽车走入家庭，石油对外依存度还将上升。

应对气候变化压力加大。由于温室气体排放总量大、增速快，我国在全球应对气候变化中已成为关注的焦点，面临越来越大的压力。从历史排放看，据测算，我国从1850年到1990年的累积排放只占全球5％左右，而美国占30.7％，我国的历史责任很小。但从当前排放看，我国排放总量已居世界第一位。由于我国排放量还在增长，发达国家在下降，

预计到 2015 年，我国排放总量将相当于美国和欧盟排放总和。2020 年超过 OECD 国家届时的排放总和，人均排放量也不断攀升，2010 年达到 5.4 吨，已超过世界平均 4.4 吨的水平，正向欧盟人均排放 7.3 吨的水平靠近。根据 IEA 的推算，到 2035 年，我国累计排放量将超过欧盟，成为世界第二大累计排放国。在这种情况下，不仅是发达国家，很多发展中国家在国际谈判中也开始要求中国等新兴发展中大国减排。

推动低碳发展，既是破解能源资源瓶颈约束、提高能源保障水平的现实途径，也是应对气候变化、树立负责任大国形象的重要抓手。国际上有许多大型企业由于不注重节能环保而败走麦城，由于注重节能环保而加快发展的例子。要特别强调，目前一些国家利用自身低碳技术、制度优势，借应对气候变化采取单边贸易保护措施，还企图设置碳关税、"环境标准"等贸易壁垒。

面对国内外的压力，我们必须把低碳发展放在突出的地位，控制能源消费总量，综合运用优化产业结构和能源结构、节约能源和提高能效、增加碳汇等多种手段，完善体制机制和政策体系，健全激励和约束机制，加快低碳技术研发和推广应用，加快建立以低碳为特征的工业、能源、交通等产业体系和消费模式，有效控制温室气体排放，保护环境，改善环境质量，促进经济社会可持续发展。

（二）循环发展

循环发展就是通过发展循环经济，提高资源利用效率，变废为宝、化害为利，少排放或不排放污染物，力争做到"吃干榨净"，其基本理念是没有废物，废物是放错地方的资源，实质是解决资源永续利用和资源消耗引起的环境污染问题。

国内外实践证明，发展循环经济是解决资源约束的有效途径。如废旧商品和废料中可循环利用的金属、玻璃、塑料、橡胶等资源，被形象地称为"城市矿产"。在西方发达国家，开发"城市矿产"已经成为一个新兴的朝阳产业。美国开发利用的"城市矿产"资源年销售额高达 2 360 亿美元；日本叫"城市矿山"，据测算日本国内"城市矿山"蕴藏的黄金约 6 800 吨、白银约 60 000 吨、钽约 4 400 吨；德国采取多元回收体系对玻璃、铅、锡、塑料等进行回收，回收率分别达到 100％、100％、99％、97％，有效节约了资源，减轻了环境负荷。我们国内也有许多典型。如湖南永兴县，利用废渣、废液提银等产品，年产银 2 000 多吨，占全国的 1/2，被称为"无矿银都"。据有关行业协会统计，2011 年我国再生资源回收总量约 1.65 亿吨，节约标准煤 1.6 亿吨，占全国能源消费总量的 4.7％。其中回收利用废铜 260 万吨，占我国铜产量的 50％，相当于节约铜矿 4.9 亿吨；回收利用废钢铁 9 100 万吨，相当于节约铁矿石 4 亿多吨。

资源有限、需求无限，以有限的资源满足无限的需求，发展循环经济是唯一选择。我们必须大力推动循环发展，把节约放在首位，着力推进资源节约、集约、高效利用，变"资源—产品—废弃物"的线性模式为"资源—产品—废弃物—再生资源"的循环模式，才能提高资源利用效率和保障能力，实现资源利用可循环、生态环境可承载、经济发展可持续。

（三）绿色发展

绿色发展从广义上说涵盖节约、低碳、循环、生态环保、人与自然和谐等；从狭义上说，绿色一般表示生态环保的内涵。

我国环境污染问题严重，生态环境总体恶化趋势尚未得到根本扭转。

2011 年 11 月，世界卫生组织公布了首个空气质量数据库，在全球 91 个国家和地区首都城市及人口超过 10 万的近 1 100 个城市中，中国最好的城市是海口，排名 830 位，北京排名 1 035 位。2013 年 1 月份我国从东北、华北到中部乃至黄淮、江南地区，出现大范围、长时间严重雾霾，影响面积 270 多万平方公里，受影响人口达 6 亿。尤其是北京，PM2.5 曾一度达到 700 毫克/立方米，并测出了大量有机含氮颗粒物。饮用水安全受到威胁，我国有 2.98 亿农村人口喝不上安全的饮用水，有 5 966 万城镇人口的饮用水源地水质不合格。产业转移带来的污染呈现由东部向中西部转移、城市向农村扩展趋势。环境污染给人民群众身体健康带来严重危害，血铅病、癌症在一些地区集中出现，环境群体性事件

频发。生态系统退化，森林生态系统质量不高，水土流失、土地沙化和石漠化严重，自然湿地萎缩，草原退化，农田质量下降。海洋生态形势严峻，2009 年严重污染海域面积约 4 万平方公里，赤潮年均灾害面积 1.4 万平方公里，绿潮最大影响面积约 3 万平方公里。2012 年我国沿海海平面为 1980 年以来最高峰，呈波动上升趋势，加剧了海洋灾害和海岸侵蚀。

我国环境问题原因复杂，有产业结构、能源结构、技术水平、监督管理、气象条件等多方面的因素。中科院的研究认为，最近我国中东部的雾霾，是异常天气形势造成大气稳定、人为污染排放、浮尘和丰富水汽共同作用的结果，是一次人为因素和自然因素共同作用的事件，其中人类污染物排放是内因、"主谋"，气象条件是外因、"帮凶"。这次强雾霾污染物的化学组成，是洛杉矶光化学污染事件和伦敦烟雾事件污染物的混合体，并叠加了中国特色的沙尘气溶胶。

他山之石，可以攻玉。美国针对洛杉矶光化学烟雾事件，在广大居民的压力下，采取了一系列综合性措施，控制机动车污染。1980 年到 2010 年间，机动车行驶里程数增加了 96%，能源消费量增加了 25%，但同期主要大气污染物排放量却降低了 67%。英国针对伦敦烟雾事件颁布《清洁空气法案》，主要立足点是减少煤炭用量，将发电厂和重工业等煤烟污染大户迁往郊区，规定工业燃料含硫上限，调整能源结构。今日的伦敦，大雾天气已经从每年 90 天减少为不到 10 天。

只要把环境保护放在突出位置，坚持保护优先、防治结合、综合治理，不欠新账、多还旧账，以解决损害群众健康突出环境问题为重点，强化水、大气、土壤等污染防治，坚持不懈，就能在推动经济持续健康发展的同时，实现环境质量的好转。

这里，我还想强调一下，资源环境问题是与经济发展方式相伴随的。传统的大量生产、大量消费、大量排放的粗放型发展方式，必然结果是资源环境约束加剧。

从能耗看：我国单位 GDP 能耗是日本的 4.5 倍，美国的 2.9 倍，世界平均水平的 2.5 倍；主要工业产品能耗比国外先进水平高 10%~20%。

从水耗看：单位水耗的国内生产总值仅为世界平均水平的 1/3。

从资源产出率看：2010 年我国资源产出率初步核算约 4 056 元/吨，仅是日本的 1/8、英国的 1/5、德国的 1/3、韩国的 1/2。

从纵向来看：从 2002 年到 2011 年的十年间，我国国内生产总值扣除价格因素增长了 1.5 倍。但粗钢产量增长了 3.9 倍，达到 6.8 亿吨，占全球的 45%；水泥产量增长了 3.1 倍，达到 20.85 亿吨，占全球的 61%；电解铝产量增长了 4.5 倍，达到 1 768 万吨，占全球的 65%。高耗能产品产量增速大大快于经济增长。

推动绿色循环低碳发展是实现科学发展、转变发展方式、调整经济结构的重要突破口，有利于提高经济增长的质量和效益，有利于形成新的增长点乃至增长领域，对发展可以创造市场需求、提供新的动力，对企业可以提升技术水平、增进经营效益，对居民可以改善环境质量、提高生活品质。

总之，绿色发展、循环发展、低碳发展相互关联、相互促进、相互协同，统一于生态文明建设的实践，是推进生态文明建设的基本途径和方式，也是转变经济发展方式的重点任务和重要内涵，体现了科学发展观的本质要求。只有通过绿色循环低碳发展，才能在新的历史时期实现国家强盛、人民富裕和生态良好，实现中华民族的永续发展。

三、推动绿色循环低碳发展的主要目标和重点任务

"十一五"时期，国家第一次将单位国内生产总值能耗降低 20% 左右、主要污染物排放总量减少 10% 确定为国民经济和社会发展的约束性指标。

经过全国上下艰苦努力，我们实现了"十一五"规划纲要确定的节能减排目标任务，这不论在新兴市场国家还是发达国家都是少有的。

进入"十二五"，国家进一步把"绿色发展，加快建设资源节约型和环境友好型社会"作为重大战略任务。

33

"十二五"规划纲要提出：要以科学发展为主题，以加快转变经济发展方式为主线，把建设资源节约型、环境友好型社会作为加快转变经济发展方式的重要着力点，促进经济社会发展与人口资源环境相协调，增强可持续发展能力；把能耗强度下降16％、二氧化碳排放强度下降17％、非化石能源占一次能源比重达到11.4％、主要污染物排放总量减少8％～10％、单位工业增加值用水量降低30％、森林覆盖率达到21.66％、森林蓄积量达到143亿立方米作为重要的约束性指标；提出了资源产出率提高15％、工业固体废弃物综合利用率达到72％，以及城市污水处理率和生活垃圾无害化处理率分别达到85％和80％的具体目标，还有将能源消费总量控制在40亿吨以内。这是我国根据发展的阶段性特征提出的推动科学发展的新要求。

十八大报告进一步明确提出：到2020年，资源节约型、环境友好型社会建设取得重大进展。主体功能区布局基本形成，资源循环利用体系初步建立。单位国内生产总值能源消耗和二氧化碳排放大幅下降，主要污染物排放总量显著减少。森林覆盖率提高，生态系统稳定性增强，人居环境明显改善。

2012年以来，国务院先后制定发布了"十二五"节能减排综合性工作方案、控制温室气体排放工作方案，以及"十二五"节能减排规划、国家环境保护规划、城镇生活污水垃圾处理规划、节能环保产业发展规划、循环经济发展战略及近期行动计划等，为我国加强生态文明建设、推进绿色循环低碳发展奠定了坚实的政策基础。

当前，要重点抓好九个方面的重点任务。

（一）优化国土空间开发格局

落实《全国主体功能区规划》，加快实施主体功能区战略，构建科学合理的城市化格局、农业发展格局、生态安全格局。

（二）大力推进节能减排

三个机制：一是坚持把降低能源消耗强度、减少主要污染物排放总量、合理控制能源消费总量相结合，形成加快转变经济发展方式，推动科学发展的倒逼机制；二是坚持把强化责任、健全法制、完善政策、加强监管相结合，建立健全激励和约束机制；三是形成政府为主导、企业为主体、市场有效驱动、全社会共同参与的推进节能减排工作机制。

四个途径：一是优化产业结构，二是推动技术进步，三是强化工程措施，四是加强管理引导。

重点任务：抓好工业、建筑、交通和公共机构等重点领域节能；开展万家企业节能低碳行动；深入推进工业节能；实施绿色建筑行动；开展绿色交通行动；创建 2 000 家节约型公共机构示范单位；加大结构、工程、管理减排力度，做好二氧化硫、化学需氧量、氨氮、氮氧化物等污染物排放监管。

（三）加快发展循环经济

总体思路：围绕提高资源产出率，遵循"减量化、再利用、资源化，减量化优先"的原则，坚持统筹规划、重点突破、全面推进相结合，因地制宜、示范引领、推广普及相结合，制度创新、技术创新、管理创新相结合，政府推动、企业实施、公众参与相结合，健全激励约束机制，积极构建循环型产业体系，推动资源再生利用产业化，推行绿色消费，形成覆盖全社会的资源循环利用体系，加快转变经济发展方式，推进资源节约型、环境友好型社会建设，提高生态文明水平。

主要任务：一是构建循环型工业体系，二是构建循环型农业体系，三是构建循环型服务业体系，四是推进社会层面循环经济发展。

主要行动：一是实施"十百千"示范行动，二是推进园区循环化改造，三是开展国家"城市矿产"示范基地建设，四是稳步推进餐厨废弃物资源化利用和无害化处理，五是开展汽车零部件"以旧换再"推广行动，六是推进资源综合利用，七是抓好农作物秸秆综合利用，八是推进墙体材料革新、海水淡化、"限塑"、治理过度包装等工作。

（四）开展低碳试点

2010 年，经国务院批准，在广东、辽宁、湖北、陕西、云南和天津、重庆、深圳、厦门、杭州、南昌、贵阳、保定开展首批国家低碳省

区和低碳城市试点。2012 年 11 月，又确定了北京等 29 个城市作为第二批试点。

试点目的：探索绿色低碳发展模式，探索不同城市达到温室气体排放峰值的具体路线图。

重点任务：一是低碳省区试点，二是低碳城市试点，三是低碳产业园区试点，四是低碳社区试点。

（五）走新型城镇化道路

中央经济工作会议提出要走集约、智能、绿色、低碳的新型城市化道路，根本是要在城镇化指导思想上树立绿色、低碳的理念，走一条新型城镇化道路。

总体思路：必须加快转变粗放型的城镇化模式，着力构建有利于资源节约和环境保护的空间格局、产业结构、生产方式、生活方式，走生态文明的新型城镇化道路，其基本内涵是尊重自然规律，坚持以人为本，布局科学合理，紧凑集约节约，设施配套完善，管理智能高效，资源循环低碳，生态环境良好，人与自然和谐发展。

重点任务：着力解决十个方面的主要问题，即空间布局要科学合理，产业结构要优化升级，土地利用要集约节约，水资源要严格管控，建筑要绿色化，交通要低碳化，可再生能源要加快发展，资源利用要循环高效，生态环境要清洁优美，消费模式要彻底转变。

（六）加大环境保护力度

以解决饮用水不安全和空气（PM2.5，PM10）、土壤污染等损害群众健康的突出环境问题为重点，加强综合整治，明显改善环境质量。

重点任务：严格饮用水源保护，全面推进水源地环境整治；加强流域、海域水污染防治；实施重点区域大气联防联控，加强城市机动车污染防治，加快城市细颗粒物治理；加大城市环境基础设施建设力度；全面推行清洁生产，加强企业污染治理。加强农业面源污染防治，积极开展土壤污染治理和修复；加快重金属污染治理；加强核与辐射管理，保障核环境安全；加强对重大环境风险源监测、预警及控制，防范化解环境风险，有效减少群体性事件。

（七）促进生态保护和修复

实施重大生态修复工程，增强生态产品生产能力，推进荒漠化、石漠化、水土流失综合治理，扩大森林、湖泊、湿地面积，保护生物多样性。

重点任务：加强森林保护，大力开展植树造林和森林抚育；推进草原禁牧休牧轮牧，加强草原保护和合理利用；推进防沙治沙和防治石漠化，开展湿地恢复与综合治理，保护海洋生态和海洋自然岸线；加强自然保护区和生物多样性保护，加大物种资源保护力度；强化农田生态保护，加大退化农田改良和修复力度；加强水土流失综合治理，严格限制或者禁止可能造成水土流失的生产建设活动；推进城市人居生态环境保护和建设，全面改善人居环境；加强防灾减灾体系建设，提高气象、地质、地震灾害防御能力。

（八）发展绿色产业

大力发展节能产业、资源循环利用产业、环保产业、新能源产业、生态产业等，既为生态文明建设提供物质技术基础和产业支撑，也是提供绿色就业机会、形成新的经济增长点，提高绿色产业对 GDP 的贡献度。到 2015 年，节能环保、新能源等战略性新兴产业增加值占国内生产总值比重达到 8% 左右，其中节能环保产业增加值占 GDP 比重达到 2% 左右，产值达到 4.5 万亿元，吸纳就业 3 200 万人。

重点任务：一是大力发展节能产业，加快节能技术装备产业化，推广高效节能产品，推行合同能源管理，促进节能服务产业发展；二是加快发展资源循环利用产业，推动矿产资源和固体废物综合利用，发展再制造产业，提高再生资源回收利用水平；三是着力提升环保产业，发展先进环保技术、装备和产品，完善环保产业服务体系；四是壮大新能源产业规模，加快开发风电，推进太阳能多元化利用，因地制宜开发利用生物质能。

（九）转变生活方式

大力弘扬生态文明理念，强化节约意识，强调文明自觉，落实党中央"厉行节约、反对浪费"要求，使生态文明理念成为根植群众心中、时时处处得以践行的主流价值观，不断提高生态文明程度。在全社会开展绿色新生活行动，在衣、食、住、行、游等各方面，加快向简约适度、绿色低碳、文明健康的方式转变，反对各种形式的奢侈浪费、讲排场、摆阔气等行为。推动消费方式改变，倡导绿色低碳出行，践行"光盘行动"，引导规范绿色产品生产，畅通绿色产品流通渠道，引导消费者购买节能环保低碳产品、节能环保型汽车和节能省地型住宅，减少使用一次性用品，限制过度包装。深入开展节能减排全民行动，组织好全国节能宣传周、全国低碳日、世界环境日等主题宣传活动，加大宣传力度，发挥媒体导向作用，营造良好的舆论和社会氛围。

四、推动绿色循环低碳发展的政策机制

（一）强化责任考核

建立科学规范的目标责任评价考核制度，是确保实现绿色循环低碳目标的重要基础和制度保障。只有"问责制"落到实处，才能真正发挥"指挥棒"的作用。

"十一五"期间，国务院批转了《节能减排统计监测及考核实施方案和办法》，要求按规定做好各项能源和污染物指标的统计、监测，明确对各地和重点企业节能减排目标完成情况进行考核。"十二五"时期，综合考虑经济发展水平、产业结构、节能潜力、环境容量及国家产业布局等因素，已将全国节能减排目标分解到各地区和重点企业。

下一步，要加强目标责任评价考核，加大考核结果的应用。

（1）对未完成节能目标的地区，要求提出整改措施，确保完成节能目标。

（2）考核结果作为中央、国务院对省级人民政府领导班子和领导干部综合考核评价的重要内容。

（3）对考核等级为未完成的地区，暂停该地区新上高耗能项目审批；对考核等级为基本完成的地区，新上高耗能项目实行有条件的审批，确保不影响节能目标的实现。

（4）考核结果向社会公告，接受社会监督。

与此同时，要加大力度完善政绩考核制度。健全体现科学发展观要求的干部政绩考核体系，增加生态文明在考核评价中的权重；根据不同区域主体功能定位，实行差别化的评价考核制度，淡化 GDP 考核；建立领导干部任期资源消耗、环境损害、生态效益责任制、问责制和追究制。

（二）加强法治建设

尽快把实践中、改革中形成的有效措施和有益经验上升为法律，使生态文明建设有法可依，走上法治管理的轨道。

一是健全促进生态文明建设的法律法规体系。研究制定应对气候变化法、节水法、绿色消费促进法及生态补偿条例、节能评估和审查条例等。以生态文明建设为导向修订完善现有法律法规，抓紧修订环境保护法、土地管理法、森林法等。清理与生态文明建设相冲突或不利于生态文明建设的法规、法条，解决法律之间相互冲突、脱节、重复、罚则偏软等问题，增强法律法规的可操作性。

二是建立和完善生态文明建设的标准体系。提高产业准入的能耗、水耗、物耗、环境标准。加快制订修订高耗能产品能耗限额标准、终端用能产品能效标准、建筑节能标准和汽车燃油经济性标准等，这两年发布 100 项节能标准。制订再生利用、再制造、低碳产品标准。建立满足氨氮、氮氧化物控制目标要求的排放标准。提高建筑物、道路、桥梁等建设标准，延长使用寿命，提高抗灾能力。

三是强化执法监督。加强法律监督、行政监察、舆论和公众监督。加大违法行为查处力度，解决有法不依、违法不究、执法不严的问题。健全环境损害赔偿制度。

（三）完善经济政策

"十一五"期间，国家出台了一系列促进节能减排的产业、价格和收费、财政、税收等经济政策，作用成效明显。"十二五"要用好这些政策，并不断完善整合。

一是产业政策。支持鼓励类产业加快发展，控制限制类产业生产能力，加快淘汰落后产能。积极推进国家重大生产力布局规划内的资源保障、重化工项目实施，支持西部特色优势产业项目和重点产业高端化项目。加大"走出去"支持力度，提高企业对外投资便利化程度。

二是价格和收费政策。深化资源性产品价格改革，建立反映市场供求、资源稀缺程度和环境损害成本的价格形成机制。推行居民用电阶梯价格。全面推行燃煤发电机组脱硫、脱硝电价政策。对限制类、淘汰类企业实行差别电价政策。对能源消耗超过能耗（电耗）限额标准的实行惩罚性电价。完善污水、垃圾处理费政策，适当提高化学需氧量、二氧化硫、氨氮、氮氧化物和重金属污染物排污收费标准。

三是财政政策。实施节能技术改造"以奖代补"政策，按形成的节能量给予奖励；对建筑供热计量及节能改造、污染物减排能力建设给予财政补助；对农村环境综合整治实施"以奖促治"政策。实施节能产品惠民工程，采用财政补贴方式推广节能产品，研究扩大绿色产品消费的补贴政策。加大对生态文明建设的财政资金投入，确保用于节能环保、循环经济、生态修复等方面的财政支出的增长。财政部、发改委联合开展以城市为平台的节能减排财政政策综合示范。建立和完善财政对农产品主产区、重点生态功能区的转移支付制度。推动建立生态补偿机制。

四是税收政策。出台节能节水环保设备所得税优惠政策，对企业购置并实际使用列入目录的产品投资额的 10%，可以从企业当年的应税额中抵扣。完善资源综合利用所得税、增值税优惠政策，对列入综合利用目录的产品，实行收入减计 10% 的所得税优惠；对不同的资源综合利用产品，实行免征、即征即退、先征后退的增值税优惠。全面推行增值税转型改革，允许企业新购入的机器设备所含进项税额在销项税额中抵扣。调整煤炭、原油、天然气的资源税税额标准，调整不同排量乘用车的消费税税率，调整抑制"两高"产品出口的税收政策。研究开征环境保护税，研究开征碳税，研究抑制过度消费的税收政策。

五是金融政策。推广实施绿色信贷、环境污染责任保险、巨灾保险等政策，推动节能减排、循环经济等项目通过资本市场进行融资，进一步提高高耗能、高排放项目信贷门槛。

（四）推行市场化机制

随着我国社会主义市场经济体制不断完善，推进绿色循环低碳发展应进一步发挥市场在配置资源中的基础性作用，建立节能增效减碳的长效机制，以最小化成本实现节能减碳目标。

近年来，我国在合同能源管理、水权交易、排污权交易、碳排放权交易等方面开展试点实践，建立和完善配套政策和制度，取得了积极进展。

合同能源管理，是由专业节能服务公司为用能单位提供能源诊断、节能改造、运行维护等一整套系统化服务，在合同期内节能服务公司与用能单位分享节能效益；合同结束后，有关设备和节能效益归用能单位所有的一种节能服务机制。为推进合同能源管理，国务院办公厅印发了《加快推行合同能源管理促进节能服务产业发展意见的通知》，积极扶持节能服务产业发展。

我国碳市场建设包括以下几方面工作。

一是碳市场建设与实现节能减碳目标相结合。切实降低我国节能增效减碳成本，增强财税政策、法律手段与市场机制等不同政策的协同效应，形成减碳与节能、发展可再生能源、生态建设等工作联动局面。

二是科学合理分配排放配额。试点地区要结合自身碳排放强度下降目标和能源消费总量控制目标，科学设定碳排放总量，合理确定配额。

三是逐步培育和完善国内碳市场。出台了《温室气体自愿减排交易管理暂行办法》，以规范和引导企业积极开展自愿减排交易活动。应采取有效措施，鼓励更多企业参与，创造更多市场需求。

四是做好相关支撑能力建设。筹备建设重点企业、事业单位能耗在线监测系统，推进认证核查体系建设，建立和完善交易平台，为逐步建

41

立全国性的碳排放交易市场做好基础性准备工作。

　　总之，建立碳市场是一项长期而艰巨的任务，"十二五"期间主要是做好试点工作，探索和积累经验。"十三五"将进一步扩大试点范围，逐步建立全国性的碳市场。这一市场的建立和完善，对于发挥市场机制在节能增效减碳中的基础性作用，完善节能增效减碳的长效机制，将会产生深远的影响。

　　走绿色循环低碳之路是未来发展大势所趋，也是贯彻落实科学发展观、推进生态文明建设的内在要求。我们要按照中央的决策和部署，深入贯彻科学发展观，把生态文明建设放在突出位置，与经济建设、政治建设、文化建设、社会建设高度融合、紧密结合，真正让生态文明理念成为社会主流价值观，在实践中结出硕果，不断提高生态文明水平，迈入社会主义生态文明新时代。

第二讲
积极探索环保新道路
大力推进生态文明建设 *

环境保护部部长　周生贤

同志们，今天有机会向大家介绍我国环境保护的最新情况，非常高兴。

围绕生态文明建设主题，我讲两个方面的问题。一是学习生态文明理论，进一步提高对环境问题的认识。二是以生态文明理论为指导，积极探索中国环保新道路。

生态文明建设是中国特色社会主义的理论创新和实践。这是我们党创造性地回答经济发展与资源环境关系问题所取得的最新理论成果，为统筹人与自然和谐发展指明了方向；是我们党积极主动顺应广大人民群众新期待进行的重大部署，进一步丰富了我国社会主义现代化建设的内涵；是我们党深刻把握当今世界绿色、低碳、可持续发展新趋势作出的战略决策，将为推进人类文明进步做出重大贡献。

关于生态文明的基本内涵、特点、重点，马凯同志都讲得非常清楚。大家可能还会问，生态文明既然这么重要，国外怎么没有？发达国家怎么不搞生态文明？就这个问题我简要地给大家讲一讲。

生态文明作为一种新的文明形态，按照一般推理，它应该首先在发达国家兴起。因为世界"八大公害事件"① 就是在那里发生。但是建设

---

　* 本文根据环境保护部部长周生贤同志 2013 年 3 月 4 日在国家行政学院省部级领导干部推进生态文明建设研讨班上的授课内容整理。

　① 指 1930 年的比利时马斯河谷烟雾事件，1943 年的美国洛杉矶烟雾事件，1948 年的美国多诺拉事件，1952 年的英国伦敦烟雾事件，1953—1968 年的日本水俣病事件，1955—1961 年的日本四日市哮喘病事件，1963 年的日本爱知县米糠油事件，1955—1968 年的日本富山痛痛病事件。

生态文明的构想却没有在那里诞生，实践没有在那里展开，主要原因有三点：一是西方发达国家在发展过程中积累了强大的物质基础、技术和资金优势，它们以极大的投入来治理环境，使自身的生态危机得到缓解；二是西方发达国家向发展中国家和地区转移生态环境成本，使它们失去了发展生态文明的内生动力；三是西方发达国家现行的产业结构、生产方式和消费模式难以自行转向生态文明。这些国家已形成了不可持续的低储蓄、高消费的经济社会发展模式，难以建立符合生态文明要求的产业结构、生产方式和消费模式。

下面，我讲两个问题。

一、学习生态文明理论，进一步提高对环境问题的认识

大家知道，生物是在与环境的对立统一中存在的。存在决定意识，环境不仅决定人们的存在方式和生存方式，而且决定人们的思维方式。环境问题实际上是人与自然矛盾冲突的结果，为人与环境背后的根本利益冲突所左右，是以传统工业化为基础形成的、不合理的经济发展模式的产物。

从生态文明角度看，环境问题是一个多层次、多维度、多因素、非线性的复杂问题，是自然的、经济的、政治的、社会的、文化的、技术的综合性问题。环境保护绝对不是一个简单的污染治理，更不是多栽几棵树的问题，而是发展模式、经济结构和消费方式问题。

世界上关于环境保护有两个不争的观点。第一，环境问题是世界问题复杂体。这个观点各国都承认。第二，环境问题无国界。比如温室气体问题，为什么全世界对此反应这么强烈？因为温室气体排放出去后，等于给地球盖上了一层薄薄的被子，使大家都受害。

人类的环境问题，特别是环境污染问题，主要经历了"沉痛的代价、宝贵的觉醒、奋起的飞跃"三个阶段。

第一阶段：沉痛的代价。工业革命以来，人类征服和改造自然的能力大大增强，随着科学技术、商品经济的发展和工业化的快速推进，人

类的生产力水平有了极大提高。传统工业化在创造无与伦比的物质财富的同时，也过度消耗自然资源，大范围破坏生态环境，大量排放各种污染物，人类为此付出了沉痛代价。从 20 世纪 30 年代开始，欧、美、日等发达国家相继发生了比利时马斯河谷烟雾、英国伦敦烟雾、美国洛杉矶烟雾事件等多起公害事件。比如，1952 年 12 月英国伦敦由于冬季燃煤产生大量煤烟，引起大面积烟雾，发生严重烟雾事件，能见度突然间变得极差，整座城市弥漫着浓烈的臭鸡蛋气味，居民普遍呼吸困难，短短几天就导致伦敦 4 000 多人死亡，震惊世界。

第二阶段：宝贵的觉醒。严重的环境问题，促使人类环境意识开始觉醒。在环境意识觉醒的历史进程中，出版过著名的三本书。第一本书是《寂静的春天》，作者蕾切尔·卡逊是一位美国海洋生物学家。这本书揭露了为追求利润而滥用农药的事实，因而也有人把它叫做没有鸟鸣的春天。她认为，人类一方面创造出了高度的文明，另一方面又在毁灭自己的文明。"不解决环境问题，人类将生活在幸福的坟墓之中"。第二本书是《增长的极限》，是 1972 年由来自世界各地的几十位科学家、教育家和经济学家会聚在罗马提出的一份报告。其中代表性的语言和观点是，"没有环境保护的繁荣是推迟执行的灾难"。第三本书是《只有一个地球》，是 1972 年斯德哥尔摩联合国第一次人类环境会议秘书长莫里斯·斯特朗委托经济学家芭芭拉·沃德和生物学家勒内·杜博斯撰写的。这本书的代表性语言和观点是，"不进行环境保护，人类将从摇篮直接到坟墓"。三本书的出版，让人类在黑暗中看到了曙光，唤醒了人们的环境意识。

第三阶段：奋起的飞跃。经历了沉痛的代价和宝贵的觉醒之后，人类对环境问题的认识逐步深入，对发展方式、发展道路不断进行深刻反思。以四次世界性环境会议为标志，人类对环境问题的认识发生了四次历史性飞跃。下面我简单介绍一下。

第一次飞跃是 1972 年 6 月 5 日至 16 日联合国在瑞典斯德哥尔摩召开的人类环境会议。这次会议通过了《人类环境宣言》，宣布将"为了这

45

一代和将来的世世代代的利益”，确立为人类对环境的共同看法和共同原则。说起这次会议，还有一段典故。那时我们国家极左路线占据主导地位，当时的观点是"宁要社会主义的草，不要资本主义的苗"，社会主义哪有污染？说社会主义有污染就是给社会主义抹黑。一开始决定不派代表团参加这个会议。周总理首先看到了污染的严重性。他说，不要把环境污染看成小事，不要认为不要紧，不能再等了。在周总理指示下，我国才派出政府代表团参加1972年的那次环境会议。在此次会议上形成的政治宣言中，全文引用了毛泽东主席关于"人类总得不断总结经验，有所发现，有所发明，有所创造，有所前进"的论述。2012年召开了斯德哥尔摩＋40可持续发展伙伴论坛，不是40个国家，而是指40年。温家宝总理率团参加这次论坛并发表重要演讲，强调我国绝不靠牺牲生态环境和人民健康来换取经济增长，一定要走出一条生产发展、生活富裕、生态良好的文明发展道路，在国际上引起强烈反响。

第二次飞跃是1992年6月3日到14日在巴西里约热内卢召开的联合国环境大会。会议首次把经济与环境保护结合起来进行认识，提出了可持续发展战略，成为全人类共同发展的战略，标志着环境保护事业在全世界范围启动了历史性转变。时任国务院总理李鹏同志率领中国政府代表团出席了会议。会议还确立了"共同但有区别的责任原则"。

第三次飞跃是2002年8月26日到9月4日在南非约翰内斯堡召开的可持续发展世界首脑大会。会议提出了著名的可持续发展的三大支柱，即经济增长、社会进步和环境保护。时任国务院总理朱镕基同志率团参加了这次会议。

第四次飞跃是2012年6月12日至25日在巴西里约热内卢召开的世界环境与发展大会。这次会议就"可持续发展和消除困难背景下的绿色经济"、"促进可持续发展机制框架"两大主题进行了讨论，确定了目标。温家宝总理率领中国政府代表团出席了这次会议。我陪同温总理出席了此次会议。参加这次会议的有190多个联合国成员国，100多位国家元首和政府首脑，约 5 万名各界代表。温家宝总理在大会开幕式后第一个做了发言，发表了题为"共同谱写人类可持续发展的新篇章"的演讲，宣布我国对联合国全球规划署信托基金捐款 600 万美元，用于帮助发展中国家提高环境保护能力的项目和活动；开展为期三年的国际合作，帮助小岛屿国家、最不发达国家、非洲国家应对气候变化等一揽子行动计划。

回顾过去，是为了更好地深化认识。我接下来讲讲用生态文明理论和观点来看待环境问题。

第一，必须把环境问题放在践行科学发展观的自觉行动中来看。老百姓讲，科学发展一看环保，二看民生。可见老百姓对科学发展观的理解是多么清楚和明白。科学发展观的核心是以人为本，而以人为本就要清洁发展、节约发展、安全发展。一句话，以人为本就是要以人的生命为本，要关爱人的生命。如果经济发展了，物质生活改善了，人却变成了跛子，成了不健康的人，那实际上是对科学发展的一种讽刺。所以说，科学发展观必须实实在在地落实到行动上。我们在学习实践科学发展观活动中，系统总结了三句话，即要把科学发展观作为政治信仰来追求，作为科学真理来坚持，作为行动指南来践行。我曾讲过一个燃烧的问题，说发展在某种意义上讲是一种燃烧，这是作为一名环保工作者的特殊理解。一般意义上的发展就是烧掉资源，留下污染，产生 GDP。而科学发展就是要求烧掉的资源越来越少，这叫做资源节约；留下的污染越少越好，这叫做环境保护；两者加起来就是持续健康发展。有的人说这会对 GDP 造成影响，我说发展当然很重要，解决温饱当然很重要，但实践证明，饿死、呛死都很难受。

第二，必须把环境问题放在整个国民经济发展全局中来看。环境保护是一个经济结构问题，而结构问题很重要。在座的不少同志都是搞环保的，我讲一个化学问题。金刚石和石墨是由同一种原子组成的，由于原子排列方式不一样，金刚石就无色透明，成为世界上最硬的物质，而石墨有色不透明，成为一种很软的物质，由此可见结构之重要。当前大

家都在谈 PM2.5① 防治问题，真要"釜底抽薪"，就要调整经济结构，当然这也是一个渐进的过程。

这里有个重要观点，就是经济发展与环境保护协调发展是环境保护事业的本质特征。经济发展是人类生活水平高低的问题，而环境保护是关乎人类生存条件的问题。人类与自然生态之间物质变换的一般规律，是人类生存发展保持均衡的自然基础，人类只有有效保护自然环境，才有可能更好地借助自然界来满足自身需要，自然生产力才能更大限度地、持久地变成现实的生产力，经济社会才能稳定持续发展。

正确处理经济发展与环境保护关系是当前最重要的。在经济社会发展的不同阶段，要有针对性地制定相应的环境政策。比如讲消费问题，消费有生存消费、发展消费、享受消费、奢侈消费，等等。新中国成立初期，我们为了温饱问题破坏环境，那是一种情况，属于生存消费。当前普遍解决了温饱问题以后，就要分情况了，应该以发展消费为主，奢侈消费、享受消费就要限制。

第三，必须把环境问题放在实现全面小康社会总体目标中来看。在实现全面小康社会的目标中，环境问题是个短板，随着时间推移，这个事情显得越来越重要。当困难地区群众还处于生存压力下的时候，城里人就开始吃饭讲营养、穿衣讲时尚了；当全国大部分地区基本解决温饱以后，沿海发达地区就开始讲生活、讲质量了。哪个地方条件好、环境好、植树造林好，哪个地方的楼盘价格就攀升。这里面涉及一个什么道理呢？就是在基本实现小康以后，人们生活继续改善的方向是什么？吃饱了，穿暖了，改善的方向是什么？特别是在供求关系、消费关系、资源配置方式发生改变以后，人们扩大消费领域，优化消费结构，满足多样化的物质需求，提高生活质量，这些就成了人们的追求。

社会主义初级阶段不可能用停止发展的方式来保护环境，但是也绝

---

① 即细颗粒物，指大气中粒径小于 2.5 微米的颗粒物，科学家通常用 PM2.5 表示每立方米空气中这种颗粒的含量，这个值越高，就表示空气污染越严重。

不宽容污染。社会主义初级阶段的环境保护就像学生考试一样，学生不是都喜欢考试。当然有的学生喜欢考试，每次都考得很好，但是能力不行，干部招考有时候也存在这样的情况。学生不喜欢考试，但是考试却提高了学生的学习水平，这个应该肯定，所以还得重视考试，重视环境保护。

第四，必须把环境问题放在再生产全过程中来看。任何事物的发展都是一个过程。现代社会的生产、建设、流通、消费各个环节，都不同程度地利用资源、影响环境，单独在一个或几个方面推行环境保护，难以从根本上解决生态环境问题。目前，我国已到了治理污染、改善环境质量的新阶段，经济社会状况、资源配置方式、消费层次发生深刻变化，经济与环境关系也必然发生变化。中国有中国的特殊性，后面我还要讲为什么要探索中国环保新道路。中国和外国不一样。人家发展二三百年才出现的问题，中国近三十多年就集中出现了，我们面临的环境问题具有压缩性、结构性、区域性等特点，跟外国不一样，所以我们不能采取和外国一样的方式，比如说外国的末端治理方式。

第五，必须把环境问题放在经济全球化深入发展的大格局中来看。当前，世界各国的竞争已经从传统的经济、技术、军事等领域延伸到环境领域。全球环境仍处于持续恶化状况，环境问题已经成为影响国际政治经济关系的重要因素。在世界经济复杂多变的背景下，全球产业结构正发生深刻调整，各种贸易保护主义明显抬头，一些西方国家对进口产品提出了"碳关税"、"碳足迹"的要求，绿色壁垒逐渐成为维护本国利益的手段。发达国家把污染严重的产业转移到发展中国家，通过进口生产过程中对环境有较大污染的廉价产品，实行低价消费，又通过绿色贸易壁垒，深刻影响国际贸易的发展。

从上述五个方面看，实际上就是对环境形势进行判断。对环境形势的判断要全面观察、科学分析、准确判断。我们组织开展的中国环境宏观战略研究，对当前我国环境问题的总体判断是：局部有所改善，总体尚未遏制，形势依然严峻，压力继续加大。我国环境面临的压力比世界

上任何国家都大，环境资源问题比任何国家都要突出，解决起来也比任何国家都要困难。

局部有所改善。通过这些年的节能减排，确实收到了实实在在的效果。因为存量和新增量比较大，尽管污染物排放量逐年在下降，与老百姓的直接感受还有差距，这就需要我们继续努力工作，在环境管理方面深化改革。河南淮河上有个叫槐店的地方，也出过一个典故。有一次中央领导去视察，上万群众上书，打的旗号是"官清水清"。我们很重视这个地方的水污染防治，昨天我还特意查了一下这个地方的数据，数据显示水体污染程度在下降，有进步。再比如，松花江从中度污染进入了轻度污染，太湖从重度污染进入了中度污染，辽河基本消灭了劣五类水质，洱海水质从三类好转为二类。这说明我国水污染治理是有成效的。讲成绩，可以鼓舞人们的信心，不是说我们的环境问题就像癌症一样，没治了。

总体尚未遏制。我们现在讲讲 PM2.5。PM2.5 在京津冀、长三角、珠三角区域特别严重。中国科学院做过一张图，凡是经济发达的地区，PM2.5 浓度相对都比较高，灰霾现象频繁发生，经常发生灰霾的城市已占到全国的 30%～50%。2013 年初，我国部分地区长时间反复出现雾霾天气，许多城市空气质量急剧下降，部分时段达到严重污染级别，直接损害群众身体健康，严重影响日常生产生活。

形势依然严峻。2012 年，全国十大流域的 694 个国控监测断面中，劣五类水质比例占 10.4%，基本丧失水体功能。2011 年全国烟粉尘、挥发性有机物排放总量分别为 1 446 万吨、3 000 万吨（估算），2012 年全国二氧化硫、氮氧化物排放总量分别为 2 117.6 万吨、2 337.8 万吨，远超出环境承载力。我国机动车、家电等更新换代加快，电子废弃物、工业固体废物、医疗废物和危险废物产生量持续增加。一次环境污染没有解决，二次环境污染又接踵而来。

压力继续加大。未来一段时期，我国将基本完成工业化、城镇化和农村现代化，在环境容量相对不足、环境风险不断加大、环境问题日趋复杂的情况下，我国将面临更大的环境压力。我国以煤为主的能源结构对环境影响巨大，每年多烧两亿吨，什么指标都完不成。现在我们实行了能源总量控制，另外突出了煤炭的总量控制，这个问题如果能控制住，那将会产生很好的效果。控制不住不得了，控制住了了不得。

二、以生态文明理论为指导，积极探索中国环境保护新道路

　　面对如此严峻的环境形势，我们要以生态文明理论为指导，积极探索中国环保新道路。中国的环保与改革开放是同步的，中国环保的历史也是三十多年。这三十多年中国环保的历史，也是不断探索中国环保新道路的历史。发达国家走过的"先污染后治理、牺牲环境换取经济增长、注重末端治理"的环境老路，在中国行不通、也走不起，必须探索一条适合我国国情的新路子，来引领中国环境保护事业发展，推动中国环境保护实现历史性转变。环境保护历史性转变不是中国独有的，世界上都有这个问题。

　　什么是环境保护历史性转变呢？就是对经济发展与环境保护关系的根本性调整，是环境保护方式的根本性变化。一般来说，转变前重经济、轻环保，环保严重滞后于经济发展，处于消极、被动、事后补救的状态，保护的手段也较为单一；转变后环境保护与经济增长处于同等重要的地位，环境保护呈现出积极的、主动的、以事前预防为主的格局。

　　环境保护与经济增长相互协调、相互促进，环境保护的手段多样化，世界环境保护的历史和中国环境保护的实践，都说明这是一道坎儿，必须要转过来。怎么转？就要正确处理经济增长和环境保护的关系，两头都要兼顾。那么，当前我们国家在这方面存在的主要问题是什么？主要问题是三个：第一，重经济增长，轻环境保护；第二，环境保护滞后于经济发展；第三，环境保护手段比较单一，主要依靠行政手段来保护环境。鉴于这些问题，历史赋予我们环境保护的根本任务，就是推动环境保护工作的历史性转变。怎么推动？温家宝总理在第六次全国环境保护大会上对外宣布，中国从现在开始，要推行环境保护历史性转变：由重

51

经济增长轻环境保护向经济增长与环境保护并重转变，从环境保护滞后于经济发展转变为环境保护和经济发展同步，从主要用行政办法保护环境转变为综合运用法律、经济、技术和必要的行政办法解决环境问题。这就是著名的环境保护"三个转变"。

必须正确处理经济发展和环境保护的关系。脱离经济发展抓环境保护是"缘木求鱼"，离开环境保护搞经济发展是"竭泽而渔"。实践证明，正确的经济政策就是正确的环境政策，环境出了大毛病，就要在经济政策上找原因、寻出路。国际上推行环境保护历史性转变，就是正确处理经济发展与环境保护的关系。发达国家有三种模式可以借鉴。

一是绝处逢生型。美国、德国在对经济缺乏科学整体认识的情况下，也曾经出现过严重的环境危机，但他们现在基本解决环境问题了。我们现在讲跨越式发展，有些人开始不愿意这么讲，因为过去被超英赶美等过度的口号弄害怕了，不敢说跨越式发展，实际上跨越式发展还是有的。19世纪末20世纪初，美国就是跨越式发展，以后的中国台湾地区以及东南亚一些国家也是跨越式发展。具备了三个条件才能实现跨越式发展：一是高新技术的应用，二是优势产业的崛起，三是要有影响全局的大工程启动。这才叫跨越式。那时美国处于唯经济发展的时代，不考虑环境，以致以后出现了洛杉矶烟雾事件等。这些事件教训了美国政府，使他们清醒了，制定了《国家环境政策法》、《清洁空气法》、《清洁水法》，要求一切重大经济行动都要事先进行环境影响评价。从此开始推进环境保护的历史性转变。美国搞了二十多年，到20世纪90年代，30岁以上的人群中减少了18万多例早衰早死，呼吸道疾病减少了970万，二十多年来的总收入同比增长了22.2万亿美元。这说明经济增长与环境保护是可以双赢的。实现双赢才能良性循环，一味追求经济增长真是灾难。

在这次全球性金融危机中，德国虽然也有一些情况，但整体上讲，德国经济在发达国家中可以说是一枝独秀。二次大战以后，德国的科技精英被美国收编了，很多设备被前苏联拉走了，德国到处看到的是瘸子排队买面包的情景。为了迅速发展经济，德国产生了大量的污染，到处是空气污染、水污染。这样搞了二十多年，他们觉得不行，于是从 20 世纪 70 年代开始转变，把国家战略从经济发展优先调整为经济发展与环境保护并重协调。二十多年以后，德国的环境质量大大改善，空气清新了，河流变清了，后来有人把这叫做"置之死地而后生"、"知耻而后勇"。

二是奋起直追型。日本战后长期遵循的是在不妨碍经济发展的情况下保护环境，他们是这个理念。后来相继发生水俣病事件、痛痛病事件、米糠油事件等环境事件，他们就实行了转变。日本是怎么做的？从 1967 年开始，日本制定《环境污染控制基本法》，提出"健康第一，环境优先"口号。用了二十多年，基本实现了环境与经济的融合，控制污染的效率大大提高，基本实现了资源化、减量化、无害化，这是日本的经验。日本用了二十多年时间才根本解决了环境问题。

三是跨越发展型。韩国经济发展也付出了沉重的代价，特别是在新农村建设上，搞来搞去，把新农村搞成了没有农民的农村，这可能是进步，可是不符合实际。他们很快作出转变。现在韩国的新农村建设在世界上搞得最好。新加坡在工业化初期，随意倾倒垃圾、排放废水和废气的现象较为严重。但环境问题暴露后，他们立即实行历史性转变。1971 年，新加坡政府提出城市"环型发展计划"，即环绕主岛进行建设。城市实行功能分区，将工业区与居住区分离，重工业区远离居住区，重污染大型企业建在岛屿上，避免市区环境污染，保护市民健康。

实践证明，环境保护历史性转变越早越主动，越晚越被动。我们怎么来实现转变？最主要的就是要正确处理经济发展与环境保护的关系。一部环境保护的历史，就是一部正确处理经济发展与环境保护的关系史。从具体内容来讲，从环境保护来讲，就是要积极探索在保护中发展、在发展中保护的环保新道路。它是通向美丽中国的路标。

2011 年，中共中央政治局常委、国务院副总理李克强同志出席第七次全国环境保护大会并发表重要讲话，强调要坚持在发展中保护、在保护中发展，积极探索环境保护新道路，切实解决影响科学发展和损害群

众健康的突出环境问题，努力开创环保工作新局面。积极探索环境保护新道路，是第七次全国环境保护大会标志性成果。

探索环保新道路是实践在保护中发展、在发展中保护战略思想的根本路径。环保新道路的目标模式是构建六大体系，即与我国国情相适应的环境保护宏观战略体系、全面高效的污染防治体系、健全的环境质量评价体系、完善的环境保护法规政策和科技标准体系、完备的环境管理和执法监督体系、全民参与的社会行动体系。环保新道路的基本要求是代价小、效益好、排放低、可持续。

所谓"代价小"，就是要坚持环境保护与经济发展相协调，以尽可能小的资源环境代价支撑更大规模的经济活动。通过环境保护优化经济增长，将环境保护的要求全面体现在经济社会的各个层面，从发展的源头最大限度地减少环境污染和生态破坏，减轻环境治理的压力，摆脱"先污染后治理、边治理边污染"的老路，最大限度减少环境污染对人体健康的危害，促进社会和谐稳定。

所谓"效益好"，就是要坚持环境保护与经济建设和社会建设相统筹，寻求最佳的环境效益、经济效益和社会效益。环境作为公共产品，有使用价值。只要有使用价值，就符合价值补偿的理由，从理论上讲是通的，环境投资属于价值补偿的范畴。今天也来了不少省长，你们给环境投资时要理直气壮，这既有理论根据，也有现实需求。

所谓"排放低"，就是坚持污染预防与环境治理相结合，将污染物排放量控制在最低水平，把经济社会活动对环境损害降低到最小程度。必须不断降低污染排放强度，逐步达到同行业的国际先进水平，也要不断削减污染物的排放总量，逐步达到低于环境容量。

所谓"可持续"，就是要坚持环境保护与长远发展相融合，通过建设资源节约型、环境友好型社会，推动经济社会可持续发展。将环境与经济高度融合，就是我刚才讲的历史性转变，以环境保护促进发展方式转变和社会和谐发展，维护经济社会发展的可持续性，维护生态环境的可持续性。

下面讲一讲当前探索中国环保新道路需要着重研究的几个问题。

第一，用新的理念进一步深化对环境问题的认识。这个理念就是生态文明的理念。生态文明的理念体现在环境保护当中，就是坚持在保护中发展、在发展中保护，以环境保护来优化经济增长，环境保护是生态文明建设的主阵地和根本措施。

第二，用新的视野把握环境保护事业发展的机遇。用环境保护的倒逼机制来促进经济结构调整，这是最好的一件事情。利用好了，经济可以顺利转型；利用不好，会出现这样那样的问题。要充分利用全世界都在积极倡导绿色发展、循环发展、低碳发展的历史机遇，搞好我们环境管理的战略转型。纵观世界环境管理的经验和教训，从环境管理的目标导向来看，环境管理通常有三种模式：一是以环境污染控制为目标导向的环境管理，二是以环境质量改善为目标导向的环境管理，三是以环境风险防控为目标导向的环境管理。三者之间也有内在的联系，采取什么样的管理模式取决于经济发展水平、公众环境意识和监督管理能力等因素。不同国家有不同的侧重点，不能割裂开来看。

当前我国主要是以环境污染控制为导向，集中反映在节能减排，主要是控制一次污染，而当前中国环境的形势很复杂。我们的节能减排跟国际上很多国家不一样，国际上减的是二氧化碳排放，而我们减的主要是二氧化硫、氮氧化物、化学需氧量、氨氮这些污染物，所以我们还处在以污染因子控制为导向的主要解决一次污染的历史进程当中。PM2.5污染这个问题提出以后，环境保护就进入了一个新阶段。这个新阶段的特点，就是既要防治一次污染，又要防治二次污染。因为PM2.5很大程度上是二次污染的结果。节能减排已经搞了这么长时间，是不是PM2.5问题刚刚发现？显然不是。节能减排就是要解决PM2.5问题。为什么节能减排就是解决PM2.5呢？我们节能减排控制的是二氧化硫、氮氧化物等一次污染。PM2.5的形成是这样的：二氧化硫、氮氧化物到了空中，在特定的气候条件下，就会很快凝聚成颗粒物，这些颗粒物是气溶胶的一种，就叫做PM2.5。唐孝炎院士做了实验，结果显示二氧化硫的凝聚率一般在70％多，最高可以达到91％，就是说70％多的二氧化硫在特定天气下会很快形成粒子，这种粒子就是PM2.5。这是二次污染的结果，当然一次污染的例子也有。PM2.5也有一个结构问题，我请唐孝炎院士做了几个实验。北京的PM2.5与广东的PM2.5就不一样。北京的PM2.5，最大的来源是汽车尾气，占22％。而广东PM2.5的最大来源是硝酸盐。所以说，PM2.5防治也得因地制宜，这个说简单也简单，说复杂也复杂。从长远来讲，就是要"釜底抽薪"，调结构。如果现有的经济结构不变，那就是"扬汤止沸"，解决不了根本问题。遇到重污染天气问题要积极应对，该停产的停产，该停驶的就停驶，该放假的就放假。

防治PM2.5必须有行动。专家们经过科学测算发现，北京的建设布局实际上形成了一个自然盆地，没有大的通道，现有的通道就是京沪高速等几条，根本满足不了北京通气的作用。所以一遇到极端天气，再加上这种地形配合，空气污染就特别严重。只有在刮西北风的时候，空气可以稍微干净一点，而东南风则会越刮越脏。北京市针对PM2.5污染防治提出了"三个率先"，即率先发布监测信息，率先跟国际接轨，率先实现监测数据与群众的感受相一致。

第三，用新的实践推动环保事业取得更大成效。要用党的十八大精神总结我国环境保护既往的成功经验，进一步指导环保实践，推动取得新的实际成效。尤其要着力解决影响科学发展的突出环境问题，严格控制"两高一资"行业盲目扩张，坚决抑制部分产能过剩和低水平重复建设。这里就不展开了。

第四，用新的体制来保障环境保护事业持续推进。目前主要还是体制上不顺，这个要讲可以讲很多。就要理顺职能，然后确定机构，做到水到渠成，瓜熟蒂落。体制不顺，限制了人们聪明才智的发挥。

第五，用新的思路指导当前谋划未来。实施环保大工程，促进大发展，实现新突破，是探索中国环保新道路的最新实践成果。这里主要讲四点。

一要创造亮点。环境保护当前的亮点是污染减排。发布实施新的环境空气质量标准也是亮点。污染减排是一项基础工作，也是环保的平台和硬抓手，是约束性指标，它既控制一次污染，也控制二次污染。今后要在继续加大减排力度、做好环境空气质量标准实施工作的同时，改革创新，在环保各个领域不断创造新的亮点。

二要突破难点。当前的难点就是怎么正确处理经济发展与环境保护的关系。环境出现问题应当在经济政策方面找原因。必须坚持在保护中发展、在发展中保护，以环境保护优化经济发展，努力推进环境保护与经济发展协调融合。

三要抓住重点。当前和今后环保工作的重点就是两条，一是影响科学发展的突出环境问题，二是损害群众健康的突出环境问题。影响科学发展的突出环境问题，主要是"两高一资"、产能过剩和低水平重复建设。利用环境保护的宏观调控职能，及时打压这三种情况，特别是对产能过剩。经济结构战略性调整，是一场革命性的结构调整。大家可以查一查，1995年就提出来了，为什么到现在还不是太明显？因为这个任务太艰巨，必然是个渐进的历史过程。我们要把损害群众健康的环境问题作为重点，它包括三个方面，即大气污染、水污染和土壤污染。当然化学品污染也很重要，它主要是通过土壤污染来显现的。从调整结构入手，紧紧抓住这些关键环节。

四要应对热点。当前的热点主要是群众对大气污染的关注。现在是以大气污染为主，说不定将来就是以土壤污染为主，或者是以水污染为主了，都涉及民生问题，涉及人民群众的生产生活条件，所以这些都得积极解决。

环境问题非常复杂，绝不是环境保护部一家就能够解决好的，所有部门都应有这项任务。作为环保部门，我们的任务主要是两个方面：一方面是属于我们直接管理、直接做的事情，比如像污染减排；另一方面我们更多地是起到一个宣传组织的作用，放手让大家去搞环境保护。我们国家就这么多行政资源，应该最大限度地发挥所有部门在环境保护方面的积极性，使环境保护在原来的基础上能够再上一个新台阶。

　　面对严峻的环境形势，需要与时俱进的勇气和创新精神，积极探索环保新道路，进而解决环境问题，这是一个痛苦和希望并存的关键时期，也是一个充满智慧和艰辛的探索过程。

第三讲
中国林业发展与生态文明建设*

国家林业局局长　赵树丛

党的十八大把建设生态文明纳入中国特色社会主义事业"五位一体"总体布局，并作为党的重大行动纲领写入党章，这在世界政党发展史和执政史上还是第一次，这是我们党对世界文明发展的原创性重大贡献。建设生态文明，是关系人民福祉、关乎民族未来的长远大计，核心是树立尊重自然、顺应自然、保护自然的生态文明理念，实现人与自然和谐。林业是生态建设和保护的主体，是建设生态文明、实现人与自然和谐的主阵地。林业部门作为维护生态安全、生产生态产品的主体部门，必须切实担负起建设生态文明的历史重任，充分发挥林业在生态文明建设中的重要作用。

一、生态文明建设的国际林业背景

如今，生态问题越来越受到人们的高度关注。国际上许多著名科学家强烈警告，全球生态危机已经成为人类生存与发展的最大安全威胁。2005 年联合国发布的《千年生态系统评估报告》特别指出，"近数十年来，人类对自然生态系统进行了前所未有的改造，使人类赖以生存的自然生态系统发生了前所未有的变化，有 60% 正处于不断退化状态之中"。这是生态文明建设的主要国际背景。当前出现了八大生态危机。

第一大生态危机：森林大面积消失。森林是陆地上面积最大、结构

---

* 本文根据国家林业局局长赵树丛同志 2013 年 3 月 4 日在国家行政学院省部级领导干部推进生态文明建设研讨班上的授课内容整理。

最复杂、生物量最大、初级生产力最高、功能最完善的自然生态系统，对维持地球陆地生态平衡起着决定性的支撑作用。由于人类对森林的大规模利用和破坏，全球森林面积已从人类文明初期的76亿公顷减少到20世纪末期的34.4亿公顷，至今全球每年仍有约500多万公顷森林从地球上消失。联合国在一份报告中发出警告："由于人类对木材和耕地的需求，使全球森林减少了50%，难以支撑人类文明大厦。"

第二大生态危机：土地沙漠化扩展。土地沙漠化是人类面临的最严重的生态危机，直接威胁着人类的生存空间和文明的延续。据联合国数据，全球沙漠化土地高达3 600万平方公里，每年还在以5万～7万平方公里的速度扩展，有25亿人口遭受荒漠化的危害。

第三大生态危机：湿地不断退化。湿地被誉为"地球之肾"，具有涵养水源、蓄洪防旱、调节气候、净化水质、维护生物多样性和碳储存等重要生态功能。全球湿地生态系统面积为12.8亿公顷，目前约有一半遭到破坏，约有20%的珊瑚礁和35%的红树林已经丧失，湿地退化和丧失的速度超过了其他类型生态系统退化和丧失的速度。

第四大生态危机：物种加速灭绝。专家研究表明，全球40%以上的经济和80%以上的贫困人口的生活需要来源于生物多样性，生物多样性对人类的贡献每年达到33万亿美元。生物多样性是人类未来的财富和可持续发展的重要基础，其价值难以估量。当我们毁掉森林时，同时也毁掉了它所维护的生物多样性。据联合国《全球千年生态系统评估报告》，目前全球物种灭绝的速度已经超过了自然灭绝速度的1 000倍。物种一旦消失就不可复生，人类就永远失去了其特有的基因。

第五大生态危机：水土严重流失。由于森林植被的严重破坏，全球每年约600亿吨土壤流失，地力衰退和养分贫乏的耕地已达450亿亩，每年损失9 000万亩耕地，严重威胁着粮食安全。据统计，尼罗河、黄河、恒河、长江、红河、密西西比河等16条河流，每年流失的土壤达75亿吨。早在1981年一位国际友人就一针见血地指出："黄河流的不是泥沙，而是中华民族的血液；不是微血管破裂，而是主动脉出血。"

第六大生态危机：严重干旱缺水。全球严重缺水的国家达到一百多个，世界上几乎没有一个国家不缺水。埃塞俄比亚在过去四十年间森林面积由40％下降到1％，降雨量也随之大幅度下降，出现了长期的干旱饥荒，夺走了近百万人的生命。最近公布的第一次全国水利普查结果表明，截至2011年年底，我国流域面积100平方公里以上的河流约有2.3万条，比20世纪90年代减少了2.7万多条。中央电视台的一则公益广告警示："地球上的最后一滴水，将是人类的眼泪。"

第七大生态危机：洪涝灾害频发。山清才有水秀，穷山必有恶水。据统计，在各种自然灾难中，洪水造成死亡的人口占75％，经济损失占40％。联合国"国际减灾十年"指导委员会公布，在2005年以前的二十年中，全球遭受自然灾害危害的人口达8亿多人，其中一半以上是由洪涝灾害造成的。

第八大生态危机：全球气候变暖。这已被列为21世纪人类面临的最大威胁之一。导致气候变暖主要有两大因素：一是使用化石燃料排放二氧化碳等温室气体，二是森林破坏释放二氧化碳。毁林已成为导致气候变暖的重要因素。相反，增加森林面积，修复森林碳库，将会极大地缓解气候变暖。

这八大生态危机都是破坏自然生态系统的恶果，都直接与林业密切相关。联合国《千年生态系统评估报告》特别强调，由地球上的各种动植物以及生物过程所组成的各种复杂多样的生态系统，对于人类的福祉起着至关重要的作用。评估报告特别警告："我们再也不能对生态系统维持子孙后代生存能力的状况漠不关心了；世界上每一个角落的每一个人的选择，都将决定人类的未来。"正是基于对自然生态系统重要性认识的不断深化，在联合国的倡导和推动下，国际社会已经形成了一些全球和区域性的生态治理机制，采取了一系列重大行动。

第一项重大行动：重建森林行动。联合国1992年发布《关于森林问题的原则声明》，2000年成立联合国森林论坛，2007年第62届联合国大会通过《国际森林文书》，将建立国家乃至全球森林治理体系提上国际议

程。森林可持续经营成为国际热点，逐步形成了蒙特利尔进程、国际热带木材组织进程、非洲木材组织进程等九个进程。目前，正在进行森林公约的谈判。2011 年 9 月，由胡锦涛主席提议，在北京召开了 APEC 林业部长级会议，并通过了旨在保护发展森林的《北京宣言》。

第二项重大行动：防治荒漠化行动。联合国 1992 年通过《防治荒漠化公约》，我国于 1997 年加入公约并在国家林业局设立了履约办公室。1994 年 12 月联合国确定每年 6 月 17 日为"世界防治荒漠化和干旱日"，2007 年通过"2008—2018 年《加强履约 10 年战略》计划"，2012 年联合国可持续发展大会确定了防治荒漠化和土地退化的全球目标，提出到 2030 年要实现全球沙化土地零增长。

第三项重大行动：湿地保护行动。1971 年 18 个国家签署《湿地公约》，目前缔约方已达 163 个国家，我国于 1992 年加入公约并在国家林业局设立了履约办公室。全球已确认在生态学、植物学、动物学、水文学方面具有独特意义的国际重要湿地 1 886 块，总面积 1.7 亿多公顷，其中中国有 41 块被列入国际重要湿地。

第四项重大行动：物种拯救行动。联合国 1973 年通过《濒危野生动植物种国际贸易公约》，我国于 1980 年加入公约并在国家林业局设立了履约办公室。1992 年联合国又通过《生物多样性公约》，1999 年通过《国际植物保护公约》。国际上还先后发起成立了世界自然基金会、世界自然保护联盟等众多非政府国际组织。

第五项重大行动：应对气候变化行动。为应对由温室气体过量排放引起的全球气候变暖，1992 年联合国通过了《气候变化框架公约》，1997 年通过了《京都议定书》，规定：所有发达国家缔约方从 2008 年到 2012 年，可通过工业减排和增加森林碳汇两种途径，使温室气体排放量在 1990 年基础上平均减少 5.2%。2007 年又将发展中国家减少毁林和增加森林碳汇纳入《巴厘行动计划》。2010 年第 16 次缔约方大会即坎昆会议通过了两个林业决定。2011 年第 17 次缔约方大会即德班会议通过了三个林业决定。2012 年第 18 次缔约方大会即多哈会议决定，将《京都议定书》减排方式延续到 2020 年底，并确定在 2015 年前达成适用于所有国家的新的全球气候协议。

二、生态文明建设的国内林业背景

半个多世纪以来，我们党在带领人民摆脱贫困、走向富强的过程中，一直以世界眼光和战略思维关注着森林问题，对生态文明建设进行了不懈的探索。

早在新中国成立初期，毛泽东同志就告诫人们："林业将变成根本问题之一"，并提出"实行大地园林化"，"三分之一的土地种树，美化全中国"。当时，中央政府就设立了林业部，后来又设立了森林工业部。中央政府还确定了"青山常在，永续利用"的林业建设方针。

1978 年，经邓小平同志批示，我国启动了世界上规模最大的生态修复工程——三北防护林工程。1981 年四川发生特大洪水后，在小平同志的倡导下，全国人大作出了关于开展全民义务植树运动的决议，他每年都带头参加义务植树活动。当时 93 岁高龄的世界著名生态学家英国人理查德·马克尔评价说，中国的义务植树为世界树立了光辉榜样。

1991 年，江泽民同志提出"全党动员、全民动手、植树造林、绿化祖国"；1997 年又发出了"再造祖国秀美山川"的号召。1998 年长江、松花江发生特大洪水后，党中央、国务院决定投资几千亿元，实施天然林保护、退耕还林、京津风沙源治理等重大生态修复工程。

2009 年，胡锦涛同志向世界作出了"大力增加森林碳汇，争取到 2020 年森林面积比 2005 年增加 4 000 万公顷，森林蓄积量比 2005 年增加 13 亿立方米"的庄严承诺。他特别强调，"森林是陆地生态系统的主体和维护生态安全的保障，对人类生存发展具有不可替代的作用"，要求全国人民"为祖国大地披上美丽绿装，为科学发展提供生态保障"。林业"双增"目标纳入了"十二五"约束性考核指标。

习近平同志多次强调，"生态兴则文明兴，生态衰则文明衰"。他在福建工作期间为全国树立了生态文明建设的两面旗帜。一是全国林改第

一县福建省武平县。2002 年他到武平调研时提出，"集体林权制度改革要像家庭联产承包责任制那样从山下转向山上"。武平的林改经验后来推广到全省和全国，为创新农村生态文明建设的体制机制做出了历史性贡献。二是全国水土流失治理和生态建设的典范长汀县。1999 年、2001 年习近平同志两次到长汀调研生态建设，要求"再干八年，解决长汀水土流失问题"，并于 2011 年、2012 年两次对长汀经验作出重要批示。目前，武平县、长汀县森林覆盖率都达到了 79％以上，生态面貌发生了翻天覆地的变化，成为全国生态文明建设的典范。

在党中央、国务院的高度重视下，在生态建设的长期实践中，林业生态建设逐步上升为党和国家的重大战略。按照党中央、国务院的要求，2001—2002 年国家林业局开展了"中国可持续发展林业战略研究"，提出了"生态建设、生态安全、生态文明"的战略思想。2002 年党的十六大提出要"推动整个社会走上生产发展、生活富裕、生态良好的文明发展道路"。2003 年中央 9 号文件确立了以生态建设为主的林业发展战略，明确提出"建立以森林植被为主体、林草结合的国土生态安全体系，建设山川秀美的生态文明社会"。2007 年党的十七大将建设生态文明确定为全面建设小康社会的重要目标。2008 年中央 10 号文件进一步提出，建设生态文明、维护生态安全是林业发展的首要任务。2009 年党中央、国务院正式确立了林业的"四大地位"和"四大使命"。在深刻总结人类文明发展规律和科学判断我国发展阶段的基础上，党的十八大又将生态文明建设提到与经济建设、政治建设、文化建设、社会建设并列的位置，共同构成了中国特色社会主义事业"五位一体"的总体布局，并描绘了"努力建设美丽中国，实现中华民族永续发展"的宏伟蓝图。

六十多年来特别是进入 21 世纪以来，我国在森林资源保护、荒漠化治理、野生动植物及生物多样性保护、湿地保护方面取得了巨大的成就。但是，由于历史的原因和人口众多、经济高速增长对生态的巨大压力，生态问题仍然是我国最突出的问题之一。主要表现在六个层面。

第一个层面：自然生态系统十分脆弱。一是森林生态系统十分脆弱。

森林资源总量不足，分布不均，结构不合理，质量不高。全国森林覆盖率为 20.36％，不到历史最高时期的 1/3，西北地区森林植被更为稀少。全国成过熟林面积只有 4.19 亿亩，仅占全国森林面积的 14.3％。全国森林生态功能等级好的仅占 11.31％。我国森林平均每公顷蓄积量只有 85.88 立方米，不到日本的 1/2、德国的近 1/4；人工林只有 49 立方米，不到日本的 1/4、德国的 1/6；平均林木胸径只有 13.3 厘米，38 厘米以上的仅占 1.17％，德国的一棵树相当于我国的一亩林。二是湿地生态系统退化严重。我国单块面积大于 100 公顷的湿地总面积为 5.77 亿亩，其中自然湿地面积 5.43 亿亩，自然湿地中尚有一半未得到有效保护。红军长征时艰难跋涉、十分危险的若尔盖湿地也出现了沙化现象。三是荒漠化十分严重。据最新监测结果，全国有 173 万平方公里沙化土地，占国土面积的 18.1％，还有 31 万平方公里土地具有明显沙化趋势，局部地区沙化土地仍在扩展，同时石漠化土地达 12 万平方公里，盐渍化土地达 17.3 万平方公里，6 亿多人口受到沙漠化、石漠化的威胁。目前，我国生态脆弱地区总面积已达 60％以上。

第二个层面：生态破坏十分严重。一是林地流失严重。林地改变用途或征占用现象普遍，目前全国每年损失林地达 2500 多万亩，占全国年造林面积近 1/3。二是湿地破坏严重。黑龙江三江平原 82％的天然沼泽湿地已经丧失。到 20 世纪末，全国围垦的湖泊面积高达 1 950 万亩以上，损失调蓄容积 350 亿立方米，相当于我国五大淡水湖面积之和，因围垦而消失的天然湖泊近 1 000 个。三是开矿、采石破坏植被严重。据调查，因矿产开采破坏或影响林地达 2 亿多亩。全国许多地方采石，严重破坏了山体，惨不忍睹。四是乱砍滥伐、乱捕滥猎严重。目前全国年均超限额采伐森林 7 554 万立方米，滥伐林木、乱捕滥猎野生动物等案件 30 多万起。全国高等植物中 4 000 多种正受到威胁，1 000 多种处于濒危状态，其中 9 种植物野外数量仅存 1～10 株，54 种只有 1 个分布点。五是林业有害生物和森林火灾危害严重。我国主要林业有害生物达 295 种，"十一五"期间年均发生面积 1.75 亿亩，损失超过了森林火灾，

65

被称为"无烟的森林火灾"。新中国成立以来，全国共发生森林火灾79.82万起，损毁森林 5.71 亿亩，造成了人民生命财产和森林资源的严重损失。

第三个层面：生态产品十分短缺。生态产品是我国最短缺的产品之一。林业生产的生态产品包括两大类：一是有形的生态产品，主要是指林产品。随着经济的发展和人民生活水平的提高，我国对木材及林产品的需求急剧增长。2002 年全国实际消费木材总量为 1.83 亿立方米，2011 年猛增到 4.99 亿立方米，其中进口木材及其产品折合木材 2.24 亿立方米，对外依存度高达 44.8%。另外，每年还要进口大量的棕榈油等木本粮油产品。二是无形的生态产品，主要包括吸收二氧化碳、制造氧气、涵养水源、净化水质、保持水土、防风固沙、降低噪声、调节气候、吸附粉尘、生态疗养等。一般而言，森林的生态服务价值为其木材价值的 10 倍左右。据日本政府白皮书公布的数字，2000 年日本森林的生态服务价值为 74.99 兆日元，约相当于 5.99 万亿人民币，为日本当年 GDP 的 15%。日本单位面积森林生态服务价值是我国的 4.68 倍，人均享受的森林生态服务价值是我国的 6.43 倍。

第四个层面：生态差距巨大。经过改革开放三十多年的发展，我国已跃升为全球第二大经济体，创造了世界经济发展的奇迹，同时也付出了巨大的生态代价。目前生态差距已成为我国与发达国家最大的差距之一。全球森林覆盖率为 30.3%，我国为 20.36%，比全球平均水平低近 10 个百分点，排在世界第 136 位；人均森林面积不足世界的 1/4，人均森林蓄积量只有世界的 1/7。新加坡农业用地面积仅占国土面积的 1%，工业和城市建设用地也受到严格限制，而绿化用地从十年前的 50% 提高到现在的 58%，目前又提出了新的绿化目标。在生态方面，无论在观念上，还是在现状上，我们与发达国家都有着巨大的差距。

第五个层面：生态灾害频繁。我国是世界上生态灾害最频繁、最严重的国家之一。据 1950—2000 年资料分析，洪涝灾害死亡人数为 26.3 万人。1954 年、1981 年、1991 年、1998 年我国发生的特大洪水灾害损失十

66

分惨痛。2010 年 8 月舟曲县发生的特大山洪泥石流灾害，导致 1 254 人遇难、490 人失踪。经专家评估，森林退化是导致灾害发生的重要因素。

第六个层面：生态压力剧增。随着气候变暖成为国际政治、经济和外交领域的热点问题，对我国经济发展的压力日益加大。1994 年我国二氧化碳排放量为 26.66 亿吨，到 2005 年猛增到 70.46 亿吨，并超过美国成为第一排放大国。到 2020 年，我国国内生产总值和城乡居民人均收入要比 2010 年翻一番，届时我国经济总量将达到 80 万亿元左右。这对生态、资源、能源等的需求必将构成新的巨大压力。

三、林业在生态文明建设中的重大职责

2003 年《中共中央　国务院关于加快林业发展的决定》明确将加强生态建设、维护生态安全、弘扬生态文明确定为林业部门的主要任务。2009 年中央林业工作会议明确提出，要把发展林业作为建设生态文明的首要任务。根据十八大提出的建设生态文明的目标任务，林业部门主要承担着六项重大职责。

第一项重大职责：保护自然生态系统。陆地自然生态系统主要包括森林、湿地、荒漠、草原四大生态系统，林业部门负责保护三大自然生态系统。一是保护森林生态系统。二是保护湿地生态系统。三是治理荒漠生态系统。四是保护野生动植物及生物多样性。目前，我国森林、湿地、荒漠、野生动物、野生植物等五种类型的自然保护区达 2 407 个，总面积 1.45 亿公顷，分别占全国总数的 91.2％和 97％。五是划定生态安全红线。牢固树立保护第一的思想，根据科学评估，逐步划定林地、湿地、沙地和野生动植物种野外种群数量的红线，坚决守住底线。

第二项重大职责：实施重大生态修复工程。1978 年以来，国家先后启动了 16 项重大生态修复工程，在我国生态修复工程中处于主导地位。按照十八大精神，我们将进一步组织实施好四大类重大生态修复工程。一是自然保护类生态修复工程。对尚未遭受破坏的生态系统进行严格保

护，实施好野生动植物保护及自然保护区建设等工程。二是自然恢复类生态修复工程。对遭受一定程度破坏的生态系统，加强保护，休养生息，实施好天然林资源保护、湿地保护与恢复等工程。三是人工促进自然恢复类生态修复工程。对很难自我恢复或需要漫长时间才能恢复的生态系统，通过人工辅助措施，加快恢复步伐，实施好三北防护林、京津风沙源治理等工程。四是人工重建类生态修复工程。对已完全破坏的生态系统，通过人工措施加以恢复重建，实施好退耕还林、石漠化治理、农田防护林等工程。

第三项重大职责：构建生态安全格局。根据国家主体功能区战略确定的构建"两屏三带"为主体的生态安全战略格局，《林业发展"十二五"规划》确定要加快建设十大国土生态安全屏障。一是东北森林屏障。涉及长白山、张广才岭、小兴安岭、大兴安岭等地区。二是北方防风固沙屏障。涉及长7 000多公里、宽400多公里的北方风沙区，共计700多个县，已经确定了30个100万亩以上的重点项目。三是沿海防护林屏障。涉及绵延1.83万公里的大陆海岸带和1.16万公里的岛屿海岸带。四是西部高原生态屏障。涉及青藏高原及东南缘和黄土—云贵高原地区。五是长江流域生态屏障。涉及长江、淮河和太湖流域的18个省区市。六是黄河流域生态屏障。涉及黄河流域的9个省区。七是珠江流域生态屏障。涉及珠江流域的6个省区。八是中小河流及库区生态屏障。涉及有防洪任务的中小河流重点河段及重要水库。九是平原农区生态屏障。涉及广大平原农区近1 000个平原县。十是城市森林生态屏障。涉及全国大中小城市和建制镇。

第四项重大职责：促进绿色发展。林业是绿色产业、生态产业、循环产业、碳汇产业、生物产业和富民产业，是绿色发展的优势和潜力所在。当前林业推进绿色发展，要在全面提升林业生态功能的同时，大力发展木材培育、木本粮油和特色经济林、森林旅游、林下经济、竹产业、花卉苗木、林业生物、野生动植物繁育利用、沙产业、林产工业等十大主导产业。通过发展绿色产业，使我国林业产业总产值从2012年的

3.71万亿元增加到2020年的10万亿元左右，为推动绿色发展做新贡献。

第五项重大职责：建设美丽中国。美丽中国的基本色调和核心元素是绿色。建设美丽中国，要坚持绿色为本，努力为大地铺绿、在人们身边增绿，让人们享受到优美的生活空间和更多更好的生态产品。一是加快荒山绿化。为祖国大地披上美丽绿装。二是加快城乡绿化。通过创建森林城市、森林乡镇、森林村庄，让群众推窗见绿、开门见景，直接享受到绿色之美。三是大力发展森林公园、湿地公园和自然保护区。目前，我国有森林公园2 855处、湿地公园483处、自然保护区2 407处，总面积1.63亿公顷。要增加数量、提升质量，使其成为自然的精华和美丽的地标。四是加快道路绿化。让公路线、铁路线变成绿化线、风景线。五是加快矿区植被恢复。矿区是大地的"伤疤"。通过加大矿区植被恢复力度，让越来越多的矿区变成绿色矿区、生态矿区、美丽矿区。六是创新平台和载体。福建"四绿"工程建设，浙江森林城市、美丽乡村建设，广东绿道建设，湖南绿色湖南建设，山东水系生态建设，北京平原地区百万亩造林工程，安徽千万亩森林增长工程，江西"一大四小"工程，广西绿满八桂工程，辽宁青山工程，河南生态省提升工程，青海村庄绿化行动，山西身边增绿行动等，都是建设美丽中国的标志性工程。要继续创新，让更多的森林上山、进城、上路、进村，为建设美丽中国绘就绿色、增添光彩。

第六项重大职责：为应对全球气候变化做贡献。一是履行好国际生态公约。主动履行好林业部门承担的八个国际生态公约的相关工作，树立负责任大国形象。二是参与国际规则制订。变被动参与为积极主导，不断增强我国在全球绿色政治中的"话语权"。三是增加森林碳汇。我国现有森林每公顷年均生长量约为3.85立方米，其储碳量仅为其潜力的40%左右。要通过加强森林经营，将森林年均生长量提高1倍以上，森林碳汇也将相应增加1倍以上，为我国应对气候变化提供战略支撑。四是强化碳汇监测。我们将加快推进碳卫星发射，及时反映森林碳汇动态变化。

四、林业推进生态文明建设的目标任务

全国林业系统将以建设生态文明为总目标，以改善生态改善民生为总任务，加快发展现代林业，着力构建六大体系，为建设生态文明和美丽中国贡献力量。

第一大体系：国土生态空间规划体系。我国林地、湿地和荒漠化土地总面积超过 90 亿亩，约占国土面积的 63％，在优化国土生态空间中承担着主要任务。一是编制《国家林业局推进生态文明建设规划纲要》及各省的规划。二是加快编制 25 个重点生态功能区生态保护与建设规划。三是完善森林增长和国土绿化空间规划。四是完善全国湿地空间规划。五是对可治理沙地、需要封禁保护的沙地和石漠化土地作出长远和阶段性治理规划。六是对一些候鸟迁徙通道、特殊生态系统和濒危物种栖息地保护编制相应的规划。据初步估算，全国林业生态空间专项规划可达到 80 多个，将与各地的生态空间规划一起，形成科学系统的国土生态空间规划体系。

第二大体系：重大生态修复工程体系。重大生态修复工程是维护国家生态安全的战略支撑，林业部实施的重点工程是国家生态修复工程的重中之重。一是继续实施好现有重大工程。重点是落实工程规划，加大资金投入，提高工程质量。二是谋划启动一批新的重大工程。尽快启动国家木材战略储备基地建设等工程。三是支持各地谋划实施一批省级、市级和县级重点生态修复工程，形成国家和地方互为补充的工程体系，实现重大生态修复工程全覆盖，以重大工程推动全国自然生态系统的全面修复。

第三大体系：生态产品生产体系。林业是生产生态产品的主体部门。生态产品包括两大类：一是有形的，主要包括木材、森林食品、林化产品等林产品；二是无形的，主要包括吸收二氧化碳、制造氧气、涵养水源、净化水质、保持水土、防风固沙、降低噪声、调节气候、吸附粉尘、生态疗养，等等。无论是有形的，还是无形的，都是最短缺的产品，社会需求和生产潜力巨大。为此，必须努力增加森林和湿地资源、提升生态功能，发展林业产业。当前重点是抓好两个薄弱环节：一是加强森林经营，提高森林质量和功能；二是延长林产品使用寿命，健全林产品回收利用机制。

第四大体系：支持生态建设的政策体系。加强生态建设、维护生态安全是政府必须提供的公共服务。一是健全和完善公共财政支持政策。健全生态效益补偿制度，完善林业补贴制度，充分调动经营主体生产积极性。二是完善基础设施投入政策。将林区基础设施纳入相关规划，逐步提高投资标准。三是完善金融和税收扶持政策。加快建立林权抵押贷款管理制度，完善生态产业贷款财政贴息、保险保费财政补贴、税收优惠减免政策。四是加大对林业能力建设支持力度。完善林业科技、教育和人才支持政策。

第五大体系：维护生态安全的制度体系。健全的制度是生态文明建设的重要保障。当前，林地、湿地、沙地被侵占和破坏的现象十分严重，对生态造成的破坏，有的需要几代人甚至几十代人才能恢复，有的不可逆转。构建维护生态安全的制度体系，当务之急是要构建完善的法律法规制度。一是加强国家立法。修订完善《森林法》等现有林业法律法规，研究制定加强生态保护与建设的法律法规、部门规章和规范性文件。二是加强地方立法。对已颁布的国家林业法律法规，推动地方制订相应法规。对国家层面立法难度较大的领域，推动各地先出台地方法规。

第六大体系：生态文化体系。生态文化是树立和形成生态文明理念的基础。如果说生态文明是大厦，那么生态文化就是大厦的地基。一是培育崇尚自然的文化。摒弃人类破坏自然、征服自然、主宰自然的理念和行动，构建人与自然平等、和谐共生的关系，树立热爱自然、尊重自然、顺应自然、保护自然的生态文明理念。二是培育节约文化。不以牺牲生态为代价换取经济增长，不以索取自然为代价换取过度消费。三是培育生态道德。通过一点一滴的熏陶和积累，让青少年从小养成良好的生态道德和习惯。四是丰富生态文化载体。广泛普及生态知识，使人与自然和谐的理念成为社会主义核心价值观的组成部分，成为全社会的主流道德观。

为了实现林业推进生态文明建设的总目标，完成改善生态改善民生的总任务，当前重点是抓改革、抓资源、抓科技、抓产业、抓民生、抓作风，履行好六项职责，构建好六大体系。

五、林业推进生态文明建设的战略重点

推进生态文明建设是一项长期而艰巨的战略任务，需要从体制机制、政策措施、宣传教育、科技法制等方面下功夫。当前，林业部门将重点抓好以下十个关键环节。

第一个重点：严格保护林地、湿地。林地是森林的载体、生态的根基。要特别重视林地的保护和管理。林地保不住，就失去了生态支撑，不仅不能实现到2020年的林业"双增"目标，也不能保护好自然生态系统、建设美丽中国。一定要从战略高度来对待林地保护问题，严格按照《全国林地保护利用规划纲要》和各地林地保护利用规划，守住林地红线，确保林地不减少。

湿地和林地一样，也是维护生态安全的根本基础。2010年坎昆会议还将湿地保护列为发达国家减排的重要措施，目前正在制订相关的国际规则。现在很多地方都在积极建立湿地公园、湿地自然保护区，这是值得肯定的。但一定要特别注重保护湿地的原生状态，减少人工痕迹，尽最大努力为后代留下一份珍贵的自然遗产。对围垦湿地、占有湿地的行为，必须坚决禁止。

第二个重点：坚决维护农民林地承包经营权。2008年，党中央、国务院决定全面推行集体林权制度改革，对林地实行与耕地一样的按户承包政策。目前，全国已有27亿亩集体林地完成勘界确权，占集体林地总面积的98.8％，发放林权证9 785万本，8 948万农户获得林权证，林地承包期规定为70年，70年后还可以延长。林地承包经营权是我国《农村土地承包法》规定的对农民集体所有林地进行长期承包的财产权利，

是一项法定的用益物权。这项改革，第一次使农民拥有了财产权，实现了"山定权、树定根、人定心"，深得民心，被誉为中国农村的第二次革命。当前，要按照"改革、稳定、规范、服务、发展"的要求，深化集体林权制度改革，全面落实并保持农民林地承包经营权的长期稳定，坚决维护农民的财产权，完善扶持政策和服务平台，巩固和扩大改革红利。

第三个重点：着力推进国有林场改革。我国森林分为三大块：第一块是集体林，面积27亿亩，约占全国林地的60%，这是农民的资产，已经承包到户，由农民自主经营。第二块是国有林区，面积9.1亿亩，约占全国林地的20%。这一块产权是中央政府的，林权证由国家林业局颁发，委托地方政府具体管理。第三块是国有林场，有4 855个，面积9.3亿亩，约占全国林地总面积的20%。这一块由地方政府分级管理，省属林场占10%，地市属林场占15%，县属林场占75%。第二块和第三块加起来，约占全国林地的40%，这是国家的资产，由各级政府管理，主要提供生态服务。目前，集体林权制度改革已经基本完成，国有林区改革仍在探索，国有林场改革正在七个省区进行试点。国有林场改革的方向是要更好地提供生态服务，生产更多的生态产品。这也是国际上的基本经验。美国有43%的林地属国家和地方政府所有，其中联邦政府占33%，实行垂直管理，主要提供生态服务。日本也有42%的林地属国家和地方政府所有，其中中央政府直接统一管理的占31%，主要也是提供生态服务。

第四个重点：大力加强荒漠化、石漠化防治。荒漠化、石漠化防治是我国生态建设最艰巨的任务，这既是一个生态问题，也是一个经济问题，还是一个社会问题和政治问题。荒漠化、石漠化地区表面上看是缺水，根本问题是缺林，有些石漠化地区降雨量很高，由于缺少森林植被，雨水存不住。经过多年的实践，一些地方通过造林绿化，不仅增加了森林植被，而且还增加了降雨量，从整体上改善了生产生活条件。陕西省吴起县森林植被由1997年的19.2%提高到2007年的62.9%，降水量也由478.3毫米增加到582毫米，增加103.7毫米。内蒙古敖汉旗1957年到1999年完成造林500万亩，降水量由373毫米增加到487.7毫米，增

加 114.7 毫米。河北省塞罕坝机械林场 1960 年到 2010 年造林 110 万亩，降水量从 417 毫米增加到 558 毫米，增加 141 毫米。当前，荒漠化、石漠化防治要特别重视三个问题。一是严格保护好现有植被。避免进入"越穷越垦、越垦越穷"的怪圈。二是人工重建森林植被。像这样已经被完全破坏了的生态系统，要靠自然修复需要几百年甚至上千年，有的甚至不可能恢复，必须以人工措施加以恢复重建。三是生态建设要与特色产业发展紧密结合。把当地的特色经济林产业做大做强，以民生改善带动生态改善。

第五个重点：切实抓好城市森林建设。近几年来，在关注森林活动组委会的指导和推动下，各地党委政府把创建森林城市作为改善生态、改善民生的大事来抓，一些城市森林面积、绿地面积大幅度增加，面貌焕然一新，真正让老百姓感受到了生活环境的变化。但多数城市造景甚于造绿，还没有把增加城市的森林放在重要位置。要把增加森林资源总量作为城市建设的重要基础设施来抓，着力建设稳定的城市森林生态系统。

第六个重点：大力推行森林资源节约和集约利用。党的十八大把全面促进资源节约作为生态文明建设的重要任务。森林资源是国家的战略资源，不仅是生态的保障，而且是生产生活必需品的保障。随着经济的发展和人们生活水平的提高，我国木材及林产品的消费量急剧增长。如果我国经济总量再翻一番，按照目前的消费模式，我国年木材需求量将达到 10 亿立方米，这个数字高出目前我国森林生长量的近 1 倍，为国际原木贸易量的 8.3 倍，这不仅是我国的生态无法承受的，也是国际市场无法承受的。必须大力倡导节约森林资源、节约木材的理念，减少森林资源低价值消耗，提高木材综合利用率。

第七个重点：继续加大野生动植物保护力度。野生动植物保护是一个国际国内十分敏感的话题，必须引起高度警觉和重视。一是严格保护野生动植物栖息地。栖息地减少、退化和破碎化是威胁物种安全的第一因素。华南虎野外见不到踪迹，就是因为已经失去了足够范围的生境。

二是抓紧抢救极小种群。对濒危野外资源严加保护，同时建立遗传资源库，加强研究和繁育。三是严格防止遗传资源的流失。长期以来，发达国家在世界范围内广泛收集遗传资源。据初步统计，我国流失森林植物168 科 392 属 3 364 种，近 1 400 种兰科植物大部分已流失。保护遗传资源，是国家的核心利益之一，必须严加管控。四是防止外来有害物种入侵。特别要严格实行检疫制度，严把国门关口。有害物种一旦传入，损失巨大。五是妥善应对野生动植物敏感事件。野生动植物问题处理不好会严重影响国家形象、政府形象以及国家战略利益，有的还可能会引发社会问题、影响社会稳定。另外，捕食野生动物的现象与建设生态文明的要求极不协调，要通过修法、立法、执法和宣传教育，坚决摈弃食用野生动物的陋习。

第八个重点：大力发展林业产业。新中国成立以来，中央和地方财政对林业的直接投资为 6 786 亿元，却获得了三个 10 万亿的回报：一是林区为全社会木材消费提供了 140 亿立方米的森林资源，价值约 10 万亿元；二是在采伐利用之后，经过植树造林、森林经营，全国活立木蓄积量达到 149 亿立方米，这是一笔巨大的绿色资产，资产价值超过 10 万亿元；三是现有森林每年产生的仅六项生态服务价值就达到 10 万亿元。此外，全国林业产业年总产值已达 3.71 万亿元。林业产业还有巨大的发展潜力。德国森林为 1.65 亿亩，约为我国林地面积的 1/28，创造的产值却高达 2.4 万亿人民币，为我国林业总产值的 1/2 强，略低于汽车工业，就业人数则是汽车工业的近 2 倍。要用战略思维来审视林业产业，充分发挥林业产业在绿色发展中的优势和潜力。

第九个重点：积极推动森林碳汇交易。碳是存在于大气、地壳和生物及非生物中的一种基本元素。碳汇就是森林生长吸收固定二氧化碳，这是"抵消"或"中和"工业排放的二氧化碳最主要的途径。联合国政府间气候变化专门委员会指出：林业是未来 30—50 年增加碳汇、减少排放成本较低、经济可行的重要措施。为促进发达国家完成减排任务，《京都议定书》引入了市场机制，并按照国际认可的标准，实现了碳信用指

标超越国家界线的交易，形成了国际碳交易市场，这就是碳交易。碳交易实际上是排放权的买卖，也就是企业通过购买碳排放权来抵减排放。2011年全球碳市场交易额达到1 700多亿美元。据美国预测，到2020年全球碳市场交易额将达到2 500亿～3 000亿美元。森林碳汇交易是碳交易的重要组成部分，其市场份额从2008年到2011年年均增长率为88%，增长势头强劲，潜力巨大。通过碳汇交易，不仅能降低企业减排成本，为企业进行技术改造赢得时间，还可以增加森林资源、促进社会就业、增加农民收入。对一个国家、一个地区，通过增加森林碳汇可以获得排放权，赢得工业增长空间。当前要注意几个问题：一是积极开展碳汇交易试点。在已启动的7省市碳交易试点中，将森林碳汇交易列入其中，并按照认可的标准开展交易。交易1吨碳汇，必须有一片林，而且不是森林的存量，而是森林的增量，确保试点成功。二是抓紧建立与国际接轨并符合我国实际的碳汇计量、监测、审核、交易的管理体系。三是防止一些所谓的碳汇公司、碳汇股权基金无限夸大碳汇的收益，许诺有形的林产品和无形的生态产品将来同时可以卖大钱，甚至采用传销方式招揽碳汇投资。

第十个重点：认真做好森林增长指标考核工作。国家"十二五"规划纲要已将森林覆盖率和森林蓄积量作为约束性指标，列入了对地方政府综合考核评价的十项指标之一。按照党中央、国务院确定的目标，到2015年，森林覆盖率和森林蓄积量分别要达到21.66%和143亿立方米，到2020年要达到23%和158亿立方米。从2011年开始，国家林业局配合国家发改委，制订了森林增长指标年度考核评价办法，森林覆盖率和森林蓄积量各占40%的权重，另外20%的权重主要考核林地管理、森林管理的综合水平，任务已分解到各省，2013年将启动这项工作。同时，为了更好地评价各地科学发展和生态文明建设的水平，我们将与国家统计局等部门联合建立以生态效益评估为主体的绿色经济评价体系，对林业生产的无形的生态产品和服务功能进行价值核算，为生态效益补偿、客观评价领导班子和领导干部的政绩提供科学依据。

　　人类是从森林中走出来的，森林从来没有像今天这样与生态、生活、生命、生存联系得如此紧密。建设生态文明，建设美丽中国，是中华民族伟大复兴的绿色之梦、美丽之梦。前人栽树，后人乘凉，面对众多的生态环境问题，我们必须携起手来，从现在做起，保护森林，保护自然，保护生态，为子孙后代留下天蓝、地绿、水净的美丽家园，努力走向社会主义生态文明新时代。

第四讲
走新型工业化道路
推进工业绿色低碳发展*

工业和信息化部部长　苗　圩

党的十八大做出了大力推进生态文明建设的战略部署，首次将生态文明建设写进了党章，明确提出要树立尊重自然、顺应自然、保护自然的生态文明理念，坚持生产发展、生活富裕、生态良好的文明发展道路。这对我国工业发展提出了新的更高要求。工业能源消耗占全社会的 70%以上，因此，推进生态文明建设，工业是重点也是难点。

一、生态文明建设对工业发展提出了新的要求

从国内外发展实践看，工业化是一个发展中大国不可逾越的发展阶段。如果不走西方发达国家传统工业化的老路子，就要在总结和借鉴世界主要工业国家工业化模式和实践经验的基础上，顺应世界经济科技发展潮流，选择确定适合中国国情的工业化发展道路。

（一）走新型工业化道路是中央做出的重大战略决策

党的十五届五中全会首次提出走新型工业化道路。党的十六大明确提出，要走出一条科技含量高、经济效益好、资源消耗低、环境污染少、人力资源优势得到充分发挥的新型工业化路子。党的十七大要求，坚持走中国特色新型工业化道路，发展现代产业体系，大力推进信息化与工业化融合，促进工业由大变强，并把中国特色新型工业化道路作为中国

---

*　本文根据工业和信息化部部长苗圩同志 2013 年 3 月 6 日在国家行政学院省部级领导干部推进生态文明建设研讨班上的授课内容整理。

特色社会主义道路的重要组成之一。党的十八大进一步强调，坚持走中国特色新型工业化、信息化、城镇化、农业现代化道路，推动信息化和工业化深度融合、工业化和城镇化良性互动、城镇化和农业现代化相互协调，促进工业化、信息化、城镇化、农业现代化同步发展。

按照中央提出的战略要求和目标，走新型工业化道路，要坚持把经济发展建立在科技进步的基础上，带动工业化在高起点上迅速发展，培育战略性新兴产业；坚持注重经济发展的质量和效益，优化资源配置，提高投入产出效率和经济回报，提高工业增加值率；坚持更加注重资源节约和环境保护，提升节能环保技术水平，提高能源资源利用效率，突破能源资源约束，强化污染防治、保护生态环境，使工业经济与生态建设和谐发展；坚持以质取胜的战略方针，为社会提供能够引导消费、满足需求、质量优良的产品和服务，提高市场竞争力；坚持以人为本，加大就业，提高劳动者素质，充分发挥人力资源优势，注重改善民生，保障劳动者生命和健康安全；坚持信息化与工业化融合发展，协调推进工业化、城镇化和农业农村现代化，发展现代服务业。

（二）生态文明建设要求工业加快绿色低碳转型发展

我国在工业化进程中一直高度重视资源节约和生态环境保护工作，提出了一系列战略措施和要求。"十二五"规划明确指出，要继续把节能减排作为经济社会发展的约束性指标，实施能源消耗强度和总量双控制。十八大明确要求，必须把生态文明建设放在突出地位，努力建设美丽中国。坚持节约资源和保护环境的基本国策，坚持节约优先、保护优先、自然恢复为主的方针，着力推进绿色发展、循环发展、低碳发展，形成节约资源和保护环境的空间格局、产业结构、生产方式、生活方式。这就要求工业必须加快实现绿色低碳转型发展。

目前，我国仍处在工业化中期，工业占国民经济相当大的比重，是消耗资源和产生排放的主要领域。通过近年来努力，工业能效有了提升，清洁生产逐步实施，环境保护进一步强化，但总体上工业能耗和排放总量仍过大。2012 年，工业能耗总量高达约 26 亿吨标准煤，我国制造业

产值与美国相当，但能耗是美国的 2.5 倍。工业的主要污染物化学需氧量（COD）、二氧化硫排放量仍然占全国的 40% 和 85% 左右。因此，形成节约资源、保护环境的产业结构、生产方式首先要求工业调整优化结构，建立投入低、消耗少、产出高、效益好的两型工业结构，要求工业改变传统的高投入、高消耗、高污染生产方式。

另一方面，工业是为全社会提供技术装备产品的产业，能否生产绿色环保的产品，能否为农业、建筑等其他产业提供节能环保技术、装备等，直接影响到相关产业的节能环保水平。因此，工业绿色低碳发展是生态文明建设的重要内容，工业的绿色低碳发展水平直接影响甚至制约生态文明进程。

（三）正确认识工业发展与节能减排的关系

工业化进程是一个大量消耗钢铁、建材、能源的过程，因此，要正确认识我国工业绿色低碳发展与资源消耗、污染增加的关系。

第一，要正确认识工业发展面临的资源消耗持续增长压力。有人提出，要限制"两高一资"行业的发展，跳过重化工业阶段，直接进入工业化后期，但这基本上是不可能做到的。

工业化必然伴随着城镇化的发展。城镇化的推进离不开基础设施、住房、各种生产经营用房的建设以及城市交通的发展，这又必然要求巨大的物质资源投入。从世界先行工业化国家的发展历程来看，工业化、城镇化发展就是一个大量消耗钢铁、建材、能源的过程。以钢铁为例，在人均 GDP 达到 10 000 美元（2000 年价格）以前，钢铁产量将持续增长；过了 10 000 美元之后，英美等先行国家人均钢铁产量开始明显下降，日本的拐点则是出现在 17 500 美元之后。拐点出现的时间基本在城镇化达到高峰前后。

我国还处于工业化中期，在一个拥有 13 亿人口的发展中大国，无论是从小康社会人民物质文化生活的需要来说，还是从完成工业化所必须消耗的资源能源来看，即使是使用目前国际最先进水平的技术，对各种重化工产品的需求规模也是前所未有的。目前，我国人均钢铁蓄积量大概在 4 吨左右，远低于工业化国家 8～10 吨的人均水平。如果按照现有人口和钢材增速计算，考虑 5％ 的折旧更新，大概要到"十三五"初期才能达到 8 吨的水平。从现实来看，钢铁、水泥、电解铝等"两高一资"行业还要发展。如果自己不发展，单纯从国外进口这些物资，全球都无法满足我们的需要，因此，关键是怎么发展。2012 年，我国钢材产量为 9.5 亿吨，居世界第一，约占全球产量一半，比排名第二到第五的产量总和还要多。类似产品中，我国水泥约占全球产量 57％、电解铝约占 45％、平板玻璃约占 50％，这些都是城镇建设、基础建设必需的主要原材料。

　　通过这几年努力，"两高一资"行业节能减排已经取得了很大成绩，比如我国电解铝单位产品电耗已经达到世界先进水平（2011 年已下降到 13 900 千瓦时/吨左右）；水泥新型干法生产工艺普及率已达 80％ 以上；钢铁行业也实现了连铸连轧，大幅降低了各项物耗、能耗指标。可以说，这些"两高一资"行业目前的潜力已经不是很大。今后要从主要抓六大高耗能行业向全部行业扩展，从主要抓生产过程节能向抓生产过程和高耗能产品并重转变。一方面，加快向一些单位产品消耗水平还比较高的行业拓展。比如多晶硅产品，尽管光伏产业是清洁能源的重点方向之一，但是太阳能电板的制造却是耗能大户，也推动了我国近年来电子信息制造业能耗较快增长。另一方面，要更加关注工业产品节能。从 2012 年开始，我们围绕如何通过推广高强度钢筋减少建筑行业钢材消耗开展了专门研究，并联合住建部建立了推广应用高强钢筋协调机制，修订了相关建筑标准，出台了推广使用的具体指导意见。在满足建筑设计强度要求的前提下，用高强钢筋替代目前大量使用的 335 兆帕级螺纹钢筋，平均可节约钢材 12％ 以上，可有效减少建筑物的钢材消耗量。

　　第二，要正确认识应对气候变化不断加大的国际压力。目前我国已经超越美国成为全球最大的二氧化碳排放国，在国际气候变化谈判中面临着很大的压力。实际上，碳强度目标与能耗强度目标高度一致，碳强度目标降低主要依靠节能和能源结构变化，在能源结构变化不大的情况

下，完成了能耗强度目标就完成了碳强度目标。因此，控制碳排放的重点在节能，潜力和成本优势也在节能。作为一个负责任的发展中国家，我国政府庄严承诺，到2020年我国单位国内生产总值二氧化碳排放比2005年下降40％～45％，"十二五"规划进一步将全国单位国内生产总值二氧化碳排放下降17％列入约束性指标。

二、促进工业绿色低碳发展的主要任务

"十二五"期间，国家继续把节能减排作为国民经济和社会发展的约束性指标，而且还增加了考核指标，单位国内生产总值能源消耗、二氧化碳排放分别降低16％和17％，化学需氧量、二氧化硫排放分别减少8％，增加氨氮、氮氧化物排放总量要求，分别减少10％。面对国家战略任务和约束性指标要求、工业发展内在需要以及国际竞争环境的倒逼压力，"十二五"期间，工业和信息化部将坚持把节能减排作为走新型工业化道路的硬任务，把节能减排作为衡量工业转型升级成效的硬指标，把节能环保作为工业发展方式转变和工业转型升级的出发点和落脚点，以调整结构、节能减排为抓手，加快推进工业绿色低碳发展。

一是着力按照"淘汰高能耗高排放落后生产能力、利用先进适用技术改造现有生产能力、以高能效更清洁环保标准建设新建生产能力"的原则，推动按关小建大、等量置换、减量置换的原则，把新增产能布局与淘汰落后产能紧密结合，将产能过剩与节能减排紧密结合，加快工业结构的优化调整和升级；二是以"两型"企业、园区建设为抓手，推进资源节约型、环境友好型工业体系建设，特别是在国家四批231家新型工业化产业示范基地基础上，按照循环经济理念规划设计，推动企业集聚化发展，构建上下游结合的产业链条；三是进一步抓好节能降耗、清洁生产、绿色制造，加快向节约、清洁、低碳、高效生产方式转变；四是大力发展节能环保产业，为全社会提供节能环保技术装备、技术解决方案以及绿色低碳、生态环保的产品。

我们希望通过努力实现三个方面的目标。一是力争通过实施能源总

量控制，促进能源利用技术革命，大幅度提升能源利用效率，在基本实现工业化的同时，实现工业能源消费总量达到峰值，力争在 2020 年后工业能耗实现"零增长"。二是大幅度提升我国的资源生产率，能源、水资源、矿产资源、土地等的产出效率要向发达国家看齐。三是大幅度提高资源循环利用率。把钢、铜、铝、铅等主要原材料的循环利用指标作为工业循环发展的重要目标，明确各行业资源循环利用的目标任务、发展导向和重点，分门别类建立资源循环利用体系，力争主要有色金属、钢铁循环再生比重首先达到 50%。

根据工业化进程和消费结构升级的需求，推进工业绿色发展，重点要抓好以下几个方面的任务：一是要切实抓好工业结构优化调整，抑制产能过剩盲目扩张，加快淘汰落后产能，推进产业转移和集聚发展。二是大力推进节能降耗技术进步和技术创新，积极加强节能减排技术改造，强化技术应用示范推广，充分利用信息技术推进节能减排。三是切实加强节能降耗管理，强化重点用能企业节能降耗管理，发挥标准的引领、约束、指导作用，推动完善节能降耗经济政策。四是加快发展循环经济，发挥好循环经济重大工程示范引领作用，推动加快建立循环型工业体系，切实推进工业固废综合利用示范基地建设，加快实施资源再生、再制造战略。五是全面推行清洁生产，集中力量研发、示范和推广一批行业关键共性技术，建立工业产品生态设计标准和机制，加强有毒有害物质替代，强化工业污染防治。六是加快节能环保产业发展，实施一批节能环保国家级示范工程，发展具有自主知识产权的重大节能环保技术装备，支持发展一批龙头企业，加强节能环保技术装备示范基地建设，支持节能环保绿色生态产品的市场推广。

三、推进工业绿色发展的几点思考

（一）落实企业主体责任

国家节能减排指标已经分解落实到各地方政府，但是企业的积极性没有调动起来。在这方面，应该参考借鉴安全生产的相关经验，政府主

要是监管职责，企业才是承担任务的主体责任，这其中还要发挥好行业协会的作用。

目前政府和企业两者的节能减排责任没有区分得很清楚，企业的主体责任不突出。因此，要研究将节能指标分解落实到每一个企业，尽快建立企业层面绿色低碳发展的约束激励机制，对超额完成指标的企业予以奖励，对未能完成指标的企业予以惩罚，通过"奖先进、罚落后"，带动中间的一大批企业共同做好节能减排。

（二）大力推进科技创新和成果应用

绿色发展是人类社会发展理念和发展模式的一次重大变革，将催生大量新技术、新市场、新模式和新的制度安排，推动全球范围内技术更新换代和产业升级，其规模、深度和影响力，将不亚于人类社会曾经历过的蒸汽机、电力、信息等重大技术革命。

近来，各国都在绿色发展方面推出了新的科技创新计划，发达国家更是从国家战略高度制定了一系列促进新能源、新能源汽车等产业发展的战略、计划或行动。我国在这方面也采取了一系列措施，加大财政资金投入，鼓励企业研发新技术，推广应用绿色节能技术和产品，取得了一些成效。但实事求是地讲，绿色发展的核心技术大多掌握在发达国家手中，我们要加大自主创新力度，突破相关工艺技术。在节能减排、新能源等绿色发展领域，发达国家并非在所有方面都比我国有非常突出的技术优势，我国完全有可能在一些领域凭借技术储备、较完备的产业体系，以及国内市场容量大等优越条件取得竞争优势。

我们讲创新，往往都关注技术创新，实际上商业模式的创新对绿色发展也非常重要。以苹果公司为例，苹果 iPhone、iPad 等主打产品，采用"软件＋硬件＋内容＋服务"的产业链垂直整合模式，通过苹果商店整合数以万计的软件程序开发者，实行苹果公司与软件开发者、电信运营商的收入分成，既满足了人们方便快捷的服务需求，也实现了相关利益方的共赢，颠覆了传统的 Wintel 垄断格局，改变了人们的消费习惯，对传统的报纸、杂志、书籍、电视、电影等都是颠覆性的创新，既节能，又减排（不去造纸、印刷、包装、递送等）。再比如，随着互联网技术业务加快普及应用，电子商务逐步成为国民经济新的增长点。2012年电子商务整体市场规模超过7万亿元。电子商务正逐步发展成为主流商业模式，未来线上销售可能不再是线下渠道的补充，反而是线下变成线上的补充，传统购物将只是线上购物之外的休闲体验。

要高度重视加强信息技术推广应用。一方面，信息通信产业能够减少其自身二氧化碳排放强度。另一方面，信息通信技术的应用在促进其他行业绿色发展上拥有巨大潜力。有关研究表明，随着技术进步，到2020年，信息通信行业碳强度下降超过60％；利用信息通信技术减排可以达到14亿～17亿吨，相当于全国2020年碳强度减排目标的13％～18％。

（三）认真解决好人民群众关心的环境热点问题

近期，一系列环境污染问题引发了社会、群众和媒体的广泛关注。比如各地频发的血铅事件，其原因绝大部分是由于铅酸蓄电池生产、回收利用企业违规排放污染物。铅酸蓄电池成本低廉，是目前产量最大、用途最广的一种蓄电池。我国是最大的生产和出口国，70％～80％的铅用于铅酸蓄电池生产。目前，我国蓄电池生产、回收利用企业虽然很多，但规模普遍较小，超标排放、回收无序、再生利用不规范、卫生防护距离不足等导致污染危害问题非常突出，铅污染事件呈高发态势。美国与我国铅酸蓄电池行业产值相当，只有不到300家企业，而我国有超过2 700家获得生产许可证的企业，还有不少没有铅酸蓄电池生产许可证的非法企业。还有，今年初的空气污染事件，我国相当大一部分城市出现雾霾天气，PM2.5严重超标，北京地区PM2.5一度达700微克/立方米以上。究其根源，同我国以燃煤为主的能源结构有关，同我国汽车尾气排放过多、排放不达标有关。以北京地区为例，机动车成为PM2.5的最大来源，约为25％，其次为燃煤和外来输送，各占20％左右。

针对铅污染问题，2011年以来，工业和信息化部会同有关部门采取了一系列措施，促进铅酸蓄电池和再生铅行业规范发展。2013年还将"涉铅行业绿色发展计划"作为工业节能与绿色发展专项行动的重要内

容：一是严格实施行业准入管理，按照已发布的铅蓄电池、再生铅行业和即将修订发布的铅冶炼行业三个准入条件，全面实施行业准入管理；二是对达不到要求的，列入落后产能予以淘汰；三是建设铅循环再生利用示范工程，形成200万吨规范化、规模化铅再生循环利用能力；四是配套建设铅酸蓄电池回收体系和机制，探索实行如押金等生产者责任延伸制度，形成全国铅资源循环利用体系。

针对汽车尾气排放问题，一是提高汽油标准。目前全国范围内汽油质量偏低，大部分地区仍使用国3标准，只有上海、广州、南京等少数地方执行国4标准。在全国范围内普及国4标准有助于降低汽车尾气中颗粒物的排放。二是积极推广节能与新能源汽车，实施节能与新能源汽车车船税优惠政策，建立完善汽车工业节能减排标准体系，开展公共服务领域示范推广、私人购买新能源汽车补贴试点。

（四）充分发挥市场机制，转变政府职能

第一，加快形成能够充分反映资源环境成本的要素价格体系。我国的商品价格改革已基本完成，但要素价格机制改革还没有到位，仍然受到各种政策的干预。扭曲的价格信号往往致使企业缺乏动力转变经营方式或改进技术工艺，进而造成了大量资源浪费和能效效率低下的情况。比如本世纪初，钢铁和电解铝等传统行业飞速膨胀，光伏、风电等新兴产业在近两三年也快速扩张，以至于形成了今天巨大的过剩产能。这些问题，在很大程度上正是"得益"于低廉的要素价格与环境成本。因此，我们要利用好市场经济规律，通过能源、矿产等资源要素的价格形成机制改革，倒逼企业树立资源环境成本理念，形成企业节能减排的内在动力。

第二，做好能源的调配工作。要更加注重因地制宜，发展适合当地的能源方式。比如，目前我国建了一批大规模的风电、光伏电场，主要分布在西部地区。一方面，这些地区大部分不缺电，产生的电能需要长距离输送到东部地区才能使用，电力转换层次较多，损耗较大。另一方面，当地电网的基础设施相对落后，项目连接入网的建设成本高昂，电网公司也由于担心风电、光伏发电对电网设施冲击的原因，部分还采取了限电措施。因此，尽管政府对这些项目给了相当大的优惠支持，但依然有很多项目在建成后没有充分运行，项目投资收益不佳，能源利用效率也不高。全国类似这种情况很多，如何统筹规划，做好各种能源资源优化调配，大有可为。

第三，加快标准的制订实施。目前，我国工业的用能指标体系是相对完善的。自 2008 年首批发布 22 项以来，能耗限额标准不断完善，涵盖的工业领域越来越多，现已经发布了粗钢、焦炭、水泥、铜冶炼、轮胎、化工产品等 54 个国家强制性单位产品能源消耗限额标准。这些标准的出台和实行，对行业节能减排、淘汰落后的促进作用非常明显。这几年来，大部分地区都利用这一标准体系，执行了惩罚性电价政策。通过对企业标准执行情况进行监督检查，对超标企业执行惩罚性电价，督促了一大批企业实施节能减排技术改造达标。但目前遇到的问题是，大部分能耗限额标准限定值及准入值偏低，特别是 2008 年发布的首批 22 项中粗钢、焦炭等，指标已相对滞后，不符合行业发展要求，也难以适应绿色发展的要求。对各行业的指标如何制定、制定多高等，还需要有关部门共同作进一步的研究。

推进工业绿色低碳发展是建设生态文明的必然要求，也是转变工业发展方式的根本途径。推进工业绿色低碳发展，是一项系统工程，不是一个部门所能独立完成的，需要各相关部门协同配合，各有关方面共同参与。工业和信息化部将加强与各地区、各部门沟通协作，为推动工业绿色低碳发展做出不懈努力。

第五讲
加强农业资源环境保护
促进农业可持续发展 *

农业部副部长　陈晓华

今天我想重点介绍三方面情况，一是农业资源环境保护与可持续发展的进展与成效，二是目前面临的问题和挑战，三是今后应对的思路和举措。讲得不对的，请大家批评指正。

一、农业资源环境保护工作进展与成效

农业与资源环境是高度相关的，农业生产是一个依赖于自然又受人工控制的特殊生产过程。马克思讲，在农业内，经济再生产总是与自然再生产交织在一起，这深刻说明了农业发展与资源环境之间的密切联系。如果两者关系处理得好，可以在满足人类农产品需求的同时，起到保护和改善资源环境的作用，实现人与自然和谐发展。在我国几千年的农耕文明史中，始终遵循自然变化来安排播种、收获，留下了二十四节气这样的珍贵文化遗产，其中不乏"天人合一"的成功范例，典型如梯田系统、稻田养鱼、间作轮作、庭院经济等，都是传统生态农业的典型模式。但若两者关系处理不好，对自然资源索取无度，不仅会破坏赖以生存的环境条件，甚至会反过来影响到农业生产自身，过去盲目搞围湖造田、毁林开垦，教训极为深刻。农业这种与自然生态系统的密切联系，决定了其在生态文明建设中的独特地位。

---

* 本文根据农业部副部长陈晓华同志 2013 年 3 月 7 日在国家行政学院省部级领导干部推进生态文明建设研讨班上的授课内容整理。

总的来看，由于我国人口众多而耕地、淡水等资源相对缺乏，农业与资源环境的关系始终比较紧张，这种局面还将长期存在。实现农业可持续发展，最重要的是处理好发展与保护的关系，既不能不顾资源环境实际盲目追求发展，也不能只讲保护不讲发展。过去缺衣少食的年代考核农业唯一的指标就是能否增产，导致向资源环境索取过度。随着农业生产力水平的提高，"吃饱肚子"压力的减轻，农业农村经济发展越来越重视有效保护环境和合理利用资源的统一，更加自觉地走生产发展、生活富裕、生态良好的发展之路，现代农业与资源环境协调发展有了新的进展。

（一）现代农业建设取得历史性成就

这些年，中央着眼全局、审时度势，把"三农"工作作为全党和全部工作的重中之重，连续制定十个中央1号文件，出台了一系列强农惠农富农政策，有效战胜各种风险挑战，农业农村发展取得了举世瞩目的伟大成就，创造了"三农"发展又一个黄金期。现代农业发展突破了日益趋紧的资源环境束缚，推动农业综合生产力再上新台阶，保障了国家粮食安全和主要农产品有效供给，满足了世界上最大规模也是最快速度的工业化、城镇化对农产品供应、劳动力和土地供给、农村消费增长的需求，没有出现粮食短缺、农业萎缩和农村凋敝，应对了国际粮食和农产品市场波动，支撑了经济社会发展大局。习近平总书记讲"这是一根定海神针"。

一是粮食生产实现"九连增"，13亿中国人的饭碗牢牢端在自己手里。近年来，我们开展粮食稳定增产行动，稳定粮食播种面积，推进国家粮食核心产区和后备产区建设，粮食综合生产能力大幅提高。2012年我国粮食产量达11 791亿斤，创历史新高，实现半个世纪以来首次连续九年增产，九年累计增产3 177亿斤，是新中国成立以来增产幅度最大的时期。粮食产量连续五年稳定在10 500亿斤以上，这标志着我国粮食综合生产能力跨上了新的台阶。粮食包括大豆自给率稳定在90%左右，其中水稻、小麦、玉米三大主要粮食品种自给率达到98%。2012年世界粮

食减产，我国粮食增产；国际粮价剧烈波动，我国粮价总体稳定，形成了鲜明对比。可以说是"手中有粮、心中不慌，丰衣足食、喜气洋洋"。

二是主要农产品供给充足，质量安全水平不断提升。我们大规模开展园艺作物标准园创建，推进畜牧水产养殖标准化，加快发展无公害农产品、绿色食品和有机农产品，不断提升农产品质量安全水平。2012年，棉油糖、果菜茶、肉蛋奶、水产品等农产品样样增产、全线飘红，打破了以往常常出现的"粮上经下、粮下经上"的局面。油料、蔬菜、水果、肉类、禽蛋和水产品产量连续多年居世界第一位，人均禽蛋消费达到发达国家水平，肉类消费达到中等发达国家的水平。农产品质量安全保持了总体平稳、逐步趋好的发展态势，2012年蔬菜、畜禽产品和水产品例行监测合格率分别达到97.9％、99.7％和96.9％，同比分别提高0.5、0.1和0.1个百分点，全年未发生重大农产品质量安全事件和区域性重大动物疫情。

三是农民增收实现"九连快"，农村生产生活条件显著改善。2012年农民人均纯收入7917元，实际增长10.7％，高出GDP实际增速2.9个百分点，增幅连续三年超过城镇居民收入增幅。从农民收入构成看，工资性收入成为农民增收的主要推动力；在农民收入来源中，家庭经营性收入稳定增加，2012年占比为44.6％，仍是农民收入的主要组成部分；工资性收入成为重要来源和支柱，占比上升到43.5％，对农民增收的贡献超过50％；政策转移性收入和财产性收入明显增加。同时，公共财政的阳光开始更多地照耀到农村，农村水、电、路、气、房建设成效显著，实现了真正的义务教育，新型农村合作医疗、农村最低生活保障、新型农村社会养老保险等制度基本实现对农村人口的全覆盖，越来越多农民从温饱走向小康。

（二）农业发展方式转变迈出坚实步伐

近年来，各级农业部门努力推动农业投入方式、生产方式和组织方式转变，拓宽农业发展的道路和空间，提升农业产业的素质、效益和竞争力，推动农业走上科技含量高、经济效益好、资源消耗低、环境污染少、人力资源充分利用的发展道路。

一是促进了农业生产方式向资源节约型、环境友好型转变。为缓解我国农业面临的资源环境约束，我们下大力气转变粗放的农业发展方式，走内涵式发展道路。这几年，我们坚决执行最严格的耕地保护制度和集约节约用地制度，以节地、节水、节肥、节药、节种、节能和资源综合循环利用为重点，推广一系列农业节本增效技术，促进了资源永续利用。仅以推广保护性耕作技术为例，截至 2012 年年底，保护性耕作面积已突破 1 亿亩，每亩地可减少一次灌溉用水 50 立方米，提高土壤有机质含量 0.01～0.06 个百分点，同时可降低作业成本 30％以上，增产 5％～15％。

二是促进了农业生产增长向依靠提升物质技术装备水平转变。长期以来，我国农业"靠天吃饭"，依赖人力畜力。我们坚定不移地用现代物质条件装备农业，用现代科学技术改造农业，大力发展设施农业，加快推进农业机械化，加强农业防灾减灾体系建设，形成稳定有保障的农业综合生产能力。2012 年我国农业科技进步贡献率达到 54.5％，主要粮食品种良种覆盖率达到 96％以上，亩产首次达 700 斤以上，单产提高对粮食增产的贡献率达 80.1％；农机总动力突破 10 亿千瓦，耕种收综合机械化水平达到 57％，标志着我国农业生产正在实现从主要依靠增加资源要素的投入向主要依靠科技进步、从主要依靠人力畜力向主要依靠机械动力的重大转变。2011 年，我国农田有效灌溉面积和旱涝保收面积已分别增加到 9.25 亿亩和 6.51 亿亩。

三是促进了农业劳动者向新型农民转变。我国农村劳动力资源丰富，但随着农村劳动力大规模转移就业，农业劳动力供求结构进入总量过剩与结构性、区域性短缺并存的新阶段，关键农时缺人手、现代农业缺人才、新农村建设缺人力问题日益突出，农户兼业化、村庄空心化、人口老龄化日趋明显。目前，许多地方留乡务农的以妇女和中老年人为主，小学及以下文化程度比重超过 50％。农村实用人才占农村劳动力的比重仅为 1.6％，受过中等及以上农村职业教育的比例不足 4％。今后"谁来种地、谁来养猪"成为一个重大而紧迫的课题。近年来，各级农业部门

坚持把培养新型职业农民作为关系长远、关系根本的大事来抓，大力发展农村职业教育，积极开展农民培训，切实加强农村实用人才开发，培养一大批有文化、懂技术、善经营、会管理的新型农民，确保了农业发展后继有人。我国农业农村人才规模不断壮大，素质稳步提高，结构逐步优化。截至 2010 年底，我国已有农业科研人才（不含林业、水利等）27 万人、公共服务机构技术推广人才 78 万人、农村实用人才 1 048 万人，平均每万亩耕地农业科研人才 1.4 人、技术推广人才 4.3 人、农村实用人才 54.8 人。

（三）农业生态环境保护措施不断加大

农业资源与生态环境保护是农业可持续发展的前提条件。近年来，各级农业部门不断加大农业污染防治和生态保护力度，大力发展生态农业、循环农业和绿色农业，取得了积极进展。

一是农业资源保护与建设全面加强。我国是一个传统的农业大国，耕地、淡水和水域、草原、生物及废弃物等农业资源总量很多。近年来，我们突破了水盐监测、土壤改良等技术，促进了盐碱化、涝渍化、酸化等中低产田的改造，一批盐碱化、酸化中低产田变成了高产粮田。种质资源保护利用取得长足进步，建成了我们自己的种质库和基因银行，这是对农业长远发展起决定性作用的。目前长期保存各类农作物种质资源41 万多份，涉及主要粮食作物、经济作物等 1 594 个物种，已利用这些种质培育出粮、棉、油、糖、茶、烟、蔬菜、水果等新品种 350 余个，推广面积近 2 亿亩。同时，全面推进水生生物资源养护，实施增殖放流行动，"十一五"期间全国累计放流各类苗种约 1 090 亿尾，严格执行休渔禁渔制度，每年休渔禁渔渔船达 20 余万艘、渔民上百万人。

这里，我想重点谈谈草原资源保护问题。我国拥有天然草原近 60 亿亩，约占国土面积的 41.7%，相当于耕地面积的 3.2 倍、森林面积的2.3 倍，仅次于澳大利亚居世界第二位。草原是畜牧业发展的重要资源，是我国面积最大的陆地生态系统，也是少数民族的聚居区。由于气候变化和地理、历史等原因，草原牧区产业结构单一，经济增长方式粗放，超载过牧严重，生态总体恶化趋势尚未根本遏制。可以说，牧区仍然是全国经济发展的滞后区、民生改善的薄弱区、生态环境的脆弱区。为此，国务院专门印发《关于加强草原保护与建设的若干意见》和《关于促进牧区又好又快发展的若干意见》，启动一系列草原保护建设工程项目，全面建立草原生态保护补助奖励机制，在生态脆弱地区全面实施禁牧休牧，其他地区开展轮牧休牧和以草定畜。从2011年起，中央财政每年安排专项资金，在内蒙古、西藏、新疆等13个主要草原牧区省（区），实施禁牧补助、草畜平衡奖励、牧民生产性补贴和绩效考核奖励等政策。农业部认真抓好补奖政策和草原保护建设工程实施，累计落实草原承包面积41亿亩、禁牧面积14亿亩、草畜平衡面积26亿亩，草原超载过牧率持续下降，生态环境加快恢复。据监测，2012年全国草原综合植被盖度为53.8%，较上年增加2.8个百分点，是近八年来草原植被长势最好的一年。

二是农业生态环境建设不断强化。我们初步建立了全国农业面源污染监测网络，在太湖流域、三峡库区、洱海流域、巢湖流域、滇池流域建成了一批防治示范区，推广地膜回收利用、畜禽养殖废弃物无害化处理和资源化利用等技术，农业面源污染监测与防治能力不断提高。先后禁用了甲胺磷等33种高毒高风险农药，推广测土配方施肥面积达到13.5亿亩，补贴项目覆盖全部农业县，惠及全国三分之二农户，氮、磷、钾肥平均利用率分别提高6、4和1个百分点，全国累计减少不合理施肥850多万吨，相当于节约燃煤2 220万吨、减少二氧化碳排放5 730万吨。推广应用地膜覆盖、膜下滴灌、抗旱坐水种、深松深耕等节水农业技术面积4亿多亩，取得了显著的生产和生态效益。农村清洁工程亮点纷呈，示范村的生活垃圾、污水、农作物秸秆、人畜粪便处理利用率一般达到90%以上，化肥、农药减施20%以上，实现了家园美化、田园清洁。

三是农村生产生活节能稳步推进。以沼气等可再生能源发展为重点，切实改善农业农村能源结构，目前全国沼气用户达到4 200多万户以上，受益人口达1.5亿多人，形成近2 500多万吨标准煤节能能力，减排二

氧化碳 6 000 多万吨，生产有机沼肥 4 亿吨，已成为重要的民生工程和新农村建设的亮点。我们大力推进农业农村节能减排，推进老旧农业机械报废更新，筛选并推广渔船节能技术与节能产品，在水泥、炼焦、铸造和制砖等行业积极推广节能技术，全国累计推广应用省柴节煤炉灶炕1.8 亿户，形成年节约 7 000 万吨标准煤的节能能力，推广太阳能热水器近 6 000 万平方米、太阳灶 214 万台、太阳房 2 000 多万平方米。

二、目前面临的问题和挑战

改革开放以来，虽然我国农业资源环境保护力度不断加大，农业发展方式转变迈出新步伐，但是，无论是从实现保供给的目标任务看，从外部环境的影响看，从农业生产经营方式看，还是从社会公众的要求看，农业资源环境保护形势都不容乐观。

（一）确保国家粮食安全和重要农产品有效供给任重道远，农业资源环境保护压力越来越大

不管经济如何发展，社会怎样进步，确保国家粮食安全始终是经济社会发展的天下大事，是农业的第一要务。十八大明确提出确保国家粮食安全和重要农产品有效供给，再次强调了粮食问题任何时候都不能掉以轻心。虽然粮食连年增产、库存充裕，但主要农产品供求仍然处于"总量基本平衡、结构性紧缺"的状况。

农产品供求趋紧，根本原因是需求刚性增长。随着人口总量增加、城镇人口比重上升、居民消费水平提高、农产品工业用途拓展，我国农产品需求呈现刚性增长态势。21 世纪以来全国每年净增人口 700 多万，按照年人均消费粮食 800 斤计算，每年增加粮食需求近 60 亿斤。城镇人口平均每年增加 2 000 万人以上，2012 年城镇化率达到了 52.6%，当年新增城镇人口 2 103 万人。虽然城镇居民口粮消费不多，但随着膳食结构升级，间接消费的粮食增多，粮食消费总量增加。据测算，仅由于膳食结构中肉蛋奶增加一项，每转移一个农村人口，每年就增加饲料用粮 75公斤。

虽然进口农产品就等于进口耕地和水资源，但我们必须始终坚持立足国内保持自给的方针。随着需求刚性增长，在连年增产的同时，我国的农产品进口大幅增长。2004 年以来，我国大豆进口增加了 1.89 倍，食用植物油增加四成多（2004 年进口 676 万吨，2012 年进口 960 万吨），棉花增加 4.7 倍，食糖增加 3.8 倍。2012 年以来，玉米、小麦和大米也开始净进口。进口农产品给我国节约了大量资源。仅大豆一项，2012 年进口 5 838.5 万吨，若是按照我国的生产水平，就需要近 4.77 亿亩的耕地。但是，粮食是关系国计民生的重要商品和战略物资，中国人的"饭碗"不能端在别人手里，不能看别人眼色。现在国际上已经有人开始炒作中国大豆和玉米进口问题。而且目前全球粮食贸易量每年 5 000 亿斤左右，不到我国粮食总产量的一半；国际市场大米贸易总量也就是 500 亿～600 亿斤，仅占我国消费量的 15% 左右。别人没有条件、也没有能力来端着中国人的饭碗，我们对境外资源的运用是有条件、受限制的，只能坚持立足国内生产实现基本自给的方针。

因此，在保供给的重重压力之下，农业生产与资源环境之间的矛盾更加突出。面对持续刚性增长的农产品需求，作为世界粮食和农产品产销第一大国，我国只能在日益趋紧的资源环境约束条件下谋划农业生产。虽然这些年来我们也采取了退耕还林、退牧还草、休渔禁渔这些养护资源、改善环境的措施，但还不具备像欧美那样长期性、大范围的耕地休耕条件。这几年我们的粮食增产，北方占了大头，粮食生产重心逐步从丰水的南方转移到缺水的北方，传统的"南粮北运"变为了"北粮南运"，实际上加剧了北方的水资源短缺。协调农业生产与资源环境保护还需要付出巨大努力。

（二）工业化、城镇化快速推进中农业资源环境约束加剧，数量减少与质量恶化问题并存

近年来，我国农业快速发展从一定程度上来说是建立在对土地等农业资源强度开发、利用基础上的，农业生产的要素和环境也已绷得很紧。同时，我国的城镇化率以每年 1 个百分点以上的水平提升，且主要是规

模扩张，快速推进的工业化、城镇化对强化农业的基础支撑日益提出新要求，工业与农业、城市与农村争水、争地的矛盾日渐突出。农业发展面临的资源环境约束日趋严重。

首先，我国农业资源"先天不足"。耕地资源方面，我国人均耕地为世界平均水平的38%，中低产田约占70%；水资源总量仅占世界的6%，人均不足世界平均水平的1/4，是世界上13个贫水国家之一，每年农业生产缺水300亿立方米。而且水土资源的时空分布不合理，南方地区每平方公里拥有水资源67.1万立方米，北方地区仅有8.7万立方米，南方地区是北方地区的7.7倍，有地没水、有水没地的资源不匹配矛盾比较突出，后备资源开发利用的难度很大。随着全球气候变化，极端天气事件明显增多，干旱、洪涝、低温和病虫害等自然灾害发生频率增加、威胁加重，每年因气象灾害损失粮食900亿斤左右，因病虫害损失粮食500亿斤左右。

其次，工农、城乡争地争水矛盾突出。工业化、城镇化大量占用耕地，1996—2011年底，耕地面积净减少1.25亿亩。近几年耕地数量下降的趋势虽有所缓解，但占优补劣问题突出。建设占用的耕地大多是城镇周围和交通沿线的良田沃土，补充耕地与被占耕地质量一般相差2～3个等级。有专家估算，近十年全国因占优补劣耕地导致粮食生产能力至少减少120亿公斤。1997—2011年，农业用水比重从1997年的69.7%下降到当前的61.3%左右，下降了8.4个百分点，减少了200亿立方米。

第三，农业资源质量下降严重。主要体现在由于负载逐年加大，导致耕地退化问题越来越严重。东北黑土区有机质含量大幅下降，黑土层已由开垦初期的80～100厘米下降到20～30厘米；华北耕层变浅趋势明显，小麦—玉米轮作区耕层平均厚度比三十年前浅了5厘米；西北盐渍化问题依然突出，耕地盐渍化面积3亿亩；南方土壤酸化加剧，严重影响作物生长。据统计，目前因水土流失、贫瘠化、次生盐渍化、酸化导致耕地退化面积已占总面积的40%以上。

第四，环境污染向农业农村扩散。由于城市与工矿业"三废"不合理排放等原因，工业和城市的污染加速向农业农村扩散。根据环保部数据，全国受污染耕地超过 1.5 亿亩，因污水灌溉而污染的耕地有 3 250 万亩，因固体废弃物堆存而占地和毁田的约有 200 万亩，合计受污染面积占耕地面积的十分之一，其中多数集中在经济较发达地区。全国每年因重金属污染造成的直接经济损失超过 200 亿元。农业生产区地表水和地下水受污染程度在加深。

（三）农业生产经营方式依然比较粗放，资源利用水平和效率有待进一步提高

我国农业基础差、底子薄，基本建设历史欠账多，基础设施和科技支撑十分薄弱，很长时间以来农业生产经营方式不合理，以外延扩张式的粗放经营为主，矛盾和问题还比较突出。

首先，农业资源利用方式不合理。由于种植业效益比较低，种一亩地不如打一天工，农民既没有能力也不愿意在养地方面加大投入，耕地"重用轻养"现象普遍，大部分农户只用不养，不再施用有机肥，也不种绿肥，采取掠夺性经营方式。与农业用水严重短缺形成鲜明对比的是，农业用水有效利用率只有 50% 左右，大水漫灌、超量灌溉等现象比较普遍，我国每立方灌溉水能生产 1 公斤粮食，每亩每毫米降水能生产 0.5 公斤粮食，都只有发达国家的一半。大部分地区应对干旱缺水的主要措施还是打井，华北、东北西部等地区由于地下水超采，井越打越深，水越出越少。近海过度捕捞和内陆渔业资源过度利用问题凸显。野生动植物资源多样性面临威胁。

其次，农业生产资料利用效率不高。我国的耕地不到世界的 9%，但消费了世界 35% 的化肥，化肥施用量全球第一，是美国、印度的总和；亩均化肥用量 21.2 公斤，远远高于 8 公斤的世界平均水平，是美国的 3 倍，是印度、欧盟的 2.5 倍，而且化肥的当季利用率只有 30% 多，普遍低于发达国家 50% 的水平。我国是世界农药生产和使用第一大国，2012 年农药产量高达 354.9 万吨，每年使用量大约在 30 万吨上下，但目前有效利用率同样只有 30% 左右。每年约有 50 万吨农膜残留于土壤中，

残留率达40%。使用十年以上的大中型拖拉机占50%，由此带来了能耗高、污染大、安全隐患严重等问题。渔船老化、设备陈旧、能耗高，渔船耗油占到捕捞成本的60%以上。

第三，农业面源污染比较突出。由于化肥、农药、农膜等投入品的不合理使用，加之规模养殖比重迅速提高等原因，导致农业面源污染问题日益突出。《第一次全国污染普查公报》显示，农业面源污染总量大、占比高。畜禽养殖总量不断增加，规模化水平不断提升，但污染处理设施滞后，每年超过30亿吨的粪便未能消纳和利用，由传统的农家肥变成了水环境的主要污染物。从监测情况看，农业面源污染仍呈局部改善、总体加重的趋势，而且还面临着由于农业发展而导致的增量控制、由于治理滞后而导致的旧账偿还的双重压力。当然，对这个问题也要辩证地看、客观地看。农业污染不同于工业污染，有其特殊性。

（四）社会公众的要求不断提高、诉求日趋多元，对农业资源环境保护提出新要求

随着经济发展和社会进步，人民生活水平大幅提高，民主法制意识不断增强，很多与农业资源环境相关的问题引起了社会公众的高度关注。

首先，社会公众要求的提高，集中体现在对农产品质量安全的关注上。2012年，我国城乡居民的恩格尔系数分别为36.2%、39.3%，均已经下降至40%以下，进入对食品营养、安全卫生水平要求更高的新阶段，社会公众对农产品质量安全问题关注度高、容忍度低，要求质量安全标准向发达国家看齐。近年来，各种农产品质量安全事件频频成为新闻舆论的焦点和社会公众关注的中心，"三聚氰胺"、"瘦肉精"等事件影响了消费者信心，影响了政府形象和产业发展。农产品质量安全是个系统性问题，与我国农业农村发展所处的阶段相关，与农业的生产经营方式相关，但基础和源头还是良好的生产环境。确保农产品质量安全，要求必须保障良好的资源环境条件。

其次，社会公众要求的提高，还体现为农民对改善生活环境的期盼。随着新农村建设的推进，农民的居住条件不断改善，一些地区农民的生活方式开始向城镇趋同，原本不是大问题的生活垃圾、污水现在要求集中无害化处理，而原本是重要生产生活资源的农作物秸秆被大量焚烧。据调查，目前农村每年产生约2.8亿吨垃圾，主要是乱丢乱弃、自然消解，很少有符合标准的处理。据国外的遥感观测估计，我国2006年秸秆焚烧量约为3 750万吨，对交通运输、环境保护、城乡居民造成严重危害。如何变害为利、化废为宝，还农村以青山绿水，给农民良好生活环境，是我们面临的又一新任务。

第三，社会公众要求的提高，包含着对农业生态环境功能的新需求。社会公众在吃饱、吃好、吃得安全的同时，还对农业与生态环境相关的功能产生了新需求，农业功能已经由单纯提供产品，向综合提供产品、服务、环境以及过程体验转变，生态农业、休闲农业、创意农业等农业发展模式不断涌现。特别是以农业景观资源和农业生产条件为基础，融观光、休闲、旅游为一体的休闲农业，近年来出现了快速发展势头。2012年休闲农业接待游客超过8亿人次，营业收入超过2 400亿元，规模以上休闲农业园区超过3.3万家，从业人员超过2 800万，成为一项重要的新兴产业。

此外，社会公众的诉求日趋多元，对公共利益的关注度不断提高。比如，近年来，转基因农产品问题就引发了公众的强烈关注和多角度的讨论，远远超越了技术层面本身。总之，由于农业所具有的亲环境特点，社会公众的新要求也多与此有关，这既对我们的工作提出了越来越严格的要求，同时也蕴涵着农业发展的新机遇。十八大把生态文明建设放在突出地位，融入经济建设、政治建设、文化建设、社会建设各方面和全过程，对于农业来讲具有特殊的重大意义。如果说农业是国民经济的基础，那么资源环境则是这个基础的基础。能否巩固和强化这个基础，是决定农业农村经济长远发展前景的关键所在。

三、今后应对的思路和举措

纵观世界农业发展历程，农业发展在经历了原始农业、传统农业、

石油农业发展阶段之后，正在向现代高效生态农业发展。石油农业阶段通过投入机械化耕作、施肥喷药、兴修水利、育种换种等方式，一方面较大程度地化解了农产品短缺对经济增长的制约，但另一方面对生态环境也带来了一系列负面影响。为消除这些负面影响，人们除了着力采取应对措施外，还在进行将生产发展与生态保护有机统一起来的技术创新，努力用生态农业替代石油农业。从 20 世纪 60 年代起，欧洲的许多农场率先转向生态耕作，亚洲和世界各国也在争相探索并取得了较大进展。可以说，现代农业已开始从石油农业向现代高效生态农业转型。

我国对发展现代农业的认识也经历了一个不断深化的过程。过去，我们的农业发展目标是养活世界上最庞大的人口群体，因此高产是主要目标；逐渐地，越来越注重农产品的质量，农业发展的目标不仅是让人们吃饱，也要吃好，因此提出优质的要求；现在，随着环境问题的突出，公众环境意识的觉醒，在吃饱、吃好的情况下，要求资源投入更加高效，生态环境得到保护，因此高效、生态、安全也成为现代农业的基本要求。所以，党的十七届三中全会明确提出，发展现代农业，必须按照高产、优质、高效、生态、安全的要求，加快转变农业发展方式。具体讲就是三方面的要求：一是对产量的要求，要保障粮食和重要农产品的有效供给；二是对质量的要求，要保证农产品质量安全；三是对生态环境的要求，要实现环境友好、资源节约。

当前和今后一个时期，加强农业资源保护，实现农业可持续发展，需要做好以下几方面重点工作。

1. 加强农业基础设施建设，提高资源产出率和防灾减灾能力，减轻资源环境压力

加强农业农村基础设施建设，既是当前扩大内需、改善农村民生的重要举措，也是促进农业农村可持续发展、推进形成城乡一体化新格局的战略任务。这几年，国家对农业农村基础设施建设的投入持续加大、工作不断加强，但由于历史欠账过多，农业基础脆弱、后劲不足的问题依然十分突出。因此，继续强化农业基础设施建设，夯实农业发展基础，

仍然是未来一段时间中国农业与农村的重点工作之一。当前，农业基础设施建设重点是高标准农田和农田水利设施。发改委正在牵头制定《全国高标准农田建设总体规划》，以开展土地平整、建设田间水利设施、提高耕地质量为重点，大规模推进中低产田改造，准备用几年时间改造8亿亩中低产田。重点建设田间末级灌排沟渠、机井、泵站等配套设施，发展小型集雨设施、应急水源、喷滴灌设备等，增加有效灌溉面积。

2. 加强农业科技创新，促进农业发展方式转变

我国依靠增加面积来提高主要农产品产量的空间十分有限，依靠增加化肥、农药等投入品来提高产量既面临报酬递减的制约又受到保护环境的限制。在粮食需求持续增加的情况下，未来农业发展靠拼资源和外部扩张已没有余地，只能依靠科技，进一步突破资源与环境的约束。我国农业已经进入更加依靠科技进步的新阶段。

一方面，要加强农业科技进步，不断提高农业科技三个能力。第一个能力就是自主创新能力。加强国家农业科技创新平台、重点实验室等条件能力建设，促进科技创新条件与人才队伍、研究任务、产业发展相配套。既要追踪国际前沿、抢占制高点，更要面向产业需求，推进农业科技与生产紧密结合。要做好科技创新的"三个调整"，即：由注重生物技术向注重生物、农机及工程等相融合调整，由注重提高土地产出率向提高土地产出率、资源利用率和劳动生产率等并重调整；由注重单一的农业生产技术向农业生产与农业多功能发展技术相统筹调整。特别是大力发展现代种业。第二个能力就是成果转化能力。加快推进农业产学研结合，着力打造高产创建、标准园创建、现代农业产业技术示范基地等一批农业科技试验示范基地。农业部将启动建设"全国农业科技成果转化交易平台"，探索形成科技成果快速转化机制，提供宏观政策指导、成果登记评价与查询、成果熟化与项目支持、成果推介与交易等公共服务。第三个能力就是农业技术推广服务能力。以贯彻实施新修订的《农业技术推广法》为契机，推进全面落实农技推广"一个衔接、两个覆盖"政策，深化基层农技推广体系改革与建设，强化经费保障，改善服务条件。

101

按照"抓重点、广覆盖、提效能"的原则，继续实施好基层农技推广补助项目，抓好一批示范县，组织农业科技人员深入生产一线开展科技服务，全面提高农技推广服务效能。组织实施农技推广服务特岗计划试点，探索建立农技人员补充长效机制。

另一方面，要着力培养新型职业农民，壮大新型农业经营主体。温家宝总理讲这是农业发展的重大基础性工程。一是深入推进新型职业农民培育试点。坚持政府主导、稳步推进、农民自愿的原则，以提高务农农民综合素质和职业技能为核心，积极探索新型职业农民教育培训、认定管理和政策扶持相互衔接配套的制度体系，培养一批综合素质高、生产经营能力强、适应现代农业发展的新型职业农民。二是继续开展阳光工程培训。创新培训机制，丰富培训内容，改进培训方式，努力提高阳光工程实施的"三性"，即：提高培训对象的针对性，重点培训种养能手、农机手、合作社带头人等；提高培训内容的有效性，面向农业生产主战场，与高产创建等重大农业项目结合，与种养大户、合作社等新型经营主体结合，与农技推广体系建设结合，多渠道、多形式开展培训；提高培训管理的规范性，完善管理办法，发布培训规范，加强项目督导。三是研究落实新型职业农民扶持政策。研究落实好支持新型职业农民发展的土地流转、金融信贷、农业补贴、社会保障等扶持政策。当前，重点是把2013年中央1号文件明确的扶持专业大户、家庭农场、社会化服务人员、农村实用人才的政策措施，落实到经过确认的新型职业农民头上。四是加强新型职业农民培育体系建设。整合优势资源，完善以农业广播电视学校为主阵地、其他教育培训资源为补充的新型职业农民培育体系；加大投入力度，加强培训场所、教学设施、下乡工具和实习基地等条件能力建设。

3. 加强农业环境保护。重点是推广节约型技术，加大面源污染防治力度，改善农业生态环境

一是深入开展农产品产地环境保护工作。推进农产品产地土壤重金属普查与分级管理，完成工矿企业周边、污灌区和大中城市郊区等重点

区域 1.13 亿亩农产品产地土壤重金属普查监测，建立农产品产地土壤环境质量档案，实行农产品产地分级管理。启动农产品产地土壤重金属污染监测预警，建立预警机制，及时准确掌握农产品产地重金属污染变化动态。开展农产品产地土壤重金属污染治理修复示范，创新修复技术，探索开展农产品禁止生产区划分，探索禁产区补偿机制和方法。

二是积极推进农业面源污染防治。制定《全国农业面源污染综合防治规划》，从源头预防、过程控制和末端治理等环节入手，分阶段、分区域推进农业面源污染防治工作。以村为基本单元实施农村清洁工程，推进农村废弃物资源化利用。开展农业面源污染定位监测，设立定位监测国控点，使农业面源污染监测长期化、制度化、规范化，及时掌握全国农业面源污染变化动态和趋势。将农业源污染物减排工作纳入国家节能减排中，建立考核机制。

三是加快开展规模化畜禽养殖污染治理。根据《全国畜禽养殖污染防治"十二五"规划》，会同有关部门对畜禽养殖场、养殖小区的建设、选址和养殖污染防治设施进行有效管理，推动地方在环境敏感区域划定畜禽禁养区、限养区，从源头控制畜牧业污染。

四是大力推广农业清洁生产技术。推广节地、节水、节种、节肥、节药、节电、节柴、节油、节粮、减人等节约型技术，建立环境友好、资源节约的生产生活方式，减少外部投入品使用量，减少污染物排放量，实现资源的节约和清洁生产。

五是推进美丽乡村创建。为了贯彻落实党的十八大精神和生态文明建设战略任务，农业部启动了"美丽乡村"创建工作。2013—2015 年期间，拟在全国不同类型地区试点建设 1 000 个美丽乡村，重点发展生态农业、乡村环境整治、能源生态工程、休闲农业、培育农村生态文化，着力改善农村面貌。

4. 加强农业资源保护。重点是加强耕地、草原、渔业等资源合理利用和保护，实现可持续发展

一是切实保护现有耕地资源。强化耕地质量建设与管理，大力推广

使用有机肥，加强农田保育；持续推进秸秆机械粉碎还田、秸秆生物反应堆等技术推广，提升土壤有机质；发展保护性耕作，提高水资源利用效率；推进土壤改良、地力培肥等质量提升技术，全面推进耕地质量建设。

二是全面提升草原生产效益。组织开展退牧还草、京津风沙源草原治理等重大工程，积极推动禁牧休牧轮牧、草畜平衡和基本草原保护等制度落实，加快草原畜牧业生产方式转变，增强防灾抗灾能力，实现草原资源的永续利用，维护国家生态安全，改善农牧民生产生活条件，不断提高草原生产效益。

三是推动渔业资源保护力度。随着经济社会发展和人民生活水平的提高，水产品需求将持续增长。发展渔业生产特别是水产养殖业，是开拓新的农业资源、增加食物总量的重要举措。今后要开展节能环保型养殖模式试点，实施休渔禁渔制度，控制捕捞强度，开展渔业资源增殖放流，恢复和保护渔业资源。

四是扎实推进农业野生植物保护。抓紧颁布实施《全国生物资源保护工程规划》，扩大农业野生植物原生境保护点、自然保护区的建设规模和范围。建立完善农业野生植物的监测预警体系，开展农业野生植物资源监测预警工作。分区域建设农业野生植物资源鉴定评价体系，开展农业野生植物资源收集保存和鉴定评价，防止农业野生植物资源流失。

五是做好外来物种防治。我国幅员辽阔，多样化的生态系统使中国更易遭受入侵物种的侵害。一个新的入侵物种，一旦发现其造成重大影响时，它已经在该地区扎住了根，再想消灭它是非常困难甚至不可能的，因此预防工作比控制更有效、代价更小。要加大外来入侵物种普查力度，建立物种入侵数据库，构建外来入侵物种风险评估与监测预警平台。继续抓好全国外来入侵物种集中灭除，防止外来入侵物种的扩散和蔓延。借助科技力量使入侵的外来物种"化敌为友"，趋利避害、科学合理地利用外来生物资源。

5. 坚持走中国特色生物质能源发展道路

我国农业生物质能资源主要包括农作物秸秆、畜禽粪便、农产品加工副产品和能源作物等，资源总量和发展潜力都很大。我国每年农作物秸秆 7 亿吨左右，畜禽粪便 30 亿吨左右，农产品加工废弃物 1 亿多吨，大部分没有资源化利用。同时，我国还有 200 多种非粮能源作物和植物，在不占用耕地的前提下，利用不适于粮食生产的荒山、荒坡和盐碱地等，种植高产非粮能源作物，年可产燃料乙醇 2 000 万吨、生物柴油 250 万吨。

今后，要在保障国家粮食安全的前提下，坚持"不与人争粮，不与粮争地"的原则，充分利用各类农业废弃物，适度发展非粮能源作物，推进农业生物质能产业健康有序发展，走中国特色的农业生物质能产业发展道路。

一是大力发展农村沼气。要在尊重农民意愿和需求的前提下，重点在丘陵山区、老少边穷和集中供气无法覆盖的地区，因地制宜发展户用沼气；在农户集中居住、新农村建设等地区，建设村级沼气集中供气站，实行业主经营、市场化运作、产业化发展；进一步强化服务网点建设，提高服务能力；打破沼气工程与养殖场（养殖小区）、发酵原料与畜禽粪便的"两个捆绑"，坚持高标准、高投入、高产出，建设规模化沼气生产厂，鼓励和引导社会力量参与建设和运营。

二是积极发展秸秆能源化。大力开展秸秆能源化利用，增加农村地区清洁能源供应，提高秸秆综合利用的效率与效益。重点在东北粮食主产区、黄淮海粮食主产区和长江中下游粮食主产区，建设农作物秸秆收集储运站、村镇级固化成型燃料生产厂和秸秆气化集中供气站，配套开发炊事、取暖炉具和灶具等配套设备；在种植制度多样、秸秆种类复杂、秸秆利用途径多元的地区，因地制宜采取秸秆气化、炭化、固化成型燃料、高效燃烧等综合技术措施，开展秸秆能源化利用示范建设，实现秸秆高效利用。

三是适度发展能源作物。根据我国土地资源和农业生产的特点，结合生态建设和农业结构调整，合理利用边际土地，适度发展甘蔗、甜高粱、薯类、油菜等非粮能源作物。要利用甜高粱、木薯或甘蔗等非粮能源作物，建设燃料乙醇、生物柴油综合产加销一体化示范项目，探索"公司＋协会"、"公司＋基地＋农户"等多种形式的产业化生产模式，延长产业链条，提高综合利用水平。

三

专家论坛

生态文明建设中的知与行

主 持 人：国家行政学院经济学教研部主任、教授　　　张占斌
特邀专家：中国工程院院士、清华大学教授　　　　　　钱　易
　　　　　清华大学教授　　　　　　　　　　　　　　卢　风
　　　　　北京林业大学人文学院院长、教授　　　　　严　耕
　　　　　财政部财政科学研究所副所长　　　　　　　苏　明
　　　　　中国社会科学院可持续发展研究中心副主任　陈洪波

张占斌： 各位学员大家好。在两会召开之际，我们这么多省部级干部围绕生态文明建设这样一个重大课题在国家行政学院进行研讨，这本身就是一件盛事。我注意到，党的十八大报告第八部分专门就生态文明建设进行了论述，大概有 3 500 字，这个分量占整个报告的 1/7，所以我觉得十八大对生态文明建设做了一个顶层设计。那下一步怎么来做，要做得好，确实需要凝聚各方面的智慧。另外我还注意到，"十二五"规划中大概有 6.5 万字，相当于 1/9 的篇幅讲到了生态文明建设问题。这足见全党对于生态文明建设的地位和作用已经达成了共识，成为了国家的意志、党的意志。

我想大家在这几天都学习了马凯同志的主题报告，另外解振华主任、周生贤部长，以及赵树丛局长都做了非常好的专题讲授，大家也进行了研讨。而且我注意到大家都是做实际工作的领导，对这项工作都有很深的感悟和体验，所以提出了许多重大的、有前瞻性的问题，需要我们去解决。我想我们国家行政学院就是这样一个平台，尤其是在高层次上，更多的是来引导、组织大家学习，把大家的智慧和观点贡献出来，以更好地为党中央国务院提供政策咨询，更好地完善我们的政策，推动政策能落地、接地气。

今天是一个专家论坛，前几天听了几位领导同志的报告和专题讲座

以后，专家论坛更像一个理论务虚会，请专家看一看、谈一谈有哪些是需要我们注意思考的问题。我们上午的论坛分为上半段和下半段，上半段围绕着生态文明建设的"知"来进行讨论，下半段围绕着"行"来进行讨论。下面我把几位专家给大家介绍一下。

这几位专家都是国内在生态文明建设方面的研究中很有成就的，也是一个老中青三结合，是一个很好的梯队。首先是我们的钱易院士，她是清华大学的资深教授、中国工程院院士，是清华大学上世纪90年代最早的女性工程院院士，也是我们国学大师钱穆的女儿，目前在清学大学主持国家关于环境方面的重点实验室工作，担任主任多年，有很多重要的成果获得了国家科技奖。

下一位是卢风教授，是清华大学哲学系主任。生态文明建设在哲学层面上也是需要讨论的，这个问题讨论得越清楚，理论上越坚定，越有助于我们在实践中少走弯路。卢风教授在国内做生态文明建设研究多年，也有很多重要的著作问世。马凯同志的讲话在征求意见时，我们也专门请卢风教授来推敲了相关内容。

这位是严耕教授，北京林业大学人文学院院长，同时也是国家林业局生态文明研究中心主持工作的副主任。他是生态文明建设方面的著名专家，对整个生态文明的体系构建有专著问世，我们在学习他的著作中也得到了很多启发。

这位是苏明博士，是财政部财政科学研究所的副所长。苏所长是国内研究财政方面的专家，他最近这些年重点是围绕着节能环保、生态环境、能源结构调整等方面的财政政策进行研究，有很多著作问世，还主持过近百项国家课题和世界银行课题。

最后一位是陈洪波主任，他是中国社会科学院可持续发展研究中心的副主任，应该说是个少壮派，这里面他最年轻。他在这些年重点围绕着环境问题、气候问题等生态问题做了很多研究，有很多好的成果，特别是与潘家华教授合作承担了很多国家重点课题研究。

我们讨论"知"，有点哲学的味道，所以我想是不是先请哲学家讲一讲。请卢风教授。

卢风：能有这个机会跟省部级干部一起讨论生态文明建设问题，我感到非常荣幸。我做这方面的研究确实有多年了，应该讲我是从 1992 年开始做这方面研究的。我觉得在十七大之前真正关注这个问题的还是极少数的学者，到了十七大之后，生态文明才开始引起社会各界、特别是党和政府的重视，十八大又把它提到了一个空前的高度。国家行政学院能够举办这么一个学习班，足以表明党中央和中央政府都是高度重视生态文明建设的，这是我作为一个学者感到非常欣慰的一件事情。

我本身做的工作是从哲学的角度来研究生态文明，但是今天我并不是从纯粹哲学的角度来讲，我今天主要想谈一下生态文明建设与现代化建设之间的问题，从某种意义上讲它们有些冲突。如果要消除这种冲突的话，我们应该要有什么样的思路，今天我主要想讲讲这个问题。我相信我们今天在座的大部分人都希望我们的生态文明建设与现代化建设是完全相容的，大部分人肯定是这么一个思路，希望一方面有越来越多的汽车、火车、飞机、公路、铁路、高速铁路、工厂，每家每户拥有的现代工业品越来越多，另一方面希望同时保住我们的青山绿水、白云蓝天、森林、湿地，保持生物多样性，我们希望这样。总之，我们是希望一面大量生产、大量消费，一方面又能够节能减排、保护环境。或者讲，我们一边希望我们的物质财富大幅增长，一边又能实现节能减排。

这个事情是不是真的这么简单？我觉得不是。我觉得我们对现代化要加深理解，对现代化的目标至少要有一些限定，然后我们才能够做到生态文明建设与现代化建设相容。现代化当中最重要的当然是工业化，所以说到底，我们的问题是如何使工业化建设与生态文明建设真正相容。这一点无论是在生态文明研究过程中，还是在实干的过程中，我们都必须要考虑得非常清楚。生态文明建设中最硬的任务就是节能减排，就是降低污染，就是减少对生态健康的破坏；但是从目前的产业结构来看，如果我们不折不扣地节能减排、降低污染，那就必然会导致物质生产率的降低，从而会导致物质财富的减少，使 GDP 不能增长。而反过来，如

果我们坚持增加物质财富的生产，在目前的产业结构下，就不可能真正做到节能减排，也不可能真正降低污染。所以我觉得，这就是目前中国之生态文明建设与现代化建设的纠结，或者说是一种冲突。

因此，在现实中往往是一边有一些人在那里高喊生态文明建设，另一边却有人在污染环境，在破坏生态健康，或者讲在严重地阻碍着生态文明建设。我觉得这可能就是我们要长期面对的现实。所以讲，为了切实地做到节能减排，降低污染，保护生态环境，我们就必须改变产业结构，淘汰落后产能，比如说发展清洁能源，发展清洁生产技术，建设循环经济。这个说起来容易，要做起来却都是系统化的工程，不是仅仅从哪一个方面就能立即做起来的事情，必然要经过一个过程。比如提出来低碳经济或者是绿色科技以后，有人就认为有了清洁能源、清洁生产技术、低碳技术、生态技术，就可以一如既往，甚至变本加厉地大量生产、大量消费，这肯定是不对的。在现代化过程中出现环境污染、生态破坏，以及气候变化等问题，根本原因就是出在大量生产和大量消费。

现代社会与传统社会是完全不同的社会。在传统社会，绝大多数劳动者过着非常节俭的生活，而我们在现代化的过程中希望每个人都过尽可能富足的生活，都能够大量消费，都能够充分消费。所以我们今天要鼓励消费，不是鼓励少数人消费，而是鼓励所有人消费，但是问题实际上就出在这里。我们现在就是希望有了清洁能源、清洁生产技术、低碳技术、生态技术和循环经济技术，我们就可以一如既往地大量生产、大量消费，从此以后就不会再有环境污染了，就不会再有生态破坏和气候变化了，我觉得这是一个过分天真的想法。实际上，目前我们与李河君所描绘的那种百分之百的清洁能源、那种取之不尽的能源系统的目标还相差很远。李河君最近有一本书，认为我们将来可以建成百分之百清洁的能源系统，叫做智能能源系统，我觉得这带有一种理想主义色彩。他不是一个严密的科学家，至少我们现在离这个目标还极其遥远，现在我们清洁能源所占的比例还非常小。

要讲建设循环经济，就是所谓 3R 经济，物质减量化是摆在第一位的。减量化实际上就是要求降低资源消耗。十八大也说发展循环经济，那就是要促进生产流通消费过程的减量化和再利用资源化。可见为了建设生态文明，我们必须要修改现代化的目标，不能认为现代化就是不断追求物质财富的增长，就是追求物质生活条件的无限改善，让13亿中国人将来都能过上美国人现在过的那种生活。如果我们把现代化就界定为这样一个目标，那我觉得是非常危险的，是注定要失败的。因为从生态学的角度看，物质财富的增长肯定是有极限的，生态学家说得非常清楚，物质财富的增长不能超过生态系统的承载限度。如今连西方的一些主流经济学家，比如说诺贝尔经济学奖得主斯蒂格里兹，都承认我们也许不可能无限地增加生产，尤其是商品的生产，因为这会造成环境损害，这是西方主流经济学家说的。

所以我觉得对现代化的目标必须加以限定，当然我们党提出的这个目标还是比较适中的，就是追求全面小康，而不是都过美国人的那种生活。但是我觉得，在我们的潜意识中还是希望我们人人都能过上美国人的那种生活，这是一个不切实际的、也是非常危险的想法。如果我们不能放弃经济增长这一目标，认为发展必须涵盖经济增长，社会经济不能不增长，那么我们必须修改经济增长的定义，要明确规定经济增长并不蕴含物质财富增长，你如果认为经济增长必然蕴含物质财富增长，那么你追求的无止境增长是与生态学的规律相冲突的。

那么如何来实现物质财富不增长的经济增长呢？我觉得唯一能走的一条道路就是发展非物质经济，或者叫走经济非物质化的道路，当然这个非物质化也应该是生态化的。如果我们称生产、营销和消费物质财富的经济活动为物质经济，那么物质经济的增长，我刚才已经讲了，肯定是有极限的，也就是说当人类物质经济活动的生态足迹达到生态系统承载限度的时候，这个物质经济就不能继续增长。我们再看一看非物质经济。什么叫做非物质经济呢？就是满足人们非物质需要的各种经济活动，可以叫做非物质经济活动，如今服务业中的许多经济活动都可以算是非物质经济活动。我觉得文化产业可以说是非物质经济活动的一个典范，

因为文化产业主要就是满足人们的非物质需要的，或者讲精神需要、情感需要、归属需要的。再来举个例子，保健按摩一类的服务行业也是满足人们某种意义上的非物质需要的。从理论上讲，非物质经济应该是可以持续增长的，它与物质经济是不一样的，是可以真正大幅度节能减排的。

现在我们很容易冀望于信息业，信息产业确实可以支持经济的非物质化，这当然是一个非常重要的途径。按照有些非常乐观的人的看法，将来一切都可以数字化，如果走到那么一个极端，将来人可能都电子化了，人都不是生物的人了。我觉得我们不能对信息化寄予那么高的期望，我们既要充分发挥信息化在经济非物质化中的积极作用，也必须要意识到信息产业也是依赖于制造业的，比如说生产笔记本电脑的过程中耗能耗水都是极其严重的，信息产业的发展同样也有可能是破坏环境的。所以说信息化非常重要，对于经济的非物质化非常重要，但是不能完全冀望于信息化。

我还是认为文化产业应该是非物质经济中最重要的一部分，因为文化产业的发展会激励和引导人们在文化消费中去度过他们的消闲时光。当然发展文化产业也要注意一个生态化的问题，因为文化产业同样是需要有物质依托的，同样是需要消耗一些物质资源的，也要遵循生态学的规律，也要真正地去执行节能减排，完成节能减排的指标。我觉得旅游业也可以成为非物质经济的一部分，但这是有条件的，需要全民素质的提高，需要全民生态意识水平的提高，如果旅游者没有生态意识，没有环保意识，那么大批的旅游者就可能毁掉美丽的山水。人们讲，张家界在没有被开发之前是非常之美的，但是现在它的生态状况差了许多。所以说，如果我们指望旅游业能够成为非物质经济的一部分，就需要提高人们的生态意识和环保意识。我觉得宗教文化将来也有可能成为非物质经济的一部分。在现实中宗教也正在商业化，或者说是在半商业化，比如说少林寺有一段时间不是在谋求上市吗，客观上它也掌握了一些资本。宗教显然能够满足一些人的精神需要，是一种归属性的需要。如果寺院的人具有生态意识，那么如果把它看作一个行业的话，它是可以做到大幅度地节能减排的。

就制造业来讲，我们要在物质减量和节能减排的同时去谋求经济增长，就必须要求单个产品的量质比能够得以提高。所谓量质比，就是指一个产品的单位质量价值，比如说一辆汽车，汽车的量质比可能是每公斤 200 元，甚至只有 100 元。但是一幅国画，它一公斤就不知要值多少钱了，有可能是几万元，或者是十几万元，甚至是上亿元一公斤。所以总的来讲，发展非物质经济就是要比较产品和服务的量质比，通过这样一种方式，我们就可以实现大幅度的节能减排。非物质经济的发展是自然形成的，比如说一个音乐家去享受盲人的按摩服务，然后盲人又去听音乐家的演奏；一个小说家写书，卖给画家去读，画家作画，又卖给小说家去欣赏收藏。在这种服务和商品的交换过程中，GDP 可以增长，同时只有很少的排放。如果越来越多的人对这类的消费比对买汽车、游艇、飞机更感兴趣，那非物质经济就发展起来了。而如果人民的消费倾向始终朝向物质财富，那非物质经济就没法发展。

所以我觉得需要国家出台各种各样的政策去激励人们消费偏好的改变，国家要通过政策，通过法规，通过宣传去引导百姓价值观的改变。发展经济归根到底是为了让人们生活得更幸福，如果人们总在追求占有和消费物质财富，在这方面竞争攀比，那我们这个社会只会滋长贪念，实际上有贪念的人是不幸福的。而如果我们激励非物质经济的发展，就能提高人们的文化水平、道德水平和精神境界，这不仅有利于节能减排，有利于生态文明建设，也有利于和谐社会和精神文明的建设。

所以我认为生态文明的经济，当然这纯粹是理论上的一种构想，应该是生态化的、稳态的物质经济，就是说物质经济发展到一定水平、一定规模了，它就不能再继续增长了，然后再加上一部分，加上生态化的、不断增长的非物质经济，生态文明的经济应该是这样一个结构。我觉得要推动产业结构和经济增长模式朝着这一方向转变，仅仅有技术创新是不够的，还要有制度创新，必须有激励物质经济生态化和非物质经济扩

大化的制度。在一个民主的框架下，或者在一个走向民主的社会中，制度创新依赖于越来越多的人思想观念的转变，也就是价值观、生活观和幸福观的转变，我们的意识形态、我们的制度要激励人民去超越物质主义的价值观和幸福观，只有这样我们才能真正地激励物质经济的生态化和非物质经济的扩大化，只有这样才能够建立起这样的一种制度。我觉得，只有超越了物质主义的价值观、幸福观和生活观，放弃了对物质财富增长的无止境的追求，现代化建设与生态文明建设才能是彼此相容的。如果我们不放弃13亿中国人都要过美国人那种生活的想法，那么我们的现代化建设与生态文明建设是不会相容的。

谢谢，我就讲这么多。作为一个学者，我是怎么想的就怎么讲，有错误的地方，欢迎在座的各位领导批评指正。谢谢！

张占斌：刚才卢风教授在生态文明与现代化的关系方面做了一个很好的阐述。他讲到中国人要是只追求物质财富，一味追求美国人那样的生活，就可能在将来面临很多问题。由此想到如果全人类都像美国人那样生活，确实可能有问题。反过来看，美国人的这种生活方式、生产方式可能也要改变。

同时卢教授讲到，我们生态文明建设的重点是要发展非物质经济，包括文化产业、旅游等，还要尽可能提升我们的信息业水平，还讲到了宗教等，这些确实都是很重要的领域。现在中央提倡文化大发展、大繁荣，实际上也是希望在这个领域要多做一些事情。这几年我国在文化产业上的改革力度很大，我想这个领域将来可能还会有一个很大的发展空间。

下面我们再请一位哲学家发言。现在越来越多的学者研究生态问题，我觉得理论和实践结合得比较好的是我们的严耕教授，大家欢迎。

严耕：卢老师刚才讲到我们的发展不能包含物质消耗的无限增长，我非常同意。张主任说这是一个务虚会，那我就简单地说一下什么是我理解的生态文明，以及生态文明和经济发展、现代化是否真有冲突。

生态文明建设显然是解决生态危机的一个途径。生态文明这四个字实际上包括两个概念。首先，生态实际上是三个问题的简称，就是生态危机、环境危机和资源危机。有的时候我们把它叫做生态环境，许多人容易把重心放在环境上，好像生态是一个形容词，其实不然。我觉得生态环境指的是生态以及环境，就如同我们讲父母，不是指父亲的母亲，不是讲奶奶，而是讲爹和妈。生态包括这三个方面的问题，我们党提出来的建设生态文明，这个立意就非常高远了。西方从 20 世纪 60 年代开始搞环保运动，从成效上看，局部是改善的，但是整体是恶化的。为什么整体上恶化了呢？就是因为他们重了环境，而轻了生态。我们都知道，环境实际上是生态的一部分，是与人直接相关的部分，它身后的基础是依赖于生态的。前一段时间北京出现严重的雾霾，PM2.5 含量比较高了，但实际上空气中我们需要的氧是由生态系统提供的，所以说生态是最基础的。我们直接提出来要建设生态文明，我觉得这比西方的环保运动更加深刻，真正代表了一种文明的方向。

而文明是人类追求物质财富和精神财富的成果，人类也在追求文明的过程中越来越发达。人是一种非常独特的物种，在进化成人之前，它是一个素食者，生态位是比较低的。人最伟大的一个技术发明就是使用了火，有了火以后，人就从素食的生态位提高了，变成了一个超级物种。由于各种各样技术的发现，人现在不仅吃肉了，而且吃石油了，吃天然气了，变得很强大。人在追求自身发展的同时，在生态位上的位置不断上升，到了现在没有其他物种能够与人匹敌。而到了今天我们却突然发现，由于不断地从自然界攫取东西，我们人类自己的文明不能延续了。因为我们终于意识到，大自然是我们真正的母亲，它一直养育着人，但是这种无言的厚爱我们往往没有很好地意识到，我们只知道不断地从它那里拿东西，却没有任何反哺给它。我们的文明更像是烟囱，不断地把资源烧成垃圾，烧成污染源，再排放到自然界里去。我们现在讲的生态文明，说到底就是人与自然和谐。对于和谐，我的理解就是我们的文明应该像从一个烟囱里冒的黑烟，现在排得少了一点，但是不管怎么说还是在排，能不能把它变成像树林那样，从自然界来，文明的成果又回到

自然中去，这就是双赢。不仅人类在赢，而且大自然也因为人的存在而变得更加美好，更加具有多样性，更加充满生机和活力，这样的文明才能真正发展。

大家都知道，在不同的地区、不同的国家，以及不同的历史时期，文明的表现形式是不一样的，西方人喜欢吃西餐，中国人当然吃中餐。那么生态文明的表现在世界各地也有所不同，各具特点。比如说，一般而言我们认为解决生态环境问题，美国习惯上靠市场，而在日本，政府的角色就会相对重一点，作用稍微大一点。那么作为中国这样一个国家，如何把生态文明落到实处，变成自己的文化，我觉得这就需要我们自己去创造。据我们所了解的情况，各个方面都有一些非常成功的创造，这些创造如果能够连缀成篇，能够普及开来，我认为生态文明的美好前景是完全可以实现的。

刚才卢老师讲到经济增长和生态的关系，我略微有一点不同看法，在总体上我是同意卢老师的看法的。我们人类文明的发展不可能追求人均物质消耗的无限增加，这我是同意的，同时我也同意物质财富消耗的不增加并不意味着经济的停滞，因为还可以发展服务业，可以发展非物质产业。但是很现实的一点是我国正处在"五化"的过程中，就是全球化、城镇化、工业化、信息化和市场化。我们连续搞了几年的全国省域生态文明评价，发现了一个规律，就是经济发展和工业基础比较好的、城镇化比较好的、市场化比较充分的地区，往往生态文明建设的水平要高一些。我觉得原因不复杂，只有具备一定的工业基础和城镇化水平，经济发展的水平比较高，才有这种意愿和方法来进行生态建设和环境建设。同时我们也都知道，发展第一产业、第二产业和第三产业，这个发展就像一个生物成长一样，是一个过程，我们不可能不经过第一产业直接进入第二产业，也不太可能不经历以第二产业作为主体，就直接步入以服务业为主体，全世界都经历了这样一个过程。美国的第三产业占绝大部分，农业很少，但它还是一个粮食大国，它的工业产值占 GDP 的比例也不大，但是谁也不能否认美国是一个制造业的大国。如果不考虑经济成本，美国完全有实力造出非常好的工业产品，因为它经历过，它干过，只是因为某种成本的原因把工厂放到了别的地方，但是包括设计技术这套东西还是完全掌握在他们手里的。所以，我觉得我们现在正在经历一个比较困难的时期，未来生态文明建设是有可能实现的。

我特别同意卢老师的一个观点，就是人在物质消费和需求上是有限的，而在精神需求上是无限的，这是人的特点。那么这种特点也给我们未来在进行经济建设的同时，搞好生态文明建设，解决二者之间的矛盾提供了一种可能性。现在我们走在街上看，那些体形有点病态的，他们绝大部分不是饿的，而是撑的。如果我们不断地追求物质财富，那我们就很可能为物所累，变成物的奴隶，对人也不健康。我们应该把更多的生产和发展创造转到别的方面去，这样一来，随着社会的发展，人们在富裕社会中待的时间长了，慢慢地会回过味来，不再追求物质增长，转而追求一种物质上健康、精神上丰富的生活。

我先讲这么多，谢谢。

张占斌：刚才严耕教授对我国提出的生态文明建设给予了非常高的评价，远远高于西方的环境保护，这个观点我也赞成。当然，我们确实面临着很多难题。刚才严耕教授讲到，作为一个人来讲，其物质消耗应该说是有一定限度的，但他的精神生活却可以有无限的空间。由此我也想到，我们经历了这么多年的改革开放，物质主义确实有点抬头，理想和精神方面多少是有一点下降。我觉得如果能够把物质文明和精神文明都好好抓起来，我们建设生态文明可能就更有保证。下面我们请钱易院士给我们谈一谈。

钱易：围绕着今天专家论坛的题目，我也谈一谈自己对于生态文明的理解，简单地说三个方面。

第一个方面，我觉得生态文明的诞生是人与自然的关系发展变化的必然结果。人类在这个地球上已经生存了很多年，经历了不同的阶段，在不同的阶段，人与自然的关系是不一样的。在原始时代，人的力量很弱小，自然的力量很强大，所以人畏惧自然、依赖自然，离开了自然的

力量无法生存。人类在自然面前掌握不了自己的命运，所以当时人与自然的关系是人畏惧自然、崇拜自然，最后出现图腾文化。后来发展到农耕时代，人的力量在一定程度上增加了，可以种地了，人与自然的关系也出现了一点变化。当时人们已经出现了战天斗地的思想，比如我们中国出现了愚公移山的故事，说明人已经要跟大自然有点斗争了。但是，农业生产在很大程度上还是依赖天、依赖地、依赖气候，所以人还是非常注意要与自然保持协调，我们中国也有了很著名的天人合一论。我想这个天人合一论的产生主要是在农业时代里头，主要是注意人和自然要和谐。后来又出现了工业革命，人与自然的关系就逐渐发生了很大的变化。工业革命时期人类的科学技术大大发展，物质财富逐渐丰富，人征服自然的能力也越来越强大，出现了人类中心主义的思想。这样的发展结果是两方面的，好的方面是物质生活大大提高了，人类的能力也大大增强了，不只是以车代步，还可以飞机上天，现在更是可以飞到太空去，飞到月球上去。但是另一方面工业的发展也带来了很多环境问题，刚才严老师讲到了资源短缺的问题、环境污染的问题和生态破坏的问题，这些都是工业革命的产物。

到了这个时候，人类开始感觉到自己可能面临灭亡的危险。最早提出环境与发展关系问题的是美国人蕾切尔·卡逊，她写了《寂静的春天》，主要描写的是化学农药一使用，农作物虽然丰收了，但是农村的春天也变了样子，以前很欢腾、很热闹，现在则变成一片奇怪的寂静。接下来罗马俱乐部写了《增长的极限》，这个报告讲到地球上的资源是有限的，如果像现在这样发展经济的话，那么地球总有一天要濒临灭亡，资源要被消耗干净，环境承载力完全都被消耗掉。《增长的极限》提出来的结论就是要停止增长，要限制增长，不能再搞这么多的物质生产，有点像卢老师讲的，物质生产这个方面要好好地控制，因为资源消耗太多了。后来就成立了世界环境与资源委员会，这是联合国第一次人类环境大会指定成立的委员会。这个委员会做了大量工作，得出来一个新的结论，对于前面专家们提出来的问题都予以认可，但是又有不同，它的结论认为不是要限制增长或是停止增长，而是要改变发展的模式。世界环境与资源委员会最早提出了改变发展模式的概念，它发布了一个研究报告，叫做《我们共同的未来》，这个报告主要的结论就是我们要走一条新的发展道路，这条道路就叫做可持续发展。接下来1992年联合国召开了环境与发展大会，把可持续发展作为指导世界各国的一个战略。我们中国非常早地接受了联合国的这个概念，在1993年的政府工作报告中就把可持续发展写进去了。现在我们已经把全面、协调、可持续的科学发展观写进了中国共产党的党章。回顾一下这个历史，我觉得生态文明是人和自然的关系逐渐演变，最后应运而生的。这是我讲的第一个方面。

我的第二个观点是，生态文明是可持续发展战略的一个非常非常重要的观念，我非常拥护这次十八大关于生态文明的提法。刚才张主任总结了一下生态文明在十八大报告里所占的篇幅，大概是1/7，这个我还没有统计，但是我觉得有一些提法是非常好的。我特别赞成的就是五个建设要五位一体，然后特别注意后面一句话，就是要突出生态文明建设的位置，要把生态文明建设融合进经济建设、政治建设、文化建设和社会建设中，我觉得这是非常非常重要的。我认为这与可持续发展是完全一致的，大家都知道，可持续发展就是我们还要发展，但是这个发展是有利于当代人，而且不能够损害未来人类的发展，我们要为子孙后代考虑。生态文明也是这样，我们在发展中要注意与自然的关系，要注意节约资源、保护环境、保护生态，在这样的前提下进行发展。现在看起来这是完全做得到的，不是说要停止发展。这是我的第二个认识，就是说生态文明建设、科学发展观、可持续发展是完全一致的，生态文明建设是可持续发展的一个重要的思想基础。

第三点是我想补充的一点认识，在卢教授和严教授两位研究哲学的专家面前有点班门弄斧，说的不对还请指正。我觉得生态文明建设有一个思想基础，这个思想基础就是环境伦理学。我们中国人非常讲伦理道德，但是过去大家比较熟悉的伦理道德都是怎样对待自己的父母、师长，然后是自己的同学、同事、朋友等。当然天人合一论也强调了人和自然

的关系，也有很多著名的话，孔子说的，王阳明说的，我就不背了。我记得荀子讲过一段话，就是"草木荣华滋硕之时，则斧斤不入山林，不夭其生，不绝其长也；鱼鳖鳅鳝孕别之时，网罟毒药不入泽，不夭其生，不绝其长也"。我看了以后非常欣赏，两千年以前荀子讲的话，就是我们今天讲的生物多样性保护，不要乱砍乱伐，不要乱捕乱猎，这个天人合一论确实很了不起。

我觉得环境伦理学应该主要包括下面三方面的内容。

第一条就是环境伦理学提倡人一定要尊重和善待自然，包括自然界各种各样的生物，包括自然界的生态系统，也包括自然的规律。自然的规律是一种协调的规律，最后是谁也不损害谁，当然有大鱼吃小鱼、小鱼吃虾米的过程，但是最后虾米不会被消灭，这是一个很和谐的规律。人不能够做中心，人类中心主义在工业革命时代占据了主导地位。笛卡尔说的"我思故我在"，这是非常唯心的，而且是突出个人的。培根说的一句话对我年轻时候的影响很大，就是"知识就是力量"。这句话很对，影响了很多人，要好好学习知识。但是他并没有说明什么知识产生什么力量，现在我们看起来，工业革命中发明的很多新技术、新知识是在破坏自然。他没有分清，就说只要是知识就是力量。知识可以是建设的力量，也可以是破坏的力量。比如说"大跃进"的时候，我们高喊"人有多大胆，地有多大产"，这是典型的人类中心主义。"文化大革命"更了不得了，我不说这个话的出处，但是这个话影响太大了，"与天斗其乐无穷，与地斗其乐无穷，与人斗其乐无穷"。这个完全是斗争的哲学，不是和谐的哲学。而斗的结果，像我这样年龄的人都深有体会，斗争的结果就是三败俱伤，天受伤，地受伤，人受伤，最后都来报复了。现在我们的环境问题就是天地对我们的报复。这是第一条，就是要尊重、善待自然。

第二条，爱护自己，并且爱护全人类。我说话比较直率，这对我们提倡的雷锋精神稍微有点发展。我非常佩服雷锋，现在宣传的很多学雷锋的典型，最美的教师、最美的公交车司机、最美的乡村医生，我都非常喜欢，非常好，但是我觉得环境伦理学的要求更高。有一个方面的要求可能比雷锋精神低一点，雷锋精神是毫不利己、专门利人，我觉得现在我们还是要提倡热爱自己、关心自己。毫不利己这个要求有点过分，不关心自己，怎么能关心别人呢？但是关心他人的时候，专门利人的时候，范围要扩大，要扩大到全人类。很多人你是碰不到的，一辈子也不会跟他见面，但是你仍要关心他。从可持续发展的角度，从生态文明的角度，我们还要关心全球的气候变化。解主任坐在这儿，一直参加全球气候变化的谈判，我们现在的压力是越来越大。我们的二氧化碳排放量已经是世界第一，我们原来有一个辩论的依据，就是我们的人均排放量还不够世界人均水平，现在也已经超过世界人均排放量了，已经接近欧盟了。我们要不要关心太平洋的那些岛国？它们很快可能就要被淹没了，我们要关心，所以我们要关心全球气候变化问题。我曾经到青海去过一次，随着我们工程院院长的一个代表团去的。在吃饭的时候，省委书记说了一段话，让我非常非常感动。他说什么呢？他说我们青海有三江源，我们一定要把三江源保护好，长江、黄河、澜沧江，源头都在青海。他说我们宁肯 GDP 的增长速度慢一点，也一定要把三江源保护好，这是为了全国人民。这个话我听了以后感动得不得了，它与现在流行在各个地方的 GDP 至上的思想正好是相对的，正是环境伦理学提倡的关心自己、并且关心全人类的一个具体体现。作为青海省的书记，他不只是关心青海省，还关心全国的人民。我觉得这个很了不起，确实非常感动。我们的周济院长感动之余马上行动，马上组织了一批人，指定一个院士，组织了一个项目，要给青海省生态补偿，作为保护三江源的生态补偿。这个项目已经做完了，我相信报告到国务院去，国务院一定会接受的，因为这完全是合理的。这是第二条，一定要关心自己，并且关心全人类。

第三条，要着眼当前，并且思虑未来。我觉得这一条对在座的各位领导最重要。当领导都有一个任期，五年也好，十年也好，千万不要在当领导的时候，就只考虑在任期内要做出什么亮眼的成绩来，让人们认为你的功劳很大，而是要考虑到你做出来的成绩对于未来子孙后代的影

123

响。我举一个例子，各种不同的工程项目、不同的规划、不同的政策，它们都有长远的影响，不只是对现在有影响。现在最突出的一点，就是各地都在建设所谓的形象工程、所谓的标志工程。而很多形象工程和标志工程，现在看起来很漂亮，但是浪费资源、破坏环境，而且老实说并不能真正地反映你的好形象。这里有没有江苏省来的领导干部？也有。我是江苏人，原来对于华西村非常佩服，特别是吴仁宝，我跟他认识，因为我做人大代表的时候跟他是一个团的，我是江苏团的。但是最近我从建设部的一些专家那儿看到了一些材料，我没有到华西村去看，发现华西村建设了很多形象工程。据说北京的长城在华西村可以看到，是不是啊？悉尼歌剧院、美国的国会大厦都有，我觉得这种形象工程不能够反映华西村的特点。你花那么多钱干这个形象工程，对当地老百姓没有好处，对子孙后代来讲也没有教育意义。这就是一个例子。我们在做好多工程建设的时候，一定要考虑全面的、长远的影响，不要只考虑现在。

我就讲这么多。谢谢大家。

张占斌：钱易院士讲得非常好，她把人与自然的关系的整个历史过程给我们做了很好的梳理。我们谢谢钱教授。下面我们请另一位嘉宾苏明所长讲讲，他是财政学专家，这几年一直做环境、气候、节能方面的财政政策研究。

苏明：我今天非常高兴，能够来到这么一个高层次的班，和各位领导、同志们交流一下想法，也是向大家请教。刚才几位教授讲的观点都非常好。今天的主题是生态文明建设，生态文明建设应该说不是一个新问题，中央非常重视，这次十八大报告把生态文明建设作为五个建设当中的一个方面。生态文明是什么，包括什么内容，其重要性、必要性、紧迫性又在哪里，我觉得大家对很多方面是有共识的。

我觉得目前的核心问题是中国的生态文明下一步怎么去发展，怎么去建设。我说这样一个观点，在中国目前的发展阶段，生态文明建设恐怕不是程度越高就越好，而是越符合中国的国情越好，环境也不是越好就越符合中国的国情，这是一个通俗的说法。中国的环境问题、生态文明问题，在中国这样一个发展阶段，核心问题是处理好经济发展和环境、生态文明的关系，这个关系怎么处理好。如果天是蓝天，但没有发展，收入上不去，我感觉这不是中国最理想的选择。这也不是我研究的重点。

我今天讲的重点是什么呢？我感觉生态文明建设，包括环境的改善，关键问题在于制度创新，体制、机制、政策要完善。这些重要性大家都清楚，我们有什么制度，我们有什么体制机制，我们的政策导向是什么，我觉得这是我们生态文明建设下一步要解决的关键问题。我前半年时间在节能环保，包括能源、气候变化等角度做了一些研究，今天想把一些基本的观点做一个简要的汇报。今天我的汇报大致从两个方面出发：第一，今年、明年国家宏观财政政策的趋向是什么；第二，生态文明财税政策的框架是什么。

现在我简要汇报一下下一步我们国家整体财税政策的走向。现在中央讲仍然要实行积极的财政政策，在今明两年，我觉得积极的财政政策应该包括以下几个方面。

一、我们国家的赤字和债务怎么安排。人大会今天开幕，过两天预算报告就会公布。当前经济有走低的趋势，在支出下不来、财政收入低速增长的情况下，今明两年中国的财政赤字和债务恐怕比往年要高很多。我理解这是我国宏观经济调控的一个重大的战略选择，也是非常必要的。从中央到地方，财政赤字和债务规模比去年都会有很大增长，增长的数额，我自己判断，应该说总体上在安全的范围之内，因为我们国家的债务与美国、日本和欧洲国家相比还是低很多的。我们国家为了发展，为了环境的改善，增加赤字，增加债务，应该讲是必要的，也是安全的。

二、我国的财政支出结构应该进行战略性调整，从中央政府到地方政府，都应该进行战略性调整。调整的方向是什么？我认为包括三点。

1. 要加大民生的投入。今天我讲的民生是一个很宽的概念，包括教育、三农、社保、环保、生态、科技、住房，等。我讲的是大民生。这部分在现在中央财政支出当中大概占到60％～70％，下一步还要加重。

2. 对于经济产业发展，财政支出仍然应该给予必要的支持，特别是

对重要的产业和重大的基础设施项目，比如西部大开发的重大项目，中央要支持。

3. 对于行政支出，包括三公消费，我们应该有制度创新，应该进行大力压缩。各位领导都能看出来，新的改革方案要出台了，我感觉这次出台也是局部的，一下子搞得太急了也不行。现在政府的人太多了，机构膨胀，行政事业单位膨胀，财政负担太重了。我们现在的财政供养人口超过了 4 000 多万，财政的负担很重，要通过改革减少支出，提高效率。三公消费我感觉也有大力压缩的空间，公车太多了，公务接待浪费太大了。好在最近两个月中央不让请客吃饭，现在基本上没人吃了，我们从 2012 年腊月到现在基本上都不吃了，都在家里面吃。我说的吃饭是公费吃饭，现在这个现象非常好。现在北京的交通有很大改善，主要是因为地方来的人少了。公务接待有大力压缩的空间，出国也有很大的压缩空间。

三、中国的税收政策制度是什么？现在讲减税讲得比较多，减税很重要，但我们为了环保，为了生态文明建设，除了减税，应该还有增税的改革。减税我理解，大致至少减四个税，包括增值税、所得税、关税，另外还有出口退税，我回头再细说。那我们增税增什么？包括资源税、环境税、碳税，还有房产税。我觉得这对中国的发展，包括生态文明的建设非常重要。

四、关于财政体制。财政体制非常重要，它要安排中央和地方的财政关系。从 1994 年到现在，我们的财政体制没有大的变动，我觉得下一步财政体制要做调整。中央和地方的收入划分要不要调整？省以下各级政府的收入划分要不要调整？各级政府的支出责任要不要调整？都要调整。中央对地方的各类转移支付，包括一般性转移支付，也包括专项转移支付和税收返还，2012 年的大数是 45 000 亿。这个制度非常好，这个制度有没有毛病？有。下一步要完善。

五、关于管理。财政支出管理包括预算编制、预算执行、政府采购、透明度、绩效等。中国的发展到了一个新的阶段，2012 年的财政支出大数超过了 12 万亿，GDP 是 52 万亿，财政支出是 12 万亿。这还不是完整的政府支出，还有基金预算、社保预算等。政府支出在 52 万亿中大概占 20% 多，所以说绩效的管理非常重要。现在中央，包括财政部在这方面抓得很紧，非常有成效。这是我给各位领导汇报的第一个方面，我们国家下一步整体上财政、税收管理体制和政策的走向。

下面我再讲讲我国下一步对生态文明建设，特别是对节能减排、环保的财税政策的框架是什么，大致上也是五个方面。

一、约束性的税收政策。我们通过税收政策的安排，对企业、社会的相关行为要给予惩罚、约束，以此对生态文明建设有所促进。关于约束型的税收政策，我觉得包括以下四个方面的内容。

1. 资源税。各位领导都知道资源税很重要，2012 年我们在新疆试点，最后扩大到全国，原油天然气在全国已经推开了。下一步要做什么？我觉得下一步煤炭的资源税要出台，应该讲这是大势所趋。现在的煤炭市场已经变为买方市场，价格走低，在这种情况下，我感觉我们国家出台煤炭的资源税是一个非常好的时机。我们要抓住机遇，我个人建议在 2013 年要尽快推出煤炭的资源税。煤炭的资源税是 1994 年的税率，最高的才几块钱。煤炭的价值现在再跌也是几百块钱，我们要加快推行。各位领导都清楚，电煤已经市场化了，这是最新的规定，这个规定对煤炭的资源税出台也非常有利。这是一个想法。除了煤炭的资源税，还包括其他的产品，我们根据新的情况和新的形势也进行了调整。

2. 环境税。中央非常重视，我们在近几年协助财政部、环保部、国家税务总局做了大量研究，中国开征环境税势在必行。中央讲得非常明确，在"十二五"期间我们要出台环境税。环境税是什么？我理解，简单地讲就是把排污方面的收费改成税收。我们现在不是没有制度，我们是有制度的，我们要把收费改成税收。而且，我们在起步的时候要抓住重点，对二氧化硫、氮氧化物、氨氮等重点排放物进行征税。另外一个重要的问题是我们要提高税率，现在收费的标准太低了。税率提高到什么程度，这是重点，也是难点。我们要处理好环境的需求与经济产业企

业的承受能力的关系。比如说二氧化硫，现在收费比较低，能不能考虑大约提高一倍左右，这样的话，对于环境、对于生态、对于企业，我感觉方方面面都说得过去。环境税收了以后给谁？我建议大部分留在地方。因为现在的排污收费中央留 10%，留到环保部，所以改了税收以后，考虑到方方面面的因素，大头应留给地方。

3. 消费税。我感觉我们现在的消费税过时了，有的消费税要退出去，我们根据新的情况，要把一些新的消费行为纳入消费税，比如说私人飞机、私人游艇等，对很多高端的消费行为，我们要通过税收政策进行调整。

4. 碳税。这方面我们做了大量的研究，美国资助我们做了几年。现在发改委的解主任，还有气候司正在支持我们，还包括科技部，纳入到 973 的项目，研究马上要结题了。坦率地讲，这方面我们在国内是比较前沿的，国内第一部相关编著是我们编的。中国要不要碳税，我们的观点是要。刚才提到了，中国排放二氧化碳世界第一，超过了美国，所以我们需要碳税。碳税是什么？碳税就是针对二氧化碳的排放来征税。二氧化碳来自哪里？主要是来自煤、油、气。所以我们的观点是二氧化碳税的征收对象，第一是煤炭，第二是原油，第三是天然气。中国碳税怎么征？我们做了大量测算，认为在起步的时候碳税不要太高，能不能考虑按照每吨二氧化碳征收人民币 10 块钱左右，我们感觉这对经济发展、对生态文明、对应对气候变化都比较有利。对于我们的观点，有关领导和学术界都比较认可。

5. 房产税。我国的房产税搞得太慢了。坦率地讲，我觉得我们现在的房地产调控政策不对路。限购是行政性的措施，我们采取了太多的行政性手段。税收的手段没有搞对，现在把交易环节的税收搞得那么高。最近出台了要按照所得收益的 20% 来收税，这些都没有搞对。我觉得要加快推行房产税，减少交易环节的税收。房产税搞慢了，不征房产税，房地产永远健康发展不了。我不清楚到底是什么原因使房地产税搞得这么慢，现在的房地产税，我认为是一个过渡性的，跟我讲的房地产税是不一样的。我讲的房产税是什么呢？第一，新房、旧房都要纳入征收范围。第二，应该有免税额，能不能考虑按照人均确定一个免税额。第三，中国的房地产税一开始，税率不要太高。第四，房地产税征了以后给谁？给地方政府。我觉得如果按照我的想法开征房地产税，减少交易环节的税收，我们国家的房价就会下来，银行的风险会降低，中国房地产的发展会更健康。

二、激励性的税收政策。这方面主要有以下四点。

1. 营改增，营业税改为增值税。我国目前有 12 个省市都已经改征了，能不能考虑今年在全国铺开，让中部地区、西部地区，大家都受益，我们现在是 1＋6，交通运输业、铁路、通信、邮电，我们要统统搞营改增，这样对第三产业的发展大有好处。第三产业发展好了，节能减排就会好了。

2. 所得税。我国的所得税很重要，下一步我们要对节能减排的技术、研发、推广，包括节能服务、环境服务等的所得税政策进行调整，包括降低税率等，这个政策应该讲很重要。

3. 关税。我们进口与生态文明建设相关的设备、零配件等，要减免关税。

4. 出口退税。我们对资源型的产品出口，要降低退税率。

三、财政支持政策。我有一个想法，我们的结构要调整，要加大生态文明方面的支出比重。一个是看能不能搞专项资金，另外要考虑设置科目。我们正在协助发改委的解主任和气候司做一个题目，题目很重要。我们现在有环境的科目，但是没有气候的科目，我们现在正在想办法，能不能在财政部列一个名目，因为没有名目，这个钱来不了。我们还有很多的办法，包括投资补助，另外还有政府采购等。政府采购下一步要大发展，另外还可以考虑用股份投资的手段来支持生态文明建设。

四、财税体制要创新。通过财政体制的创新来支持我们国家的生态文明建设，必须具体考虑收入划分。现在地方的收入降低了，因为营业税是降低的，改成增值税以后，中央拿 75％，这样的话，下一步中央和

地方的收入比例，我感觉需要调整。另外，转移支付制度要完善，这是一个大的政策。转移支付制度的完善，我理解要包括对基本公共服务制度加大转移支付的力度，还要加大对中部和西部地区生态方面、环保方面的专项转移支付。

非常抱歉，我讲的时间长了，谢谢。

张占斌：刚才苏明所长重点围绕着激励生态文明建设的财政政策，同时还有一些约束性政策，在这些方面做了很好的阐述，每个要点下面还有很多更详细的内容。本来我想先讨论"知"的问题，等到"行"的时候，再让他重点讲。但是看来"知行"确实要合一，上半段已经都基本上结合到一起了。我们先休息一下，十分钟以后再讲。下半场主要是互动时间。我们的专家如果要讲一个半天肯定是不够的，但是我们想更多地请专家与大家互动，回答大家的问题。

张占斌：好，我们接着进行下半场。首先我们请中国社会科学院可持续发展研究中心的陈洪波副主任用比较短的时间阐述一下他的主要观点，然后我们进入互动环节。

陈洪波：感谢主持人，各位领导上午好，非常高兴有机会与各位领导一起交流关于生态文明建设的一些想法。我以前主要做节能减排和应对气候变化这方面的研究工作，对生态文明原来也有一些零星研究，但不是很系统。那时我有幸参加了由解主任领衔的一个关于生态文明建设的重要课题，所以有机会对生态文明做了一个比较系统的研究，有一些初步的成果。后来我们的一些成果在《人民日报》上发出来了，评价还不错。《中国地质大学学报》找我们约稿，就把其中的一部分又整理成一篇文章投给他们，发出来之后评价也很好。最近接到通知，《新华文摘》全文转载了这篇文章，并且在封面上列出来了，说明对我们的研究成果还是比较认可的。我在这里也要再次感谢解主任给了我们这么一个学习的机会。现在就借这个机会把我们做的一些研究和一些初步想法向各位领导汇报一下。

首先，我谈一谈对生态文明科学内涵的几点认识。我们认为生态文明的核心问题还是人与自然关系的问题。怎么处理好人与自然的关系，可以从两个层次来看：一个是生态能力和人的行为规范的层次；另外一个层次更高些，是从社会文明的形态来看问题。我们要很好地理解这个概念，先追根溯源地看一下，生态文明是由两个词组成的。生态是指什么？美国有一个很著名的博物学家，现在叫生态学家，他最早对生态有这样一个概念，说生态是生物体之间，以及生物与环境之间的相互关系与存在状态。这是什么意思呢？就是说它是个体与个体之间、个体与周围环境之间的一个环境系统，生态是一个系统，是一个整体，只有关系和谐了，才能保持一个良好的状态。这是我对生态的理解。

那文明又是什么意思呢？这个词最早出现在《周易》里，即"见龙在田，天下文明"，这个文明就有开化的意思。唐代孔颖达在注疏《尚书》里也提到"文明"两个字，说"经天纬地曰文，照临四方曰明"，前半句是指物质方面的，比如人与自然怎样处理好关系，怎么从事物质生产，而后半句主要是指精神文明。所以我认为，这个时候"文明"这个词就已经包含着物质文明和精神文明两层含义了。再看西方的语言，从词源来看，"文明"这个词与城市高度相关，这也正好说明在西方社会发展中农耕的分量很轻，直接从狩猎阶段过渡到城市，而到了城市这个阶段就有了秩序，这个时候就有了文明。文明实际上就是相对于野蛮和蒙昧来说的，我们理解应该有两层含义，一个是文化层面的，另一个是道德伦理层面的。从这个角度出发，我们认为生态文明应该也有广义和狭义两个层面的理解。

我们认为狭义的生态文明就是指人与自然关系上的一种道德伦理和行为规则。它是把人本身作为自然界的一员，在观念上尊重自然，公平对待自然，在行为上充分尊重自然规律，寻求人与自然的协调发展。这是狭义上的生态文明，主要是指人的道德理念和行为规范。而广义的生态文明应该是什么呢？我们认为广义的生态文明应该是一种超越工业文明的社会文明形态，包括尊重自然、与自然共荣共存的这么一种价值观，也包括在这种价值观指导下形成的生产方式、经济基础和上层建筑，是一种人与自然和谐共进、生产力高度发达、人文全面发展、社会持续繁

荣的物质与精神层面的综合体，这是我们理解广义生态文明的概念。

弄清楚了概念，我们认为生态文明从价值观上强调人与自然的平等和谐，超越了人类中心主义的观点，应该包括这么几个基本内涵。即人要理性、公正地对待自然，在生产方式、消费方式上要抛弃过去那种低效、粗放、掠夺式的生产方式和奢华、浪费的生活方式，以生态理性为前提，以高效、低耗、循环科技为手段，以高效的资源利用和最低的环境影响的方式从事生产，以绿色、节约、健康的方式进行生活，建立人与自然和谐共建的经济发展方式、生活模式制度与文化体系，最终的目标是追求人文的全面发展、社会的持续繁荣、生态环境的持续良好等，总之是这样一个人与自然、人与人、人与社会和谐发展的理想境界。这些就是生态文明的几个主要内涵。然后，生态文明还有一些核心的要素，我们认为是要公平，要高效，要和谐，要人文发展，就不展开说了。这些是我们对生态文明的理解。

下面谈一谈生态文明和工业文明的关系。我们认为生态文明是对工业文明的扬弃和升华。首先我们知道工业文明是脱胎于农业文明的，在农业文明阶段，人们对自然是一种敬畏，是一种听天由命。到了工业时代，由于科技的发达和工具的巨大改进，使人们有能力来最大限度地利用自然，从自然界获取所需的物质资料和生活资料，这时就形成了工业文明。而工业文明的价值观是一种功利主义的价值观，是为我所用，我掌握了科技，掌握了工具，就要从自然来获取，这是一种功利主义的价值观。它是技术主义，通过技术来推动进步，但是没有考虑对环境的影响、对环境的破坏、对资源的消耗。所以，如果这样的工业文明持续发展，必然会导致资源的枯竭和环境的恶化。在这种情况下就很自然孕育了生态文明，这应该是一个超越工业文明的更高的阶段。

但是，现在就我们国家来说，我们还没有完成工业化，在这个阶段我们应不应该建设生态文明？我们认为，不同的文明应该是不断演进的，同时又应该是交替的，就是说，在一个文明处在主导的阶段，并不应否认其他文明同时存在。比如说，在农业文明时代，工业文明也存在着，而在工业文明时代，农业文明也同时存在着，只不过是看以哪个文明为主导。现在是工业文明为主导的阶段，我们同样也可以建设生态文明。我们认为不仅不能抛弃工业文明，而且还应该继承和发扬工业文明的一些科技成果和管理手段，汲取工业文明在某些制度机制上的一些合理的内容，只不过是抛弃工业文明这种功利主义的价值观，要改进它不合理的生产方式和生活方式，这是第一个想法。

第二个就是在工业化还没有完成的时候，我们要利用生态文明来进行改造，以提升工业文明。我觉得我们要继续推进工业化，只不过我们要转变工业化的生产方式。最近我们也在做另外一项研究，是关于生态文明与新兴工业化的，研究其内在逻辑是什么、实现途径是什么，以及在推进工业文明过程当中建设生态文明需要一些什么样的政策和机制，现在我们正在做这方面的研究。我们希望在这些方面能有一些突破，也欢迎各位专家和领导给我们指导，提出一些宝贵的建议。

第三个就是生态文明与物质文明、精神文明、政治文明等是一个什么样的关系。我们认为从狭义来看，由于生态文明讲的也是道德伦理和行为规范，它与物质文明、精神文明和政治文明应该是相辅相成的，它们应该是一个并列的概念。而如果从广义来看，生态文明不仅是一种价值观，它更是一种社会形态，它应该是包括一切物质文明和精神文明的综合。因此从广义上来看，生态文明应该是一个更高的层次，应该包含物质文明、精神文明和政治文明。十八大报告提出要把生态文明建设融入到其他几个方面的建设之中，我觉得这个提法更科学，我们认为这正是生态文明与物质文明、精神文明和政治文明的关系。

另外现在有很多概念，包括绿色经济、循环经济、低碳经济、生态经济等，它们与生态文明又是什么样的关系呢？我们认为生态文明应该是一个更高层面的概念，而绿色经济、循环经济、低碳经济、生态经济等是实现生态文明的途径和手段，是更具体的某一方面的措施。通过这些概念，我们也可以看到生态文明具有统领性、多元性、包容性和可持续性等这些特征。

好，我就说这些，谢谢各位。

张占斌：刚才洪波主任重点对生态文明的内涵，与工业文明以及其他几个文明的关系做了一个很好的阐述。前面我们的五位专家都就生态文明发表了很好的意见，从不同的角度阐述了自己的观点，供大家来参考。

生态文明建设确实是一件大事情，对中华民族的长远意义甚为重大，把它提到一个什么样的高度我觉得都不过分。但是，中国目前还处在社会主义初级阶段，而且还将长期处在这个阶段，因此生态文明建设对我们确实有很大的难度。马凯同志在报告中也谈到，我们的人均资源占有量很低，与世界发达国家，包括一些发展中国家相比还差很多，再加上我们的工业化没有完成，工业化、城镇化和生态文明建设将会同步进行、叠加进行。这是我们与西方国家不一样的地方，无疑增加了我们的难度。西方发达国家经过了两三百年的工业化过程，很多问题已经逐步解决了，现在的许多问题不是那么严重。但是我们既要搞工业化，还要搞生态文明建设，还要搞城镇化，所以压力就显得非常巨大。最近我们也到各省做了一点调研，受到了很大的启发，觉得一个是中央重视，要有顶层设计，再一个地方政府也要动真格的。在重庆的时候黄奇帆市长也讲，他一个很大的感悟就是应该真金白银地投入。到江苏的时候南京市委书记也跟我们讲到这个问题，说不动真格的真是不行。当然这里面还有很多问题，制度建设、法律等各个方面都要跟得上，才能把这件事情做得更好。难度很大，困难很大，挑战也很大。但是中央的决心大，我们这么多领导到这儿来研究这个问题，达成了很多共识，我想将来在实践中我们努力的程度会更大，付出的心血也会更大，因此我觉得将来还是有一个好的前景的。从另一个角度讲，我们国家是社会主义国家，有集中力量办大事的能力，如果这件事情我们下功夫去做，我觉得可能比西方国家具有更大的优势。另外，我觉得这件事情老百姓很认同，大家的共识很强烈。我注意到两会期间有很多网民发表评论，说发展经济不能以牺牲环境为代价。应当说过去我们相关部门做了很多工作，国家也有认识，但确实是由于我们发展阶段存在着一定的问题，也包括我们的全民动员可能还没有完全做起来，这方面我们还是付出了一些代价。我们到下面调研的时候，一讲到环保问题，人们就说"能管得住的人坐不住，坐得住的人管不住"。所以前几年的大部改革把我们的环境保护部提升为国务院组成部门，实际上也是在加强我们在这方面的调控能力。这几年国家发改委也做了大量的工作，我想如果大家一起来想办法，这件事情可能会逐渐往前推动，会越来越好。

现在我们进入讨论环节，讨论是我们课堂的一个很重要的内容。我们的进修部发明了一种方式，叫手机互动平台，大家可以通过手机发送信息到平台，也可以在现场提问，我们来进行互动。有些问题能够有一些回答，但有些问题可能是一种开放性的，不一定有结论，大家可以从不同的角度来提出自己的观点，我们各位专家在回答问题的时候也可以发散一点，把有些刚才想说但没有说的问题再说一说。为了能够按时完成，请大家抓紧时间，发言也好，提问也好，都要尽量简明扼要。那么我们进入互动环节。

第一个问题是，现在延安准备投资千亿建造新城，这种做法是否正确？

钱易：我还是第一次听说延安准备投资千亿造新城，要削山填沟。我不知道详细的规划，但是我可以说削山填沟建新城肯定是对生态的破坏，城市规划要根据当地的条件，延安的特点要保存下来，不能把延安建成像北京一样。所以我简单地说，我认为这不是一个正确的建设办法，应该根据延安的地理、气候、生态环境等这些特点来规划城市，来建造这个城市，我就简单说这些。

张占斌：将来有机会把这个规划再给您一份，您再帮着看一看。

通过平台江苏的学员已经提出来要跟卢风老师商榷。一是满足吃用住行的物质需求不可能以非物质产品取代；二是现有的物质产品生产应当组织进行技术创新，减少污染，提高生产力；三是赞同外向型经济应由物质制造业向非物质服务业转变的观点，如文化产品出口、入境旅游等；四是在市场经济条件下如何处理好生态文明建设与经济、行政、法律手段的关系，生态文明建设是否应该更多地依靠行政和法律手段，以

解决环境保护和外部不经济性的问题，解决好生态文明建设的短期性、局限性和不经济性。

卢风： 我觉得这些问题严耕教授也提到了，实际上我们要把人对基本物质的需求与追求所谓发展，或者说追求人生意义、追求幸福所需要的物质财富的数量区别开来。基本物质需求实际上是很有限的，我们只能吃那么多，只能穿那么多，其实一个千亿万富翁在同一个时间也只能住一个地方，其他的别墅肯定是空着的，所以说我们的基本物质需求肯定是有限的。但是我们现在为什么这么多人就是如此不知足地追求物质财富呢？这实际上是现代文化所造成的。中国的古代文化不是这样的，只有极少数人才无止境地追求物质财富，绝大多数人并不是无止境地追求物质财富的。我们现在如果要想发展，就真的要保护好生态环境，建设生态文明，就需要有一种根本上的思想转变，同时需要有制度的根本转变，从而也可以讲是要有一个文化的根本转变。

长期以来，特别近三十年来，我们的文化、我们的意识形态、我们的制度一直在暗示甚至激励人们要认同这样一种价值观，就是人活着的根本意义在哪儿，是在于创造，在于占有和消费物质财富，一个人创造、占有和消费的物质财富越多，就越说明你对这个社会的贡献越大，你就越是卓越，你就应该越是得到社会的认同和赞扬，就是这样一种价值导向。这种价值导向有它的合理之处，合理之处在于它刺激了我们三十年经济的持续增长。但是它的危险之处也很明显，它在根本上对人生意义的理解是错的，人活着并不是完全为了这些，人活着完全可以有一种精神上的超越，对物质财富的超越完全可以把它限制或者约束在一个基本需求的范围之内，然后在精神的领域里面去进行创造。所以我觉得如果我们的生态文明建设在这方面没有一个根本的转变的话，实际上这个生态文明建设很难落到实处。当然我赞成即使是非物质生产也需要有物质载体，没有物质载体是不行的。如果我们有一种思想观念上的根本转变，有一个制度上的根本转变，从而带动我们的产业结构有根本的转变，我们就能够引导人们去超越过去近三十年来逐渐深入人心的那样一种物质主义的价值观，而走向一种超越物质主义的新的价值观。我们的意识形态表面上是反对物质主义的，但实际上物质主义已经深入骨髓，已经是根深蒂固了，不克服这个东西，我觉得生态文明建设是很难落到实处的。我就讲这么多，谢谢。

张占斌：江苏的这位领导最后一段提问说，生态文明建设是不是应该更多地依靠行政手段、法律手段，以解决环境保护的外部不经济性，这个问题提得非常重要。是不是要更多地采用行政和法律手段？我感觉法律手段非常重要，但是我们现在的法律还不是很完备。比如说我们现在有一个《大气污染法》，美国的《大气污染法》很厚，大概有3厘米到4厘米厚，而我们这部法律很薄，说明我们的法不是很具体，说明我们的法律需要完善。再看行政手段，我来讲一个看法，在我国市场经济发展的过程当中，包括进行生态文明建设，我的观点是要大大减少行政手段，要更多地运用法律手段和经济手段，特别是经济手段，比如刚才说到的财政手段、税收手段、金融手段，等等。这方面我们这几年有了很大改进，下一步仍然有空间。我的基本观点是行政手段要大大地减少，比如刚才我举例，房地产的限购就是非常典型的一种行政手段，在这种特殊时期不是说不可以使用，但是一般地讲，市场经济条件下经济社会的发展，包括建设生态文明，要尽可能减少使用行政手段。再举个例子，我们的生态文明建设要不要有规划？我们应该有规划，但我觉得规划恐怕不是一个行政手段，规划很大程度上是一个调控，某种程度也是一种经济手段。我们应该不应该有标准，应该不应该有一种准入的资格？应该有。那么准入的资格标准是什么？这可能是一种行政手段，这种行政手段是非常必要的。而对于限制发展的行为，一般来讲我觉得还是要更多地运用经济手段。比如说我们在节能减排的过程当中淘汰落后产能，使用行政手段就是统统都关闭，我感觉这种做法是不可取的，我们应该更多地运用经济手段来淘汰落后产能，而不是简单地关闭，这是我的一个基本看法。

我代表学员们提一个问题，我参加了他们的研讨，大家都非常关注

一个问题，就是对于环境污染，比如说现在的这个雾霾天气，在雾霾天气比较严重的局部地区，像北京这样的地方，在短期内和长期内我们能有什么措施？短期内我们采取什么办法，长远来看我们有什么好的办法？请各位专家回答。

钱易： 我是搞水污染出身的，但是现在的大气污染非常严重，我也请教了很多专家，也学到了一点东西。现在的雾霾天气那么严重，这个问题并不是中国首先出现的。大家都知道，最早的时候是在伦敦，伦敦的雾霾天气经过了几十年的时间才彻底治理好。然后是洛杉矶，洛杉矶是光化学烟雾，主要是汽车太多造成的，也是治理了很长时间。那么对于我们的这个雾霾天气，我也向一些专家请教，他们告诉我这个污染的来源主要有这么几个方面。

一个是煤炭能源的使用。冬天北京的气温很低，所以取暖的需求特别强，过程也长。另外，在北京很多的城乡结合部和郊区的农村，人们大多使用比较低级的取暖装置，不像市内，大部分设备都比较先进，所以造成了很多污染。但即使是城市里的比较先进的集中供暖设备也造成了很多污染，那些比较差的、分散性的采暖设备造成的污染更严重。这是一个大的污染源。二是汽车，对于汽车尾气造成的 PM2.5，对此大家还有一些不同的看法。我们很多人都在讨论 PM2.5，说老是用英文不好，应该有个中国名字，现在比较多的专家一致认为就叫做细颗粒，其实这个名字还没有把 PM2.5 完全表示出来，所以有一位专家提的是颗粒2.5，就是把 PM 改成中文。现在多数搞大气方面研究的专家说汽车对于细颗粒的贡献率大概是 20% 多，将近 30%。第三个来源是分散的一些因素，包括各家各户的厨房排放、打扫卫生时的灰尘，还有建筑工地的污染等。

怎么治理雾霾天气？当然是从内因入手，就是刚才讲的几大污染源。还有外因，主要是气候，北京很明显，只要一刮风马上就是蓝天了，假如没有风的话雾霾天气就很严重。如果说内因和外因的结合是造成雾霾天气的原因，那么我们的治理就要从内因着手。分析这几个主要的污染源，确实不能用污水处理那样的方法来解决，而都要搞源头控制。刚才已经讲到煤的使用，现在有一种观点，就是说一定要减少煤的用量，这个话不错。但是我从搞煤炭研究的专家那儿学到，在中国目前的资源条件下，煤炭唱主角的局面恐怕在三十到五十年之内很难改变。现在我国煤炭的使用量占初级能源使用量的67％以上，我们可以多发展其他的清洁能源，可以减少煤炭所占的比例，但是煤炭比例要降到50％以下，甚至于更低，这绝不是一件短期的事情。但是不是就没有办法呢？其实也有办法，现在搞煤炭研究的专家，比如我们清华大学的一位教授，他们就在花很大的力气研究煤炭的高效清洁利用，把煤炭燃烧过程中产生的污染物，如粉煤灰、硫、硫酸钙等都利用起来，变成资源利用，从而使污染减少，这是一个方向。

当然，除了煤炭的清洁高效利用，我们还要开发可再生能源，根据中国的条件，风能、太阳能、生物质能等，我们已经取得了很大的成果。但是我们也要注意一个大问题，就是对于可再生能源一定要做生命周期的全分析。比如说太阳能，不能只看太阳能是绿色能源，一点污染都不产生，其实利用太阳能所必需的光电板，就是多晶硅板，它的生产过程中间产生四氯化硅的污染。四氯化硅毒性不小，可以致癌。所以我们一定要分析太阳能生产的生命全周期，过去生命周期的概念是从摇篮到坟墓，现在美国人把它改成从摇篮到摇篮，什么意思？就是指最后的废弃物不要扔进坟墓，还要回收，我们的可再生能源也要注意生命周期分析。

还有一点是必须根据中国的特色，从中国的国情出发。举个例子，我们知道巴西可再生能源搞得非常好，它主要用的是甜菜和玉米，用来生产液体乙醇，用它代替汽油做汽车的燃料，代替率已经到了60％。这样一来，二氧化碳排放减少了不少。中国能不能学？答案是绝对不能。因为液体乙醇是靠玉米和甜菜生产的，而那样一来我们吃的粮食就不够了，我们要保证耕地的基本红线。而我们可以大力发展沼气池，我们现在有几千万座农村小型沼气池，效果非常好。

总之，对付雾霾天气一定要在污染源头上控制，而源头控制的办法不是简单地削减这个、提倡那个，而是要进行科学的、整体的分析，还

139

要符合中国国情。比如说煤炭的高效清洁利用、太阳能的利用、生物质能等，其生产利用的全过程都要进行分析，要防止产生别的问题，如果搞太阳能，我们就要知道全国的四氯化硅污染有多严重。这一点很重要，因为出现了雾霾，就很难收集以后再把它除掉，这个跟我们搞水污染治理有很大的相似性。原来我们的水污染治理只重视污水处理，就是工业废水、生活污水产生了，我们都收过来，搞处理厂进行处理。而现在我们新的观念不是主张以处理为主，而是抓源头，以削减污染为主，不让它排出来，不让它产生。另外还要有一个新观念，要资源化，要把它变成资源。

苏明：空气污染的问题各个方面都非常关注，我也提一个问题，就是空气污染问题的解决，中央政府、地方政府、企业和个人四个方面都应该承担什么责任，空气污染问题的解决主要靠谁。前一段财政部内部进行了一个讨论，马上要开人大，财政部也非常紧张，因为现在对于环保特别是空气污染问题的关注度很高，我们担心人大代表对我们的预算报告有不满的地方，得票率会降低，所以我们要想办法去完善政策。有个司提出来，中央财政的相关专项资金，包括环保的七八个专项资金，能不能更多地向雾霾地区倾斜，当时提出了这个问题，这样的话对空气污染问题的解决非常有帮助。当时我讲了我的看法，我说肯定不行，为什么？因为我们现在的雾霾地区大概有130万到140万平方公里，都是在发达地区，珠三角、长三角、京津冀都是发达地区，如果把这么多专项资金给了发达地区，对空气污染问题的解决肯定有帮助，但是不公平，对广大的中部、西部肯定不公平。

那么这个问题应该怎么解决？我感觉还是要回到理论上，谁污染谁治理，谁污染谁拿钱，我们还是要从基本理论出发来安排和指导政策。这130万平方公里的空气污染是谁造成的？第一是企业，第二是个人。所以我们下面的政策就是要加快推行环境税，加快推行资源税，使企业承担相应的成本。还有对个人，中国的私家车增长太快了，数量太多了，我们一方面鼓励公交出行，另一方面要对私家车采取经济手段。我个人感觉上海对私家车通过竞拍获得牌照的手段非常好，上海人确实非常聪明，一年可以拿到几十个亿的收入，拿这些钱来做民生，来做环境，我感觉上海的手段确实比北京更聪明。还有第三，坦率地讲是要加重地方政府的责任，也就是对发达地区的地方政府要加大环境保护，特别是空气污染和水污染方面的责任。还有中央政府，对于那些做得比较好的地方，要适当给点奖励。

这是我的看法，谢谢。

严耕：我国在应对气候变化国际谈判中一直强调，我国东部和中西部地区在控制碳排放方面的政策上没有区别。我们看看欧盟，欧盟在《东京议定书》第一承诺期里的指标是整体下降8%，并不是每一个国家都减排8%，有的国家减排百分之十几，甚至是百分之二十几，而有的国家是控制排放，没有减排不减排，有的国家是控制增量，就是说还允许它增长，百分之几、百分之十几的都有。欧盟是根据不同的国家制定不同的减排目标。而我们国家东西部的差异还是很大的，所以在制定碳减排或者是控制温室气体排放目标上应该是有所区别的，东部地区和西部地区处在不同的发展阶段，应该有区别。这是第一点。

第二点，不仅是东部地区和西部地区有所区别，要制定不同的政策，还应该在东部和西部地区之间建立一些合作机制。比如说，东部发达地区使用的大量能源是从西部送去的，对西部本身的生态环境有一些影响，因此东部地区要做一些适当补偿。我觉得建立一些补偿机制是应该的。

张占斌：生态环境具有全球性，是全球的功能产品，单靠某一个国家、某一个地区实际上是难以有所作为的，也难以独善其身，所以全球都在倡导共同应对这个问题，这是全球共同的责任。但是考虑到各国的发展程度不同，责任和指标也有差异性。在中国这个区域内，省和省之间、区域和区域之间在共同的责任上应该是一致的，这个道理是通的。但同时在一些具体的政策上可能还要根据各个地区情况的不同而存在一些差异，比如说我们国家的主体功能区制度。在不同的区域上政策应该是有差异性的、有针对性的，这样可能会更有力地因地制宜，调动地方

的积极性，把事情办好。

有两个涉及水的问题，点名钱教授来讲。

钱易： 两个问题我都稍微讲一下，因为正好问到我非常感兴趣而且非常熟悉的东西。第一个是关于水利，虽然我不是搞水利的，但是我在中国工程院做了七个咨询项目，都是关于水资源的可持续利用。大家都知道钱正英副主席过去做了很长时间的水利部部长，我就把我在这些项目里从她那儿学到的搞水利工程的三个观念变化给大家介绍一下。第一个是钱正英副主席提出来，我们要从供水管理转向蓄水管理，我们中国的水资源不够，所以必须要蓄水，要提倡节约用水。第二个是我们不能够只管水量，要从水量管理转向水量和水质共同管理，因为现在的水污染状况非常严重。第三个是她觉得水利部、环保部和住建部的工作涉及地面水，国土资源部管理地下水，它们存在很密切的关系，因此竭力主张这些部门要协调工作。钱正英副主席还讲过一句话，她说我们中国面临的水危机可以概括为三句话，即水太多，水太少，水太脏，其中水太脏是影响最严重的。还有一个概念应该补充一下，过去都是讲抗洪，她说现在要与洪水和谐相处，不能只是抗，堤坝越修越高，洪水一超过堤坝马上就造成洪灾，应该与洪水和谐相处，要给洪水出路，要利用洪水，把它作为资源。

关于水污染防治，我做了大半辈子这方面的工作，确实有很多体会。这方面现在我们面临着三大困难。一是污水的排放量随着工业化和城镇化的发展越来越多，工作任务越来越重。二是水质越来越复杂，过去我们在城镇化过程中出现的主要是生活污水，现在的工业化发展这么快，工业污水的排放量很大，工业废水里含有多种有毒有害物质，包括重金属，还有持久性的有机物，它不能够分解，对人致癌、致畸、致突变，所以说水质越来越复杂，问题越来越多。三是我们的地面水和地下水都受到污染，过去地面水污染，我们还有地下水，但现在地下水的污染也很严重，特别是浅层地下水。是不是技术上不过关呢？我可以告诉大家一句话，可以说我们所面临的 80% 以上的水污染问题都有技术可以解决，这不是一个技术问题。可能有少数的污染物，比如说最近出现的这种持久性有机污染物，分解很困难，但是再困难我们也可以用物理的、化学的、生物的办法联合起来解决，只是价钱很高。所以主要的不是技术问题，而是一个综合性的问题。

我先是做水污染治理的技术研究，后来开始研究水污染治理的战略，关于这个战略我们有过三句话，都提得很好。第一句话是解决水资源和水污染问题，一定要以节水优先，要控制需求，水节约了，污水也就少了。举个钢铁工业的例子，我们的节水层级最近十年以来进步太显著了，清洁生产和循环经济做得非常好。2000 年的时候生产 1 吨钢要用 26 立方米的水，要排放 26 立方米的污水；而到了 2010 年，全国钢铁企业的平均数字由 26 立方米下降到了 4 立方米，这是显著的进步。污水排放大量减少，水资源短缺问题也大大减轻。其实唐山钢铁公司只用 1.8 立方米的水，很先进了，宝钢用的也很少。我喜欢用唐山的例子，因为它本身是一个中小型的钢铁企业，也是一个比较老式的钢铁公司，居然可以做得这样好。因此第一点是节水优先，控制需求。第二句话是要以治污为本，还要从源头控制，就是一定不能够靠污水处理厂来解决问题，而要在源头减少污水。刚才讲到的节水实际也是一个源头控制的办法，而推广清洁生产也可以少排污水。还说钢铁公司，原来最难处理的一种水叫做焦化废水，含有大量的氨氮，还有各种各样难以处理的有机物，现在工艺改革了，不用水来浇，所以也不产生废水。此外还有很多例子，都是用清洁生产的方法把污染在源头上就消减了，这是第二个原则。第三句话叫做多渠道开源，就是说不要只用地表水和地下水，要开发非传统的水资源。我这里简单说两种非传统的水资源。一个是污水处理出来的再生水，污水处理干净以后，虽然不能做到零污染排放，但可以大大降低污染。现在日本人提出了零排放的概念，但是我总说生活污水不可能零排放，每个人都是污染源。所以一定要把污水处理变成资源回收利用的处理，不是单纯的治污，而是要利用。再生水，或者叫中水，就是一个非传统的水资源。还有一个是雨水，雨水是很宝贵的水资源。我们过去不重视雨水的利用，像北京这么一个水资源很缺少的城市，居然下一

143

场大雨就要出一场水灾，2012 年 7 月 21 日北京下了一场大雨，最后死了 74 个人。现在西方都在重视雨水的利用，甚至在 19 世纪中期法国著名作家雨果的《悲惨世界》里就有一句很精彩的话，说"下水道是城市的良心"。一个人漂亮不漂亮，你一看就看见了，但是这个人好不好，你从表面看不出来。现在不是有个词叫高富帅，形容男的，还有个白富美，形容女的，这不说明这个人是好人，良心是看不见的。同理，衡量一个城市是不是发达，不能光看高楼大厦，还要看它的下水道。一个城市可能有财力和精力去建高楼大厦，建花园广场，但是如果不注意下水道的建设，就不是一个发达的城市。北京的下水道建设很落后，所以雨水就没法利用，还会造成灾害，而雨水实际上是一种非常重要的资源。

我刚才说了水污染防治的三个方法，概括起来就是节水优先、治污为本、多渠道开源。最近我们又有一个新的观念，就是要把废水污水资源化，水里的有机污染物可以转化成沼气，可以发电，还有氮、磷、钾、镁，排出去是污染，但是利用起来都是化肥的好原料。我搞水污染防治这么多年，虽然现在的水污染还很严重，但是有这样的战略，有很多的技术在我们手里，我觉得只要认真做，水污染是一定能够治理好的。

张占斌：不愧是水专家，讲的内容非常丰富，将来有机会我们再请您过来给我们做专题讲座。下面还有一个严耕教授的问题。

严耕：今天大家比较关注的就是生态文明建设和经济建设的关系问题。生态文明建设与文化建设、政治建设、社会建设的冲突，大家都觉得不是一个大问题，而好像只与经济建设更难以协调一些。对此我的基本看法是这样的，生态文明建设不仅不制约经济的发展，而且是经济发展的一个新的发动机。因为时间关系，我就不展开来说了。基本上来说，我们有这方面的需要，如果我们的制度设计得好，它就能够提供有效的供给，因此生态文明建设是一个发动机。每个人都更愿意为更健康的食品、更良好的环境付钱，如果有这样的需要，有这样的市场机制，这就是一个发动机，这也是一个体制创新的问题。

今天因为时间的关系，我们没有涉及农业。我们搞了几年各省的生态农业评价，总体看来生态活力保持稳定，略有进步，社会发展全世界都公认，中国创造了一个世界性的奇迹，协调程度在不断提高，单位 GDP 的排放在下降，资源利用率在提高。但我们也发现了一个问题，这些年来在持续退步的是什么呢？就是大尺度的环境，除了空气和水，还有一个特别值得重视的问题就是土地。我国土地的质量在逐年下降，主要原因就是工业排放和农业化肥、农药的使用。所以有的时候我认为，中国生态文明建设的核心问题很可能不是工业问题，而可能是农业问题，甚至是农民问题。因为工业的体量比较大，比较好管，就像交警管理交通一样，对行人的办法就不是很多了。咱们国家的土地质量在持续恶化，表面上还在种地，实际上完全是按照工业化的逻辑对待我们的土地，把肥田变成薄田。如果我们的土地不上化肥，基本上就不能生产庄稼，如此饮鸩止渴，土地的质量还会越来越差。而对此目前没有很好的、有效的解决之道，这是一个非常大的事，是非常核心的问题。

刚才苏所长提到了财税方面对生态文明建设的意义很大，我觉得生态文明建设说到底就是制度安排的问题，因为生态危机是人造成的，但不是有意识造成的，谁愿意破坏自己的国土呢？没有这样的人，或者是说很少。所以主要还是要进行制度鼓励，在制度上我们要进行一些创新，鼓励一些生态文明的行为，禁止一些不文明的行为。除了财税以外，立法也很重要，我国是世界上第一个把生态文明建设作为基本国策的国家，我们提出了生态文明建设，这在全世界也是第一个。然而，虽然我们党的报告和党章上都写入了生态文明，但是在法律上还是很有欠缺的。首先，我们的宪法没有明确公民的环境权，同时我们很多关于环境、资源、生态方面的法律都是全国人大常委会通过的，没有一个在全国人大上通过的基本法。由此我倒是建议，增加一个环境权，让老百姓觉得十八大说的生态文明落实到我这儿是一个环境权，他感觉到这样很实惠，也很实际。必须要有一个基本法，使得其他法律能够在母体上自然生长出来，变成一个立法的体系。如果没有这个环境权，好多问题现在就很难解决，很多群体性上访没有法律依据，解决起来只能沿用民事诉讼法和刑法，

造成了诸多困难。

另外，现在的生态文明建设缺少评价，甚至有一些基本的数据都不愿意发布。我觉得国家应该尽快把数据发布，让老百姓知道，同时发现问题，进行评价，这样的话，更有利于把生态文明建设落在实处。

我就说这么多，谢谢。

张占斌：讲得很好。今天上午我们一起讨论了生态文明建设中的一些重大问题，我想大家都更加明确了生态文明建设的重要性、建设美丽中国的重要性、中华民族永续发展的重要性，以及我们维护人类全球生态安全的重要性。同时大家也意识到，生态文明建设是一系列法律制度的安排，也是一系列公共政策的集合，这件事情看得准了，就要朝这个方向不断努力，不断进行完善，这样才能做得好。

最后我还要补充一句，生态文明建设非常重要，各位领导、学员回去以后，要把生态文明建设的理念、原则、内涵和做法融入到新型城镇化的全过程，这对国家太重要了。就把这句话作为我们今天论坛的结束语。中国古人讲天人合一，也是讲到了与生态文明类似的问题。另外我们讲知行合一，也是讲到了理论与实践。

大家用一个上午的时间进行了很好的讨论，话题没有穷尽，找机会再讨论，谢谢大家，谢谢各位学员，谢谢各位专家。

（本文根据录音整理，未经本人审阅）

四

经验交流

深入推进生态文明 加快建设人文绿都
争创"美丽中国"标志性城市 *

江苏省委常委、南京市委书记 杨卫泽

各位领导、各位同学，大家好。很高兴能有这个机会和大家一起交流。借此机会我主要结合实际工作，谈谈对生态文明的一些认识和我们在具体工作中的一些做法。

我认为党的十八大报告中一个突出的亮点，是把生态文明建设放在突出地位，作为中国特色社会主义建设"五位一体"的一部分，纳入社会主义现代化建设总体布局，而且明确地提出把生态文明建设贯穿于经济建设、政治建设、文化建设和社会建设的全过程。

社会实践是不断发展的，人的认识是不断深化的。人类从蒙昧、野蛮走向原始文明，又从农业文明发展到工业文明，引发了一系列全球性的生态环境问题，威胁到地球上各种生命体的生存和发展。特别是从18世纪开始，世界进入工业文明阶段，人类社会的过度索取造成了生态环境的持续恶化和资源供需矛盾的日益尖锐。20世纪40年代以来，先后爆发了洛杉矶光化学烟雾事件、莱茵河污染事件等震惊世界的环境公害事件。我国在工业文明的进程中，也爆发了一系列生态环境方面的问题，这就使得包括中国在内的全世界更加深刻地意识到，绿色应该成为国家和城市的价值追求。

生态是我们生存的前提和基础，如果生态这个前提和基础丧失了，那么人类就没有了根基。生态文明的到来，导致了人与自然的真正醒悟，

* 本文根据江苏省委常委、南京市委书记杨卫泽同志2013年3月6日在国家行政学院省部级领导干部推进生态文明建设研讨班上的报告整理。

也逐步经过了自觉规避危机和自我成就的历程，工业文明的步伐逐渐放缓，生态文明作为一种新的文明正在兴起，这是人类认识和利用自然过程中一次质的飞跃。下面我结合南京的具体情况进行分析。

引言——感受南京

南京，地处中国经济最繁荣、发展最具活力的长江三角洲地区，是江苏省省会和全省政治、经济、科教、文化中心，国务院批准通过新的区划调整后现辖 11 个区，市域面积 6 582 平方公里。

南京，是一座寄情山水城林之间，令人心旷神怡的诗意之城。南京地处宁镇扬丘陵地区，低山缓岗，城东钟山龙蟠，城西石城虎踞，万里长江穿城而过、大气磅礴，明城墙内外山峦起伏、暮鼓晨钟，山水城林融为一体，江河湖泉相得益彰，为生态文明提供了充满诗意的样板。

南京，是一座历经千年风雨沧桑，令人深感沉静厚重的历史之城。南京，拥有世界最长的明代古城墙，有佛教界的至高圣物"佛顶真骨舍利"，有世界文化遗产明孝陵，隐于闹市并修缮一新的金陵刻经处、甘熙故居，重见天日的南京云锦织造技艺等，都是文化薪火相传的见证。生活在这座古老而弥新的城市中的南京人，拥有建设生态文明的强烈历史认同感。

南京，是一座科教传承历久弥新、令人激扬跃动的活力之城。今天的南京，高等院校荟萃、百万学子云集、科教资源丰富，为中国四大科教中心之一。南京每万人拥有在校大学生数量居中国第一，国家"千人计划"特聘专家 87 名。南京在科教人才创新方面的优势，为生态文明建设提供了核心驱动力。

南京，是一座坐拥便捷区位优势，出行通江达海的枢纽之城。南京地处中国沿海开放地带与长江流域开发地带的交汇部，素有"东南门户，南北咽喉"之称。这里有堪称亚洲之最的南京铁路南站，雄踞亚洲内河港口榜首的南京港，中国内地七大门户机场之一的禄口国际机场……良好的区位辐射功能为打造智慧城市提供了重要支撑。

一、现实背景

十八大报告将生态文明建设提升到与经济建设、政治建设、文化建设、社会建设同等的高度，并称"五位一体"，这种新提法可以说既有中国特色，又具有国际视野，既是实践的总结，也是理念的升华。

1. 生态文明建设历程的简要回顾

回顾改革开放以来南京生态文明建设发展历程，可以分为四个阶段。

20世纪70年代末至80年代中叶：建立起了市、区两级环保工作的完整架构，环境科研、环境监测开始起步，以工业污染防治为主要内容的环保工作全面展开，在全国、全省城市中最先制定出台了水、大气和环境噪声防治三大地方性法规。

20世纪80年代中叶至90年代末：以全国第一次城市环境综合整治工作会议的召开为契机，环境保护工作转向工业污染防治与城市环境综合整治并重、城市环境保护与农村环境保护并重的新层面，1989年起在全国率先实行环境保护目标管理，并持之以恒不断创新，成为在全国推行环保目标管理责任制启动时间早、坚持时间长、影响广泛的城市。

2000年以来的新世纪头十年：立足已经取得的成绩，从更高层面开展工作，用三年时间成功创建了国家环保模范城，成为国家推行新标准后第一个获此荣誉的省会城市。同时着眼长远提出了绿色南京战略，实施了秦淮河整治、中山陵风景区整治、明城墙风光带建设等重大区域性环境整治与生态建设工程，城乡生态环境取得了大的跃升。

2011年以来：围绕2014年举办第二届青年奥林匹克运动会和2015年全面达到率先基本现代化目标，提出要以坚持生态为基本方针，主攻绿色制度体系的落实、规划设计标准的提升、绿色产业结构的打造、绿色消费体系的支撑、绿色空间体系的完善，制定出台了"1＋2＋10"绿色行动计划，城市绿色品牌得到了新提升。

在经济总量、人口数量、城市规模持续快速增长的情况下，环境质量向好的态势开始显现，全社会环境意识不断增强，生态文明事业取得

151

长足进展。

2. 生态建设形势的总体评价

现阶段南京的生态形势，可以集中概括为：总体环境稳中趋好，局部区域波动较大；工业排污持续下降，其他排放有所上升；污染现状流量下降，污染累积存量上升；城市环境明显改善，农村环境压力增大。近几年集中体现为"四提升、一下降"。

一是环保投入规模持续提升。"十一五"期间，全市环保投入占GDP比重将达到 3% 以上，用于环境保护与生态建设的总投入超过 600 亿元。2004 年至 2011 年，环保投入平均增幅达 21.2%。2011 年，生态建设与环保投入达到 216.32 亿元，比 2004 年增加了近 3 倍，全市环保投入的年均增幅高于 GDP 增幅。

二是环境基础设施建设实现新提升。全市投入近百亿元，实现市区和乡镇污水处理全覆盖，污水收集主干管网总长度接近 1 500 公里，城镇污水日处理能力超过 200 万吨。城市污水处理率达 95.16%，同比省内13 个城市，南京位居第二位；同比 15 个副省级城市和 4 个直辖市，南京位居第三位。

三是城市生态功能进一步提升。从 2002 年至今，累计完成新造林面积 151 万亩，95% 以上荒山完成植被恢复，林木覆盖率达 28% 以上。建成区绿化覆盖率达 44.42%，同比 15 个副省级城市位居第四位；建成区绿地率达 40.07%，同比 15 个副省级城市位居第二位；人均公园绿地面积达 14.09 平方米，同比 15 个副省级城市位居第五位，三项指标位居全国同类城市前列。

四是人居环境得到明显提升。先后投入资金约 10 亿元，完成 291 个绿色人居环境社区的创建，为市民营造一个良好的人居环境。截至 2011年年底，全市农村环境连片整治示范片区总面积 108 平方公里，直接受益人口 5 万多人，试点地区村民对环境的满意率超过 95%。

空气环境质量总体稳定，"十一五"以来，全市优良天数稳定在 300 天以上。水环境质量基本稳定，2006 年以来，全市水质监测断面达标率约 60％，集中式水源地水质持续优良，水质达标率为 100％。南京市声环境质量总体稳定，城区区域、交通噪声稳定处于较好水平，达标率逐年上升。

"一下降"就是工业污染物排放下降。"十一五"末，COD 和二氧化硫分别比"十五"末减排 17.3％和 11.6％，获得省级减排先进称号。

3. 生态建设的现状问题

（1）经济发展的环境负荷较重

在 15 个副省级城市中，南京市 2009 年 GDP 排名第十，而工业废水排放量列第三，工业废气二氧化硫排放量列第二，工业固体废物产生量列第二，空气质量达到及好于二级的天数与成都并列排在第十位。对照江苏省和南京市率先基本实现现代化指标体系，到 2015 年完成单位 GDP 能耗达到 0.5 吨标准煤/万元，比 2010 年下降约 50％；空气优良天数，按照省定现代化目标值 95％计算要达到 347 天的目标难度非常大。

（2）大气污染较为突出

2012 年，南京市大气环境质量总体处于轻度污染状况，空气质量优良天数 317 天（优秀 41 天，良好 276 天），同比持平，但优秀天数减少 21 天。空气优良率为 86.6％，在全国 15 个副省级城市和 4 个直辖市中列第十五位，在全省 13 个省辖市中与淮安并列排在第十二位。

2012 年以来，因空气扩散条件差等多种因素，南京多次出现"黄泥天"、"雾霾天"，引起社会关注。2012 年 6 月 10 日，因空气扩散条件差，南京市农村及周边地区秸秆焚烧造成严重污染，南京出现"黄泥天"，城区一片昏黄。

（3）水环境质量达标率不高

2006—2011 年南京市地表水环境监测断面中水质优于Ⅲ类比例为 50％左右，仍有 20％左右断面为劣Ⅴ类。主要湖泊富营养化仍较为严重，部分水域的时段性、区段性污染现象仍时有发生，水质的持续改善仍然需要一个较长的过程。

2011年国家民调中心的调查结果显示,南京公众环境满意率仅为61.41%。

4. 生态建设的趋势性压力

(1)经济快速发展带来的挑战

根据规划目标,南京"十二五"期间全市经济总量、地方一般预算收入、城乡居民收入要翻一番,GDP增速要保持13%以上高增长,等于再造一个新南京。实现这样的发展速度,支撑这样的经济总量,按照目前的资源消耗和污染控制水平,污染负荷将增加2至3倍。我们既要保持经济稳步增长,又要有效降低污染负荷,既要解决以前遗留的"旧账",又要防止出现新的"欠账",任务十分艰巨。

(2)城市交通快速增长带来的挑战

近年来,南京市机动车数量呈现出快速上升趋势,特别是家用汽车增长较快,到2012年,全市民用汽车保有量将突破117万辆,其中私人汽车拥有量96万辆,同比增长分别达到17.7%和20.7%,是2007年的3倍,给大气环境和空气质量带来压力。

(3)人口快速增长带来的挑战

目前,南京户籍人口639万人,常住人口815万人左右,人口密度达1 237人/平方公里,分别是全省、全国平均水平的1.26倍和7倍。"十二五"及今后较长一段时间,由于人口自身生产惯性和流动人口的增加,南京仍处于人口快速增长期,在自然资源特别是土地资源相对短缺的情况下,城市环境面临新的压力。

5. 生态建设的客观制约

(1)空间资源短缺的要素制约

在空间方面,南京地域面积狭小、土地空间有限,市域面积在副省级城市中列倒数第三位,人均占地面积在副省级城市中列倒数第五位;人均耕地占有量仅为全省平均水平的66%、全国平均水平的45%左右。

在资源环境方面,南京单位国土面积COD负荷为21.64吨/平方公里,约为江苏的2.4倍、全国的15.5倍;二氧化硫负荷为21.12吨/平方公里，约为江苏的 1.74 倍、全国的 9.2 倍。

（2）主体产业偏重的结构制约

南京重化工业比重高，70% 以上的工业产值来源于重化工业，全市轻重工业比例达到 17.5：82.5（广州为 40.7：59.3，杭州为 54：46），高于可比的相关省会城市。煤炭消费总量逐年增大，从 2006 年到 2011 年年均增幅超过 10%，煤炭消费总量在 15 个副省级城市和 4 个直辖市中，位居第五位；在省辖市中，位居第二位。其中，石化、钢铁、电力、水泥四个行业耗能量占全市工业耗能总量的 95%。空气中的二氧化硫排放主要来自石化、冶炼、电力三大行业，污染负荷比重达到 98%。

（3）环境风险加大的压力制约

南京石油化工、冶金、能源等产业规模大、集聚度高，废水、废气、危险废物不仅产生量和排放量大，且污染成分复杂，产业结构型环境风险客观存在。2011 年全市炼油能力达到 2 400 万吨，计划 2013 年达到 3 050 万吨，占全国的 7%；全市钢铁生产能力达到 1 500 万吨；全市水泥产量达到 951 万吨；全市电力总装机容量 950 万千瓦，发电量 485 亿度，风险防范的压力也随之加大。

（4）动力模式转换的体制制约

现在，制约南京科学发展的一系列深层次矛盾和问题依然存在。比如，市场经济体制、行政管理体制、城市管理体制、社会管理体制等方面还不够完善，直接制约可持续发展的科学考评体系、法规保障体系、联动管理体制、政策激励机制还有待建立健全。

二、认知历程

1. 目标定位：现代化国际性人文绿都

战略目标：2013 年把南京创建成为国家生态市和国家生态园林城市；2015 年达到基本现代化对应的生态建设要求；到 2020 年，努力把南京建设成为自然生态与人类文明和谐统一的现代化生态城市、健康城市、幸福城市。

155

南京是江苏省会、区域中心城市，只有践行生态优先，才会有美丽中国、绿色江苏的一流窗口形象；南京是重化工业集中的城市，只有践行生态优先，才会有产业发展与环境改善的双赢局面；南京是自然人文资源禀赋优越的城市，只有践行生态优先，才会有永续发展的城市特色魅力；南京是地处国家"东部率先"战略板块和长三角区域、处在较高发展平台的城市，只有践行生态优先，才会有发展的率先；南京是特大型城市，只有践行生态优先，才能满足广大人民群众的合理需求和现实期盼，才会有广大群众满意的优良环境。

基于对生态文明建设的历史认知、内涵认知和发展认知，南京将建设生态文明的总体目标定位明确为现代化国际性人文绿都。

"现代化国际性人文绿都"这个目标定位，体现了人文、绿色两大主题，这是南京未来发展的两大核心导向。现代化、国际性，指出南京作为大都市的应有之义，"现代化城市"、"国际性城市"是一个动态的、不断进化的概念，更是一个内涵积聚和全面发展的过程；人文，代表着一个城市的潜力、文化和内涵；绿都，不只局限于绿色的、生态的环境，而是拓展为绿色产业、绿色人居、绿色文化等，体现并贯彻着科学发展观的核心理念，追求的是人与自然的和谐发展。

打造"三都市三名城"。南京市第十三次党代会提出通过五年的奋斗，把南京打造成为独具魅力的人文都市、绿色都市、幸福都市，独具特色的中国人才与创业创新名城、软件与新兴产业名城、航运（空）与综合枢纽名城，是立足新阶段新形势对人文绿都定位的拓展和深化。

2. 基本方针：坚持民生为先、统筹为要、生态为基、文化为魂

（1）坚持民生为先，就是把民生福祉作为最终追求

随着经济社会的发展，关于城市环境和生活质量的民生诉求越来越多、期望越来越高、任务越来越重。我们要实现的城市基本现代化，是让城乡更加美好、社会更加和谐、生活更加幸福、市民更加自豪的现代化，不仅要看经济总量、发展速度和发展水平，更要看"民生指数"、"满意指数"和"幸福指数"，就是要以更高的标准、更新的理念、更实

的举措，大力解决好群众民生诉求，打造独具魅力的幸福都市。

幸福都市考核评价指标体系由群众满意度指标体系（主观指标）和工作目标指标体系（客观指标）两大部分组成。主观指标设置 21 项群众满意度指标，力求全方位、多层面反映群众幸福感受。客观指标包括综合指标和民生工作指标两部分，共 42 项指标，全面反映幸福都市建设的着力点和主要内容。

（2）坚持统筹为要，就是把统筹兼顾作为根本方法

整体性高城市化率与城乡发展结构性低均衡度交织并存，城乡落差与南北落差交织并存，郊区整体实力落差与发展面貌落差交织并存，这是南京的基本市情。我们明确提出把南京中心城市优势与农村资源环境优势有机结合起来，加快建立健全全域统筹、城乡一体的规划体系、建设体系和管理体系，探索出一条大都市带动新农村的城乡统筹发展新路径。

（3）坚持生态为基，就是要把资源环境作为基础支撑

坚持聚焦难点、综合施策，发挥南京山水城林泉特色鲜明的优势，加快应对自然资源紧约束和环境质量硬挑战，全面实施最严格的环保制度，创新落实各项环保举措，加快创建国家生态市、生态园林市、森林城市，使南京经济生态更高效、环境生态更优美、社会生态更文明，打造独具魅力的绿色都市。

（4）坚持文化为魂，就是要把文化保护作为灵魂所在

坚持以国际一流的理念和标准打造文化品牌，遵循"保护为主、抢救第一、合理利用、加强管理"的方针，认真落实历史文化名城保护规划，精心组织实施"六个行动计划"，全面彰显南京历史的纵深感和文化的厚重感，打造独具魅力的人文都市。

三、探索实践

1. 实施主体功能区战略，统筹城乡生态文明建设

（1）决策背景

推进主体功能区建设，是南京在探索科学发展过程中的一个重大突破，

157

是"加快转型升级、建设现代化国际性人文绿都"的一项战略举措。按照国家优化开发、重点开发、限制开发、禁止开发四类主体功能区要求，以产业、人口、土地等关键性因素作为调控内容，对南京市辖不同的主体功能区域内的现代化与生态文明的协调发展分别作了针对性谋划。

（2）主要内容

按照主体功能区规划的理念，根据南京不同区域的资源环境承载能力、现有开发强度和发展潜力，确定了不同区域的主体功能，对各区县创造性地"合并同类项"，实施分类指导、分片推进。具体就是把全市十三个区县（区划调整前）大致分为城中、东南、西南、江北、南部等五大片区（见图1），并通过召开片区现场会的形式，进一步明确各片区的主体功能和发展重点，引导和激励各区县聚焦主体功能，突出工作重点，促进错位竞争，形成人口、经济、资源、环境相协调的空间开发格局，走出一条高效、协调、可持续发展之路。

图1　五大片区区域结构图

（3）做法成效

一是"绿色"。突出绿色价值观和生态政绩观，建设环境友好、绿色宜居的生态城市。在河西南部选取 2.5 平方公里作为示范区，大力推进绿色低碳工程，组建低碳生态工程技术中心，全力建设"全国低碳生态示范区"的核心区。坚持"绿色、低碳"的城市发展方向，大力发展循环经济、绿色产业，着力构建生态保护区、生态廊道和以林荫大道为特色的城市绿地系统，拓展和提升城市绿色空间。

二是"人文"。着力构造以人为本的城市空间，特别是构造满足市民群众、外地旅游者、外来创业创新者的多元文化需求。历时五年打磨的第四版《南京历史文化名城保护规划（2010—2020）》已经出台并实施，制定了关于坚持文化为魂、加强文化遗产保护的意见，划定三片历史城区，实施特别的保护控制，重点保护九片历史文化街区，严格执行紫线管理规定、古城保护强制性规定。

三是"智慧"。广泛运用现代科技，加快城市资讯基础设施建设。打造智慧园区载体，着力壮大智能电网、软件、服务外包、新传感网等创新型智慧产业。加快建设智能交通、智能企业、电子政务等城市智慧平台，深化信息技术在城市生活、生产中的运用。在河西新城建设了"智慧南京中心"，建成了统一、规范、标准的空间地理信息交换系统，开发研制了面向全市各部门的数据交换共享平台，目前已向国家申报了"国家智慧城市试点"。

四是"集约"。以资源节约型城市建设为目标，提高土地利用率和开发深度，科学规划、合理确定主体功能区，形成有序开发、可持续发展的格局，以功能复合、空间复用提高城市的集聚集约发展水平。通过多种举措，全力打造具有南京特色的绿色新空间，整体提升了城市宜居环境。

案例1：仙林科技城和南京化工园区域转型升级

按照主体功能区规划的理念，南京选取仙林科技城和南京化学工业园区为主体，加快转型提升步伐，为建设现代化国际性人文绿都提供实践蓝本和驱动力量。

仙林科技城的转型，突出转型提升、创新发展，着力优化区域创业创新生态，促进科学技术研究和技术成果的开发应用，形成以高新技术孵化基地、高层次创业创新人才集聚基地、高端科技型企业总部基地、国际科学活动基地为特色的区域创新中心和宜学宜研宜业宜居的区域城市中心。

科学城建设发展范围以仙林大学城规划80平方公里为核心区，构建"一城三圈"的功能架构，"一城"即仙林大学城，"三圈"分别为：围绕

159

创新在高校，打造以高校、科研院所、企业研发中心等为主体的科学创新圈；围绕创业在园区，打造以紫金（仙林、新港）科技创业特别社区和孵化器、创新平台、现代服务业集聚区为主体的创业孵化圈；围绕产业化在开发区，打造以液晶谷等为主体的产业发展圈。

通过十年左右的努力，把仙林科技城建设成为南京打造中国人才与创业创新名城的示范区、江苏自主创新的先导区。

南京化工园区的转型升级，通过拓展发展空间，优化功能布局，在拉长现有化工优势产业链的基础上，积极发展新材料、生命科学、现代物流、新能源运用、节能研发与制造等产业，建设"国际一流、国内领先"绿色化工高端产业基地、化工科技创业创新基地、生态建设与循环经济示范基地。

案例2：河西新城区低碳生态试点城

河西新城区是主城的重要组成部分，与老城仅一河相隔，包括新秦淮河以北、外秦淮河和凤台南路以西、长江以东地区，总面积约94平方公里。

河西新城是南京市委、市政府2001年确定的"一疏散三集中"、"一城三区"、"跨江发展"战略的中心地区，也是南京城市发展史上第一个先整体统一规划、后组织实施建设的区域。

南京河西新城区以"人文、宜居、智慧、绿色、集约"理念为指导，以举办青奥会、亚青会为契机，结合自身特点，努力创建国家绿色生态示范城、国家智慧城区、国家绿色建筑和生态智慧城区教育基地，因地制宜地打造低碳生态智慧城。

河西新城区建立了指标、规划、技术、管理、政策、行动等"六位一体"的规划建设管理运行体系。

2. 大力发展生态产业，加快转变发展方式

（1）决策背景

近年来，南京市经济社会发展迅速，城乡面貌变化巨大，人民生活

水平显著提高。但城市产业结构与环境容量不协调，产业结构总体偏重，先进制造业的比重、生产性服务业的比重、新兴产业的比重、高新技术产业的比重还不够高。

（2）主要内容

坚持把转变发展方式作为生态文明建设的核心，以绿色、循环、低碳发展为主攻方向，大力推进产业结构调整，努力探索产业先进、资源节约、环境友好的科学发展新路。

坚持创新驱动核心战略，优先发展创新型经济和服务型经济，打造独具特色的中国软件与新兴产业名城。

（3）做法成效

一是实施"服务业倍增计划"。以发展高品质、低成本的现代服务业为主攻方向，大力发展科技服务、商务、金融、物流、文化、会展和休闲旅游业，推动服务业发展提速、比重提高、层次提升，高标准建设长三角西北翼现代服务业中心。

二是深入实施"新兴产业双倍增计划"，以产业规模化、技术高端化、发展集约化为方向，主攻高端技术、发展高端产品、突破高端环节，着力形成市场规模优势和技术领先优势。加快培育软件与信息服务、新型显示、未来网络、智能电网（交通）、生物技术、节能环保、航空航天等战略性新兴产业。

三是全力改造提升传统产业。坚持高端化、集约化、品牌化方向，加快发展技术先进、清洁安全、附加值高的先进制造业，推动石化、汽车、钢铁等支柱产业和纺织、建材、食品等传统产业优化调整、改造升级。在农业领域，以发展高产、优质、高效、安全的现代农业为主攻方向，加快发展都市型生态高效农业，有效转变农业发展方式，全面提升现代农业发展水平。

案例3：南京软件产业发展情况

软件产业是南京产业转型升级、实现科学发展的一个亮点，也是城

市功能和品质提升、推进绿色发展的一个缩影。"十一五"以来，软件产业实现了年均 40% 以上增长，增速高于全国 15 个百分点；软件产业规模由 2005 年的 166 亿元上升至 2012 年的 2 076 亿元，增长近 12 倍；占全国比重由 2005 年的 4.26% 上升到 2012 年的 8.3%，增长近 1 倍，占全省的比重保持在 50% 左右。目前全年累计认定软件企业 1 261 家，占全省的 36%；累计登记软件产品 7 359 个，占全省 39.9%；累计登记软件著作权超过 1.15 万件，"双软认定"数和著作权数均居全省第一。全市软件产业建筑面积 980 万平方米，涉软从业人员超过 35.5 万人。

目前，全市已形成了中国（南京）软件谷、南京软件园、江苏软件园三个国家级软件园为重点，徐庄软件园、江东软件城、新城科技园等省级软件园以及麒麟科技园为补充的软件产业集聚区。其中中国（南京）软件谷、南京软件园、江苏软件园"一谷两园"规划面积 100 平方公里，2012 年合计完成软件业务收入 1 312 亿元，占全市的 63.2%。

3. 深入推进节能减排，淘汰整治"三高两低"企业

（1）决策背景

数据显示，南京的钢铁、石化、建材、电力占全市工业能耗接近 95%，其万元工业增加值能耗是全市平均水平的 1.7 倍，是南京新兴产业的 3 倍。南京的资源环境问题，其根子在产业结构上，关键点在高污染、高能耗、高排放、低效益、低产出（即三高两低）企业上。

（2）主要内容

提出"以节能减排倒逼南京产业结构战略性调整"，其中最核心的抓手，就是通过严控全市燃煤总量和污染排放强度，来倒逼经济结构优化调整。凡不符合安全生产条件、不能稳定达标排放污染物、污染及危害性大的生产企业，坚决予以关闭；对严重浪费资源、污染环境、不具备安全生产条件的落后生产工艺、技术装备和产品，坚决予以淘汰。

一是以控制煤炭总量倒逼企业调整能源结构，新增燃煤项目一律不批，小热电、小钢厂和炼焦厂全部关停，全面实行区域供热，推进燃煤热电厂和企业自备煤电厂进行燃气化改造或者关闭。

二是以削减排污强度倒逼企业污染治理升级。对万元 GDP 能耗水平、万元 GDP 主要污染物排放强度、空气质量优良率等约束性指标实行"一票否决制"硬调控。

三是以严格环境准入标准倒逼企业转型提档。按照生产空间集约高效、宜居适度、山清水秀的要求，在空间布局上严格界定，在产业发展上严格定位，在项目引进上严格把关，严格执行"凡国内投资项目，必须达到国内领先水平，凡外资项目必须达到国际先进水平"的刚性要求。

四是以强化执法力度倒逼企业污染排放自律。以铁的心肠抓监管，铁的手腕抓执法，铁的纪律抓治理，实施最严厉的环境执法手段，建立健全最严厉的环境执法体系，对违法排污行为形成强大威慑力。

（3）做法成效

关于淘汰整治"三高两低"企业。在治理方式上，主要采取"关、停、治、迁"的办法。关：对高污染、高排放企业实施整体关闭。停：对落后产能、生产线等实施停产。治：对排放不达标的企业实施治理。迁：对不符合产业布局的企业实施搬迁。

关于节能减排。在国家政策的大力支持下，制定了南京节能降耗系列指导性文件，加快推进节能环保产业发展，推动节能新技术、新产品的应用。

案例 4：城市污水处理基础设施建设计划

南京市近日出台《"十二五"期间污染减排和城镇生活污水处理能力提升实施方案》，制定今后三年的城市污水处理基础设施建设计划。从 2013 年起到 2015 年，新建、扩建重点城镇生活污水处理厂主要项目有 28 个，新增污水处理能力 74.6 万吨/日，生活污水总处理能力达到 270 万吨/日以上，力争达到 300 万吨/日。

按照"建厂与建网同步，截污与分流并重，建干管与建支管匹配，建支管以到户为目标"的原则，到"十二五"末，累计建设管网 4 000 公里以上，新增污水主次干管 1 305 公里以上。重点实施完成 14 个中水

回用项目。为加强对城镇生活污水处理厂的管理，提出了更高标准：一是将污水处理厂的规模标准从 4 000 吨/日扩展到 5 000 吨/日以上，二是将国控重点污染源扩展到非国控源。

4. 着力优化生态环境，建设绿色秀美南京

（1）决策背景

南京对照新要求，城市发展还存在着一些不适应的地方，集中表现为城市框架迅速拉开，但空间功能分工相对滞后；城市建设投入规模较大，但城市生态特色塑造相对滞后；城市化步伐加快，但城市生态管理相对滞后；城市化进程提速，但满足市民愿望和诉求相对滞后。

（2）主要内容

一是围绕建设现代化国际性人文绿都这一城市发展定位，高起点做好整体规划设计，高标准推进整治工作。

二是围绕既定时间节点，高效率推进重点难点项目建设，从最薄弱的地方入手，从最关键的问题突破，从群众最关注的地方抓起，强力推进主要干道、交通干线周边市容环境整治，扎实推进危旧房、城中村改造。

三是围绕提高工作效能，在行政资源、财政金融资源、社会资源的整合上下更大的功夫，高质量实现资源全面整合，拿更好的招数，求更大的实效。

四是围绕长效治理，高标准提升城市管理水平。进一步妥善化解矛盾，确保不留后遗症；积极有序扩大整治成果，提升市民满意度；重视整治后的日常管理，构建长效机制，巩固和保持整治成效。

（3）做法成效

在全市范围内组织开展为期一年的"动迁拆违、治乱整破"专项行动，分三个阶段进行。"动迁"包括储备土地、开发地块、重点工程动迁和工业"退城入园"、"城中村"和危旧房改造动迁；"拆违"包括拆除违法建筑（构筑物）、违法广告和占道经营等违法设施；"治乱"包括治理乱停车、乱堆乱放乱倒、乱挂乱画、乱拉客和黑车、黑三轮等；"整破"

包括整治窗口单位及其周边、赛会场馆及其附近、主要干道和干线公路两侧的破旧杂乱等。

南京"动迁拆违、治乱整破"专项行动"第一仗"已经结束，完成了城西干道、惠民桥市场、纬三路过江通道等处的动迁工作，拆违10 726处，面积达186万平方米。治乱整破：洪武路等5条干道基本完成整治；街巷出新开工建设298条，完工181条。

坚持建设、保护与治理并举，大力进行环境综合整治，着力塑造天蓝、地绿、水净的美好家园，"显山、露水、滨江、见城"的山水城林泉为特色的生态框架已基本形成。

一是"显山"，实施力度空前的紫金山综合整治。整治历时四年多，投资超过40亿元，植树20万株，新增绿地7千余亩。鸟类增加至80多种，蝴蝶新发现29种，紫金山的生物多样性得到延续。

二是"露水"，实施系统完善的秦淮河综合整治。从20世纪80年代开始实施的秦淮河整治，共耗时近二十年，投入近50亿元。2008年，秦淮河综合整治水环境治理和人居环境改善取得的成效，被联合国人居署授予联合国人居环境特别奖。

三是"滨江"，实施难度极大的滨江综合整治。新中国成立以来，因开山采石幕燕滨江地区环境遭受严重破坏。20世纪90年代以来，南京市累计投资20多亿元对其进行生态修复，特别是"石上绣花"、"轮胎固土"等生态修复方式成为全国生态恢复中的创举，创造了在裸岩上覆绿的奇迹。

四是"见城"，实施科学严谨的明城墙综合整治。从1993年开始，南京市逐段实施城墙修缮和环境综合整治。累计投资50多亿元，维修与保护总长达到21.5公里，整治工程荣获建设部颁发的"最佳人居环境范例奖"。

通过生态建设，城市环境质量得到进一步提升。

一是"蓝天"工程取得新成效。努力控制扬尘污染、强化尾气污染监管、深入推进燃煤锅炉改造和餐饮油烟治理等工作。推行绿色施工标

准，不达标工地实施红黄牌警示。在全省率先实施区域限行，淘汰高污染车辆7.8万辆，提前实行车辆国4准入标准，基本完成油气回收改造工程。关闭分散锅炉260多台，主城燃煤锅炉基本淘汰完毕。

二是"清水"工程取得新进展。重点对占全市自来水供水量80%的大胜关水源地实施了封航等整治措施，形成了包括13公里水域和岸边纵深500米陆域的集中水源保护区。投入超过130亿元，完成两轮三年治水行动计划，基本完成金川河、玄武湖"一湖一河"流域的截污改造、引水补源等综合整治工程。2010年起在主城区226平方公里范围内全面启动雨污分流改造工程，投入50亿元，先后完成20条干道、208个片区和258条街巷污水管网铺设，雨污分流面积达到近百平方公里。

三是生态创建工作取得新突破。先后投入资金约10亿元，完成291个绿色人居环境社区的创建。

案例5：南京城市中央公园规划

南京城市中央公园概念，即集合玄武湖、台城、中山陵、紫金山这个"大圈"内的旅游资源，形成一座城市中央公园。目前，南京中央公园规划设计方案九易其稿已经出炉。

在中央公园的规划方案中，设计运用一条草坪铺设的绿坡，把现在分隔于东西两侧的紫金山和玄武湖实现完美"牵手"，在这条纽带的"联姻"下，南京的紫金山和玄武湖将出现"山水之间"视觉空间上的奇妙感受。

中央公园还有一大特色，将南京古城墙设计成历史文化游览带，推出"明城墙游览"。将城墙恢复历史风貌，并沿城墙一路往南串起很多历史文化游览带，让游客近距离感受古城墙的历史氛围。目前已规划打造空中缆车，由紫金山顶直通玄武湖，然后换乘渡船游览湖光山色。

中山陵园风景区占地31平方公里，是首批国家5A级旅游景区。由于历史遗留等原因，景区内一度驻扎着十三个自然村庄、一百余家大小单位，部分土地被蚕食，卫生环境差，住房成套率低，建筑凌乱。这些不和谐现象严重影响到紫金山与南京市的生态安全，影响到风景区的健康发展与南京整体优良的城市化进程。

2004年2月启动的中山陵园风景区环境综合整治工程，历时四年耗资40亿元，完成了"一环两片"等的拆迁、绿化与建设。整治完成后，景区面貌焕然一新。拆除了景区内有碍观瞻的破旧违章建筑，挖掘既有自然文化资源建设了梅花谷、琵琶湖、博爱园等景区，为市民提供更充分的休闲活动场所。

中山陵园风景区环境综合整治是南京紫金山自中山陵建陵以来最大规模的一次整治工程，通过环境综合整治，据测算，目前风景区一年能吸收二氧化碳440万吨，释放氧气380万吨，年生态效益可达13.1亿元，城市"绿肺"作用明显。

紫金山、玄武湖已成为整个南京都市区的"绿核"，把这两座重量级的景区整合为一个大的中央公园，有利于城市发展、人气凝聚和品质塑造。目前建设已经启动，主要针对周边道路环境、两边步道的修建，将于2014年前建成。

案例6：秦淮河环境综合整治工程

为保护南京的母亲河，创造优良人居环境，提升南京城市形象，南京市政府决定立项建设秦淮河环境综合整治工程。多部门共同完成了《外秦淮河水环境综合整治规划》，并开展了外秦淮河规划设计国际方案征集。以"一条流动的河、美丽的河、繁华的河"为目标，以"情怀秦淮"为总策略，创造出迈向自然的滨水岸线，塑造了独特的城市滨水地区，形成了河口公园、草场门公园、石头城、小桃园、中华门等重要景观段落。

整治工程分两期建设：一期工程是南京市迎接"十运会"的重点工程建设项目之一，整治内容包括水利、环保、景观、路网、安居五大工程，项目于2002年开工建设，2007年全面完工。

工程投资约50亿元，共完成拆迁面积38万平方米，搬迁工企单位

97家，改造影响景观的防洪墙约20公里，铺设污水截流管道约25公里，截流城市排污口550个，维修城墙约5公里，兴建文化旅游景点十余个，改造出新沿线房屋110余幢，出新沿线跨河桥梁13座，共形成绿地面积约100万平方米，完成投资约25亿元，使秦淮河重新焕发出迷人的风采，创造出优良的人居环境，成为了一条"流动的河、美丽的河"。

二期工程于2005年12月实施，工程主要包含七桥瓮生态湿地公园、秦淮河上游18公里河道整治工程以及南河河道整治工程。

案例7："动迁拆违、治乱整破"专项行动

2012年4月，南京开展动迁拆违、治乱整破行动，对新伊汽配城违建实行零补偿拆除。经过近四个月的努力，至2012年9月底，新伊汽配城所有违建被拆除，770家经营户、近万名从业人员得到妥善安置，比预定时间提前二十天。目前，平整后的土地已经进入市土地储备中心。

5. 完善生态政策制度，构建科学动力机制

（1）决策背景

南京在建设生态文明的实践中，深刻认识到适合可持续发展的体制机制仍不健全，需要政府、企业和公众多方面力量合力推进。全社会环保意识需要进一步增强，生活消费方式需要进一步转变，公众参与生态建设的渠道需要进一步拓宽。

（2）主要内容

坚持以生态理念推进城市有机更新，更大力度保护区域生态资源，打造多功能、复合型城市生态单元和生态风貌。

一是制定最严格的能源节约制度。未进行节能评估审查或审查未通过的项目，一律不予审批、核准；项目建设达不到评估要求的，不予验收，禁止其生产经营。

二是制定最严格的环境保护制度。严格落实环保优先方针，制定、执行国际最先进的环境准入标准。

三是制定最严格的土地管理制度。强化土地利用总体规划的整体管控作用，合理确定新增建设用地规模、结构、时序，引导土地的集约利用。

四是制定最严格的生态绿地保护制度。出台《南京市城市绿线管理办法》，严格保护各类生态资源。

五是制定最严格的水资源管理制度。建立开发利用控制、用水效率控制、水功能区限制纳污"三条红线"，落实饮用水源地保护措施。

（3）做法成效

21世纪以来，南京坚持设计并实行环境保护制度，完善生态文明建设的科学动力机制。

一是建立健全生态建设法制体系。2000年以来，通过加大生态立法制度建设力度，基本形成了符合南京实际、较为完备的地方性生态立法体系，制订、修订生态立法34部（其中地方性法规19部、政府规章15部），涉及水土保持、环境保护、园林绿化、循环经济和清洁生产、重点区域生态保护等方面。

二是构建生态建设政策保障体系。不断深化环保工作体制机制改革，界定部门职责，明确分工，细化标准。先后出台了关于落实环保优先方针、加强生态市建设推进科学发展的意见和政策措施等一批生态建设指导性文件。

三是完善生态建设考核评价体系。健全完善环境保护目标管理制度。把空气、水环境质量、污染减排、群众环境满意率等环境保护的主要目标纳入区域发展综合考评体系，增加考核比重，强化考核刚性，对发生环境事件、造成重大影响的单位，一律实行问责追究。

四是注重引入公众参与机制。在明确政府和部门监管职责的同时，还普遍引入了投诉举报、信息公开、征求意见、特邀监督员等公众参与机制，形成行政监管和社会监督的合力。

案例 8："绿评"制度

2011年3月，南京市政府发布了《南京市城市建设工程树木移植、

169

保护咨询评估规定》，要求加强重点工程绿化保护，并引入公众参与评估机制，该规定被简称为"绿评"制度。这是南京在全国首创的以"城市护绿"为主题的地方性法规，规定"绿评"制度和环评、安评、能评等指标一样成为城市重大工程实施前的一个重要先决条件。

"绿评"制度明确规定，城市中的古树名木、行道大树，不论其所有权归属，任何单位和个人不得擅自砍伐、移植。所有市政工程规划、建设都要以保护古树名木为前提，原则上"工程让树、不得砍树"。

四、未来展望

南京打造"美丽中国"标志性城市的总体设想是：认真贯彻落实党的十八大精神，以打造幸福都市、健康城市为追求，以"创新驱动、内生增长、绿色发展"为路径，严格落实节约优先、环保优先，全力打造绿色生产体系，积极构建绿色消费体系，不断完善绿色环境体系，加快形成绿色文化氛围，努力实现产业竞争力与环境竞争力同步提升，物质文明、精神文明与生态文明同步推进。

1. 基本原则

一是遵循规律，生态优先。坚持生态为基、环境优先，遵循自然规律，正确处理经济发展与资源环境保护、生态建设与产业发展的关系，以资源环境倒逼发展转型。

二是规划先行，科学推进。将生态文明建设目标、任务纳入国民经济和社会发展规划，把握发展节奏，实行分类指导，有层次分步骤地推进生态文明建设。

三是重点突破，整体联动。坚持城乡区域统筹，推动生态经济、生态文化、生态科技、生态环境文明、生态制度文明共同发展。

2. 关键抓手

重点紧扣"节能"、"减排"两大关键环节，迅速展开打造"美丽中国"标志性城市的具体行动。"节能"的核心是严控全市燃煤总量，2014年6月底前，关停全市所有小锅炉、小热电，大的燃煤热电项目2015

底前全部改造提升为燃气热电厂或予以关停。"减排"的核心是提高污水处理率和处理标准，污水处理率 2015 年要达到 95％以上。

3. 重点任务

一是加快完善顶层框架设计，让区域生态格局全面优化。加强生态文明建设领域的规划工作，编制并实施中长期规划，建立覆盖能源、环境、土地、绿地、水资源等各领域的专项规划，以科学的规划引领生态文明建设。完善生态文明建设的综合决策机制，健全评价考核、行为奖惩、责任追究等机制，严格落实环保"一票否决制"。

二是坚定推进绿色发展道路，让生态经济基础不断夯实。加快构建绿色生产体系，大力发展循环经济、低碳经济和节能环保产业，鼓励利用节能减排技术和生产工艺进行生产制造，大力推动垃圾减量化和资源化。全面推进绿色低碳消费，大力发展公共交通特别是轨道交通，加大节能技术和产品推广应用力度，积极建设低碳示范区。

三是坚决打赢节能减排战役，让环境污染得到治理。加快建设产业集聚区，加快构建绿色生产体系，大力发展低碳经济和节能环保产业，加快培育和发展战略性新兴产业。积极构建生态产业链，开展循环工业企业建设示范，优化配置上下游企业间各类资源，最大限度地提高资源的循环利用率和生产率。铁腕推进节能减排，全面加大污染防治力度，尽快改善环境质量，做到快还旧账，不欠新账。

四是全面加强生态保护建设，让重要生态系统恢复生机。加大生态环境建设力度，深入开展植树造林活动，建设一批美丽南京示范区。更加严格地落实能源节约、环境保护、土地管理、生态绿地保护和水资源管理等"五个最严"制度，从源头上扭转生态环境恶化趋势。

五是深入推进生态制度创新，让环境政策法规更为有力。建立健全生态补偿机制，深化环境资源性产品价格改革，完善资源环境经济配套政策，积极探索排污权交易。建立健全最严厉的环境执法体系，严格环保执法，依靠刚性有力的环保法制调节和规范社会行为。把空气、水环境质量、污染减排、群众环境满意率等环境保护的主要目标纳入区域发展考评体系，使之成为科学发展的必须指标和硬性任务。

六是大力倡导生态文化，让生态文明理念深入人心。推动全社会牢固树立符合自然生态要求的价值规范和价值目标，改变对物质财富的过度追求和享受。重点加强对公民的生态伦理道德教育，提高对生态文化的认识，增强全民节约意识、环保意识、生态意识，形成合理消费的社会风尚，营造爱护生态环境的良好风气，引导全市上下切实增强对自然生态环境的行为自律。

孙中山先生曾经这样赞誉南京："其位置乃在一美善之地区，其地有高山，有深水，有平原，此三种天工，钟毓一处，在世界中之大都市诚难觅此佳境也。"

我们将倍加珍惜老天爷的恩赐，传承发扬前人理念，认真学习借鉴国际国内的好经验、好做法，更加扎实有效地推进人文绿都建设，全力打造绿色都市、美丽南京！

五

案
例
教
学

"十面霾伏"挑战中国政府

国家行政学院经济学教研部副主任、教授　董小君
国家行政学院经济学教研部教授　　　　冯俏彬

　　董小君：各位领导下午好，非常高兴有这么一个机会跟大家坐在一起，就现实的一些难点问题进行研讨。今天教学的形式主要是案例教学，在案例教学前，我先对这个案例教学的教学风格进行一个简单介绍。在上课前，解主任①还提到了他还是第一次体验这种教学方式，那么什么是案例教学呢？

　　案例教学就是针对现实生活中一个真正的、正在发生的难题，老师和学员们共同坐下来进行研讨，来探讨解决问题的方案。今天的这个教学方式与前面几天的讲座方式的不同点在哪儿呢？前几天的讲座是以老师讲授为主，而今天的课堂是以学员发表观点为主。所以，在这场案例教学前，学员们对一些案例文本和一些原始材料的阅读是非常重要的。这里我想了解一下，在座的有多少人读过案例文本？请举一下手。好，非常好，大家很配合。

　　案例教学在国际上主要有两种模式，一种是哈佛大学的案例教学模式，一种是法国行政学院的案例教学模式。哈佛大学的案例教学被称为"经典"的案例教学，之所以经典，是因为它有专职的老师，有专门的案例文本，而且每一个案例都揭示了一个深刻的理论内涵。它的经典还表现在这些案例有可能是发生在几十年前的真实事件，而今天讨论起来仍然具有共性和规律性的特点。法国行政学院的案例教学是什么风格呢？是一个"独特"的培训体系，没有专职的老师，也没有案例文本的编写，

---

　　①　国家发展和改革委员会副主任解振华。

就是拿来一个政府刚刚出台的政策或者是现实生活中正在发生的某一个事件，让大家讨论，通常讨论到最后也没有结论性的东西。所以，在法国行政学院学习的官员大部分觉得一堂案例课下来似乎没有什么收获，但两到三年的学习，大概要学习 600 到 800 个案例；而哈佛大学肯尼迪学院所有的课程中案例教学所占的比重大约是 60%。

今天我们的案例教学采取的是哈佛大学的模式和法国行政学院的模式结合的一种新的模式。我们的特点在哪儿呢？我们整个案例教学的安排和流程是按照哈佛大学的模式，但是案例的选取不是发生在几十年前，而是现在正在发生、还没有得到解决的现实难题。通过今天的案例教学，我们要达到三个目的：一是要揭示雾霾这个现象背后的深层次问题；二是揭示环境治理的理论内涵，并希望能够在现场就把这个理论转换成实践中的一种技能；三是大家共同坐下来探讨，要找出解决雾霾和环境治理的一些具有操作性的方案。

一、案例开发背景

下面我介绍一下案例开发的背景。我们知道，从 2012 年冬天以来，雾霾天气在全国许多城市大规模集中爆发，雾霾"灾难"迅速成为公众关注的焦点问题，环境治理也成了今年两会代表们热议的话题。雾霾现象是工业化进程中世界各国面对的一个共同的难题。英国为了治理雾霾花了大概二十多年的时间，欧美其他发达国家差不多花了三十年到五十多年的时间。那中国治理雾霾要花多少时间呢？有人说这取决于中国政府的决心，还取决于中国政府能不能拿出并建立一系列可操作的、有效的政策和制度体系。我们知道，2005 年中国第一次提出了"生态文明"概念，"十二五"规划把"两型社会建设"写入了文件中，到十八大又把"生态文明建设"与政治、经济、文化、社会建设一起，纳入到"五位一体"的总体布局中，这充分表明中国政府对于建设美丽中国的坚定决心。

我们有决心，但是有没有可能性？今天我们讨论的话题实际上反映的是环境保护与经济发展的矛盾冲突。

非常高兴的是，今天我们在座的各位领导来自于两大主体，一个是公共服务的主体——政府，一个是市场经济的主体——企业。这两个角色都是环境治理中最重要的责任主体，大家共同来探讨解决问题的方案。

下面，先请大家看一段我们特别制作的视频——"十面霾伏"挑战中国政府。

二、理论分析

案例教学不是就事论事，而是以案说理，从事件中找出规律性的东西。在这里，案例背后渗透着什么样的理论内涵，理论上有没有解决问题的答案，这就是规律。

下面我们就请冯教授给大家介绍一下环境治理的基本理论。

冯俏彬：各位学员大家好，按照课程的分工，我先向各位领导介绍一下有关环境污染和环境治理的一些理论分析，为大家在后面的讨论做一个铺垫。

这里我们涉及两个理论，一个是公共性，另一个是负外部性。空气是典型的纯公共产品，凡是具有这种特性的产品，在使用上往往容易发生由于过度使用和过度消耗所带来的对这种产品本身的破坏。举些大家熟悉的例子，比如说公海上远洋渔业的过度捕捞，没有画线的道路，还有交通的拥堵等。这种过度使用在经济学上有一个专有的名词，叫做"共有地的悲剧"。由 PM2.5 引发的空气污染也属于这种情况：不管是工厂烟囱的排放，还是小汽车的使用，实际上都造成了对"空气"严重的过度使用。

空气污染具有典型的负外部性。一般来讲，当一个人在从事一项活动的时候，如果他自己得到了全部的收益，但是却给其他人带来了危害，用我们经济学的语言讲，就是私人成本小于社会成本，社会成本这一部分是由别人来承担的，这就叫做负外部性。环境污染的负外部性还有自己的特殊性，即所谓的"可移动的负外部性"，因为这个负外部性是可以移动的，可以从一个地区移动到另一个地区，可以从一个国家移动到另外一个国家。

177

　　目前各国针对环境污染采取了很多措施。简单地说，第一类是法律，允许提起环境伤害方面的诉讼；第二类是实行各类严格的行政管制；第三类叫做经济激励方案。从世界各国治理环境污染的情况来看，比较推崇的是采取经济激励的方式。这种方式可以给制造污染的人施以持续的经济压力，或者是提供持续的经济激励，使他们有动力去治理或降低环境污染。由于这种方式使用得非常广，我们今天主要给大家介绍经济激励这种方式。

　　这种方式用经济学的语言来讲，就是能将负外部性内部化。这种内部化有四种具体方案。

　　第一种方案称为"庇古税"，其核心是通过征税、收费的方式来提高污染成本。这种方式提出的时间非常早，距今大概已经有一百多年。在具体应用上既可以对生产者征收排污费，也可以对消费者征收使用费或者是使用税，如燃油税就是这样一种情况。这种方式由于得到广泛使用，人们对它的优点和缺点都认识得比较深入。它的优点：一是可以给污染者施加一个持续的经济压力，让他们减少污染；二是政府能得到一笔收入，可以把这笔钱用在减少环境污染的工作上。但是这种方式也有它的弱点，主要体现在以下几个方面。一是它的税率或费率很难确定，排污费定到什么样的标准，税定到什么样的税率，这些都很难准确确定。从理论上来讲的话，这个税（费）率应当是污染者给别人和公共造成伤害的社会成本，但是这个成本在计量上有很大难度。虽然环境经济学已经发展到相当的程度了，但是在计量环境污染所造成的经济损失方面，从目前的情况看，这还是属于一个待解决的难题。而且，影响环境污染程度的因果链条非常复杂，很难确认。所以要确定一个准确的税（费）率很难。这是第一个问题。二是在税（费）率难定的情况下，通常会采用一些简单的方法，比如说使用统一的税（费）率。但是，这样做会造成一个突出的问题，就是不够灵活，也不够公平。比如说有的人排放少，有的人排放多，用统一的税（费）率就不尽公平；再比如说，税（费用）具有法定性，十分稳定，一旦通过就难于调整，但在经济快速增长、企业和个人收入增长较快的情况下，过旧而不能灵活调整的税率就会大大影响其调控的效果。三是这种方式有的时候还会产生一种逆向的激励。因为政府可以得到一笔收入，企业排放得越多，政府收入越多，这就可能对政府产生逆向的激励。四是从经济学上讲，有些污染产品本身缺乏需求弹性，很难找到替代品。比如大家使用的汽油，就很难找到一种替代品。因此对这些产品，无论政府征收多少的税、收多高的费，实际上对于减少使用起的作用都非常有限。对于这种情况，经济学上也有别的解决方案，是一种正向激励的方案。它主要是通过补贴的方式，促使这些污染企业使用新的设备、采用新的技术，以降低企业的控污成本。这种贴补可以是给予财政拨款，也可以是发放贷款，还可以是给予贴息，各种方式都可以。这是一种正向激励的方式，用来适应那些需求弹性比较小的污染产品的治理。

第二种方案叫做科斯方案。它的核心是十二个字：界定权利、创造市场、准许交易。我们所熟悉的排污权交易就属于这种方式。从现在的情况来看，世界一些发达国家在治理环境污染时更多是使用这种方式。我国对这种方式也有使用，但是目前来讲规模还是比较小的。这种方式的优点很明显：一、它可以提供经济激励，当然这是所有的经济学解决方案都具有的作用；二、它比较灵活，这是这个方案最关键的优势。它在操作上主要有三个步骤：第一步是由环保部门确定一个总的排放标准或总的排放量；第二步是把排放总量按照一定的原则分给污染者；第三步是创造一个市场，准许这些污染企业之间进行交易。排放比较少的企业可以把它的指标放到市场上去出售，可以得到一笔经济收入，所以它还有动力进一步降低排放。而对于一些污染比较多的企业，它到市场上买额度，就要付出成本，它也有动力要降低排放，节约成本。所以说，这种持续的经济激励的效果会非常好。三、这种方式对环保部门的监管要求要低一些，对环保部门在进行监管的时候所具备的信息要求要低一些，在执行上也就更容易一些。所以从目前来看，这种方式基本上是很多国家在治理环境污染上使用的主流方式，我国对此也有使用。但是，这种方式也有弱点，最主要的一点就是要创造一个市场、管理一个市场

非常不容易，难度很大。

第三种方案叫做责任法则。这种方式实际上是混合了行政管制和经济激励两种元素。它也有正向和反向之分。反向主要是指政府发布一些环境管理的标准和准则，要求企业或消费者必须要达到，如果没有达到，就可能会被罚款，或者是要缴纳违约金。至于正向措施也有，比如说押金制度。我举一个例子来说明，大家都知道电池是一种对环境污染非常严重的产品，为了促使电池回收，我们现在采取了垃圾分类的办法，但是各位领导也有感觉，效果并不好，电池的回收率也不是特别理想。那我们在经济学上开个药方，在电池销售的时候附加一个押金，比如说一颗电池原本是 2.5 元，卖的时候卖 3.5 元，当消费者把使用后的废电池送到回收点的时候，这 1 元的押金再退给他。如果消费者不愿意去，把废电池扔掉，有人捡起来送到回收点去，也一样可以取得 1 元钱的收入。这些正激励和负激励的各种方式都是可以使用的。

第四种方案叫做一体化的方式，就是把受害者和污染者放到一个组织里面去处理问题，使他们内部化。这种方式也有两种情况：一种是区域一体化，比如 PM2.5 的问题，涉及京津冀三地，理论上讲就可以由它们三者坐下来协调解决；另一种是上升一个行政层次，比如上升到中央政府来进行处理。

我在这儿一共给各位领导介绍了四种方案，这些都是经济学的对策。我尽量把它们的优点和不足全部展示给大家。由于环境污染的复杂性，而且这些方式本身又都是有利有弊的，所以它们需要配合使用，这些方式和方式之间需要组合。此外，除了经济学的方式之外，还需要其他的方式，比如说法律，特别是我们允许提起环境伤害的诉讼，这个力度是比较大的。此外还有我们严格的行政管制措施，以及相关利益主体之间基于自愿平等的协商合作。如果我们的各种经济激励手段放在一起，可以打出一套治理环境污染的政策组合拳。

这些就是我给大家介绍的主要内容，希望对大家后面的讨论有利。谢谢。

三、案例导入

董小君：刚才冯教授从理论上介绍了四种环境治理的方式。在讨论之前，我对这个讨论有几点限制性的说明。我们今天讨论的立足点是强调环保与发展的冲突。中国处于这样一个两难境界：一方面要跟上全球生态意识上升的步伐，另一方面又要在弱肉强食的国际秩序下维护自己的发展权。因此，环境保护已成为国际外交的重要砝码、国际经济的重要壁垒。

可以说，中国是在反思工业文明带来问题的背景下实现工业化，是在反思市场失灵背景下向市场经济转型。因此，环境保护问题已经由单纯的技术问题上升到发展方式的重要本质，环境保护已成为社会和谐的重要因素、政治稳定的重要支柱。

还有一点，我用能源强度来作为一个论证，经济发展和雾霾，还有碳排放之间存在着一个普遍规律，与一个国家的工业化进程相关。如英国的碳排放峰值是在 1870 年到 1880 年之间，美国是在 1901 年到 1910 年，德国和法国是在 1947 年到 1957 年，日本是在 1960 年到 1970 年。根据发改委和英国廷道尔公司的一项研究，中国碳排放的峰值将会是在 2020 年到 2030 年这段时间。这项研究给了我们一个很大的启示，那就是碳排放峰值来得越早，主动权就越大，以后的减排压力也就越小。

从国际层面来说，我们现在该怎么办？关键是让碳排放高峰提前到来，这也是我前期研究中最深刻的感受。中国的时间窗口和战略机遇期到底有多长？现在的国际气候谈判中，我们用的是碳强度指标，而国际社会发达国家用的是碳总量指标。国际社会认同我们用这种指标考核的时间到底有多长？这就相当于一个孕妇，现在已经怀孕到七个月了，周围的人却让她开始减肥。我们一下子出现了严重的雾霾现象，提前到来了，而且是在众目睽睽之下，舆论一边倒，这个孕妇不得不去减肥。但她真能够减肥吗？再有几个月就要生了。中国现在就陷入这样的一个两难境地。

今天的讨论，我希望大家能够找到一个平衡点，从宏观上表现为环境与发展的平衡，从微观上表现为企业成本与效益的平衡。

四、课堂讨论

董小君：下面进入课堂讲座环节。

讨论的第一个题目是：雾霾天气在全国城市大规模集中爆发，反映了什么样的经济社会问题？第一个问题我不希望大家长篇大论，用一两句话高度概括就可以了。

学员：这个时候能耗上升，污染排放总量上升，这是一个不可逾越的阶段。我们要想办法少排一点，少污染一点。

董小君：很好。还有哪位领导要发言？

学员：发展方式。

董小君：发展方式的问题。好，就一句话。还有哪位领导，企业这边呢？

学员：生活方式。

学员：产业结构。

学员：发展和布局的关系。

董小君：这是全国区域布局的问题。

学员：西藏一点没污染。

董小君：西藏工业化的进程还没开始，所以肯定是没污染的。

学员：排污成本太低。

董小君：排污成本太低。好。

学员：发展是第一要务。

董小君：这是目标导向问题。

学员：环境危机已经接近中国。

学员：管理水平问题。

学员：理念问题。

董小君：好。这个问题我觉得大家基本上是畅所欲言。下面我们进入第二个问题：国外有媒体认为雾霾是对中国高耗能增长模式的死刑宣判，你是否同意这个观点？你认为政府如何处理好经济发展与环境保护的关系？

学员：这个问题的回答是不是可以长一点？

董小君：对。这个问题的回答是可以长一点的，刚才只是用一两句话概括。下面就先请环保部的翟部长①谈一谈。

翟青：我先说两句。看到这个案例的文本以后，我感到压力很大。刚刚坐在这个位置上，压力真的很大，确实感到作为环保工作者，肩上的担子很重，这是第一点。第二点我想讲的是，我非常感谢大家，感谢你们把这样一个非常重要的问题摆在大家面前，大家一起来关注，一起来想办法解决。刚刚董教授提了第二个问题，这个问题实际上是如何处理好发展和环境保护之间关系的问题。刚才教授也讲到了，其实我们在很早以前就已经提出了这个问题，要调结构，要转方式。目前的这种发展方式是无论如何走不下去的。但是在现实中，调整结构、转变发展方式是很艰难的。发展方式包括生产方式和生活方式，总的来讲，这些年来应该说还是有了很大变化。

目前，我国还处于社会主义初级阶段，在现阶段要处理好发展和保护的关系，关键就在一个点上，核心问题还是各级地方政府要解决好环境和发展的关系问题。但真正落实到一些具体的事情上，我觉得还是很有难度的。最近我也特别注意观察了一下，一些地方政府在谋划后几年的发展目标和发展任务时，还是大量发展一些高耗能的行业，对于环境保护问题所做的调整还是不够的。

董小君：根据您在工作中具体的感受，您的压力到底是什么？

翟青：就是怎么样能够平衡二者的关系。不发展肯定是不行的，怎么样能够在发展的过程中还要注意好生态环境的问题，压力就在这里。

董小君：我是知道的，环保部最近几年的工作十分辛苦。但是有人

---

① 环境保护部副部长翟青。

说环保部门实际上是一个老鼠要逮众多的猫，猫和老鼠是一场博弈，是一场不合作的博弈。我不知道您对这个问题持什么样的观点？

翟青： 我认为不存在博弈。无论是环保部代表国务院来解决一些问题也好，还是各级政府的各位领导也好，大家的目标是一样的。既要发展，同时也要保护环境，大家在这一点上是统一的，我不认为是对立的。

董小君： 您刚才说到的更多的是压力。有人说雾霾现象集中爆发，它有可能是一个机遇，不仅仅是挑战，还是一个机遇。

翟青： 我非常赞成这种观点。我觉得现在我们确实要提高人们的思想认识，要采取一些相关的措施，下一步要加大工作的力度。我认为正像你刚才讲的，讲机遇也好，讲增加我们共同应对的动力也好，这些实际都是我们努力要做的。

董小君： 好，谢谢。解主任，我们期待您的发言。

解振华： 其实雾霾问题就是怎么样处理好发展和环境保护的关系，不发展不行，关键是怎么发展。当时在讨论要不要把PM2.5作为工作重点的时候，也就是2012年环保部召开全国第七次环保大会之前，就讨论到雾霾天气的严重性，就讲到PM2.5必然会出现。如果把解决PM2.5作为我们调结构、转方式的一个机遇，实际上这个问题就破解了。当时就说这确实是一次机遇，这是第一个问题。

第二个问题，对空气污染问题我们从哪儿着手？其实就这么几个渠道。第一个是调整（能源）结构、节能减排。实际上对于现在的问题，只要把（能源）结构调过来，大量的问题就在很大程度上解决了。我们的能源结构实际上就是煤、油、气、风、光、热，如果在这个结构中低排放的方式占的比重越来越大，就能在结构节能减排里发挥作用了。第二个是技术节能，即对现有高排放的主体搞节能技术改造，这实际上也是一种减排方式。第三个是工程节能，解决好环境问题，没有基础设施是绝对不行的，比如污水治理和垃圾处理，如果没有设施，光靠管理，那肯定解决不了问题。第四个就是管理，包括法律和行政等的各种手段。实际上这几点都可以作为我们的着力点，通过这些方式来解决问题。

另外，我们还要有一个科学的态度，比如不同地区的雾霾构成可能不一样，必须具体问题具体分析。现在雾霾中的污染物到底哪一种是最主要的？通过解析之后我们就可以对重点问题采取有针对性的措施，这样容易见效。要抓住最重点的问题来解决，这样就会逐步见效。如果方向选错了，那费了很大的力气，问题也不会得到明显的解决。总之要选准方向，这样才能事半功倍。

对于现在的这些问题，在处理技术上我们都有，关键还是像刚才老师讲的，就是决心问题。比如说北京的问题，两千万人口是不可能不要的，要生产和生活。每年冬季三千万吨的供暖用煤，能不能从能源结构上下决心调过来？对于500万到600万辆的汽车，这里也有解决尾气排放的办法，可以先把油品改造了。再比如建筑工地，这里就主要是一个管理的问题。先说这么多，谢谢。

翁孟勇[①]：听了前两位学友的发言，我很受启发，他们两位都是专家。这里我谈点认识。首先我非常赞同解主任说的，我并不同意这么一个说法，认为雾霾问题是对中国高耗能增长模式的死刑宣判。这种说法粗看似乎是对的，但是仔细一分析，我认为中国高耗能增长的这种模式在短期不是马上说停就能停的。现在老百姓对雾霾问题的关注度越来越高，我认为这是一件好事，对于我们形成共识、形成倒逼机制无疑是非常有利的。对于高耗能，首先是我们的能源结构有问题，这是解决空气污染最紧迫的问题。其实政府早就看到了这个问题，我们在对待这个问题上，过去形象地说不是判死刑，是死缓，没有马上执行。我认为解决这个问题本身有一个过程。

另外，对于当前处理好经济与环保的关系问题，我觉得这个问题笼统地说非常好回答，实际上就是找好一个平衡点的问题。当年搞奥运会，北京就找到了平衡点，能说这是两难吗？要把两难变成一难，那个时候的主要矛盾是奥运会，所以围绕着奥运会所要求的指标体系，

---

① 交通运输部副部长、党组副书记。

北京采取了种种措施，最后采取了很多措施，成功地举办了。当然，用这么一个简单的点来解释我们全部的问题，可能过于简单了一点。其实我们现在的治理也是要寻找一个我们现阶段可接受的平衡点，如果我们认为这个点找到了，解决问题的办法也就找到了。也就是说，这是一个我们能够承受的程度与我们愿意付出的代价的平衡问题。我认为有一些问题是当务之急，应该尽快解决一下，比如说雾霾天气，要先努力解决一些突出的问题、突出的矛盾。整个空气环境的治理应该是一个长期的过程，如果把长期矛盾和短期突出的重点矛盾混在一起看，我认为不利于问题的解决，也不利于形成社会的共识。这是我的观点，谢谢。

董小君：好的，这位学员谈了一个非常重要的思想，就是平衡点的问题。

林念修[①]**：**我谈一点想法。我认为环境保护与发展是一个矛盾的有机统一体。首先，环境污染是发展的必然结果和代价，不可能有发展无污染，只能是有发展、少污染。那么，要解决环境污染的问题，也只能靠发展，所以我说这是一个矛盾的两个方面。前三十年中国主要的矛盾是什么呢？是解决发展的问题，是要解决温饱问题，所以我们强调发展是第一要务。发展到今天，我们的经济总量大了，环境问题出现了，环境保护的问题成为了一个主要的矛盾。现在我们就要考虑怎么样既要发展，又要保护环境，这个问题客观地提到了我们面前。所以，我认为要研究环境保护与经济发展，也要用两点论的办法。第一，不能只强调环境保护，就不发展了；第二，也不能说中国现在是初级阶段，就只看发展，忽视了环境保护。这两句话都要讲。

那么我们究竟要怎样发展？我谈三个观点。

第一，要搞清洁生产。清洁生产实际上就是刚刚解主任讲的，要提高行业的技术标准，解决所谓的三高问题，即高耗能、高排放、高污染。

---

① 广西壮族自治区党委常委、政府副主席。

我认为没有落后的产业，只有落后的技术。前一段我们去了湛江，看了当地的一个造纸厂，技术非常先进，与传统的造纸厂完全不同，环保做得非常好，效益也是非常好的。这就改变了我们的传统观念，好像造纸就是高污染、高排放的，水泥就是高污染、高排放的，钢铁也是，这些观点是不对的，问题是我们的技术水平太低。从这个角度讲，当务之急是要提高技术门槛，提高排放标准，清洁生产是必须的。

第二，要绿色出行。数据表明，城市的汽车尾气排放是雾霾的主要来源之一。就拿南宁来说，南宁是全国有名的绿色城市，空气质量很好，我们对它的 PM2.5 也做了简要的分析。南宁的 PM2.5 主要由三部分组成：第一个是氯酸盐，是煤炭石油消耗产生的污染物，占 34%；第二个是汽车尾气，占 21%；第三个是扬尘，占 15%。这三部分大概占了70%。这说明了什么呢？很重要的一点说明了小汽车尾气的贡献率确实很大。我们不能提倡大家都不开车出行，而是要提倡绿色出行，那么政府就要提供便利的公共交通，现在城市化进程不断加快，政府要更多地向市民提供便捷方便的公共交通，多修一些地铁。我建议国家发改委应该允许地方加快地铁的建设，现在地铁项目的审批过程漫长，它本身的建设时间也很长，这样一来整个周期就拉得很长。总之，解决小轿车的排放问题也是出路之一。

第三，要提倡绿色消费。中国有一个优秀的传统，叫做节约光荣。但是这些年反过来想，反思我们的消费方式，我们渐渐不这么讲了，反而是鼓励消费，拉动消费，但浪费就不可避免地出现了。比如产品的过度包装，就是很大的一种浪费。浪费带来的是什么呢？就是石油的大量消耗、煤炭的大量消耗，这些都是与环境直接相关的。所以，我认为生态建设不只是政府的事情，而是全社会的事情。老百姓不能说出现了雾霾就骂政府，就抱怨政府，这是片面的。政府有责任，但是每一个公民都有责任，在消费方式上还是要节约，我认为还是要提倡节约。我们穿的衣服、用的袜子，都是石化产品，都是从石油里炼出来的。

我也利用这次机会提一个建议，在今年年初我们党委的务虚会上我也提了这么一个建议，今天利用这个机会我也发表一个倡议吧，也是有感而发。今年年初总书记对遏制舌尖上的浪费做了批示，现在产生了非常好的效果，结合节能减排，我想能不能也遏制一下霓虹灯上的浪费。现在我们搞城市化，各地政府都大量搞城市亮化工程，使用了大量城市的照明，城市确实是很漂亮，我们说不夜城、花花世界都在中国。我认为这个亮化工程和照明工程是不一样的，照明是必须要有的，但是过度的城市亮化工程却对能源是巨大的浪费。现在几乎每一个县城、每一个城镇都在搞亮化工程，我们要认真想想消耗了多少电。这样一方面带来了高污染，晚上就是晚上，晚上弄得灯红酒绿的就是污染。另一方面造成了大量的资源浪费，消耗了很多煤炭，对于煤炭我们做过一个统计，这里也有很多煤炭方面的专家，中国的煤炭每百万吨死亡率是 0.56 人，比世界平均水平高很多。从这个方面讲，这个煤炭就是带血的煤炭，大量地消耗煤炭就意味着以很多生命作为代价。这方面的数据还有很多，这里的专家都很清楚，大量的排放都是燃烧煤炭形成的。如果我们少用点电，不就意味着少发电、少一点用煤、少一点排放？还有，大量使用霓虹灯浪费的也是我们的环境资源和环境容量，我们用来搞建设不是更好吗？我当时就提出来，在县和镇不要搞亮化工程，地级市的亮化工程要限制搞，大都市、省会城市要控制搞。逢年过节搞一下美化还是需要的，但不能每天搞，这带来的代价确实是非常大的。如果能这样做起来，我认为对我们的节能减排会有贡献的。别的就不多谈了。

董小君：您提到了一个非常好的倡议，也指出了一个现状和问题。为什么各个省都在申请新建地铁，而审批却那么困难？解主任能不能很好地解释一下地方政府提出的问题？

解振华：现在对地铁基本上是报了就批。当然可能还有一些程序性的问题，就是要提高效率，总体上讲，现在应该说地铁基本上来了就批。发改委确实要把审批权下放，当然还要提高效率，改善服务态度，提高服务的质量，目前确实也存在这方面的问题。

马敖·赛依提哈木扎①：我简单地说几句。这一次出席生态文明建设培训班，我受到了很多启发。今天研究雾霾这个案例，我感觉这个方式非常好。我们新疆现在没有雾霾，但是因为现在新疆正处在跨越式发展的初步阶段，而且新疆的经济发展都是以资源开发为主的，所以我们现在就要认真考虑怎么样处理好发展和保护的关系，今天没有雾霾，明天也不要有。

董小君：考虑得很实际。政府如何处理好经济发展和生态保护之间的关系，刚才实际上讲了，要找到这两方面的平衡点，而这个平衡点是有规律的东西。说到这儿，我就联想到新疆有一个空中王子，叫阿得力，他是搞平衡的高手。

马敖·赛依提哈木扎：他主要的招式是什么？就是有一个平衡杆。

董小君：这个很形象。

马敖·赛依提哈木扎：这个平衡杆的两头必须要与中央保持一样的长度，再稍加微调就可以实现平衡。从中国现在的情况来看，压缩经济发展或者是让经济发展的步伐慢下来是不可能的。所以就想，下一步要把这个平衡杆不够重的那头再加重，或者是把不够长的那一边加长，争取两头实现平衡。当然，关于具体的措施和办法，这几天的专家和教授讲得很多，我感觉都符合实际。我总的感觉是，经济的这一头够了，生态保护这一头可能欠一点重量，所以今后要加大这方面的力度。我看中央也认识到了这一点，推进生态文明建设我理解就是在加长这个不够长的部分。

董小君：好，刚才马主席提出了一个非常好的理念，平衡杆这个比喻很形象。我想在宏观上平衡杆这个概念不太好做，在企业层面是不是更好做一点？对微观的企业来讲，就是成本和收益的平衡问题。我不知道各位企业家对此是否有思考。王总②，作为一个石油生产企业，请您

189

---

① 新疆维吾尔自治区政府副主席，哈萨克族。
② 王志刚，中国石油化工集团公司党组成员。

谈谈对此的看法。

王志刚：我想经济发展和环境保护的关键是能源结构调整。我刚才在下面说，十年前我们犯了一个错误，什么错误呢？就是天然气的引进问题。天然气的总体排放只相当于煤炭的 1％，二氧化碳的排放是煤的 50％。大约在十年以前的时候，全球天然气价格只相当于现在的三分之一，那个时候我们就想大幅度地引进天然气，改变能源结构。但是那个时候的审批非常困难，主管部门总觉得价格是不是还能降，但是它一直不降，相反却老在涨，每年涨一点，每年涨一点，这样的话就一直出手不了。过去十年了，我们的天然气事业没有发展起来，我们的能源结构调整没有取得成功。如果十年前我们把天然气抓住了，大量应用天然气，我们的天津、北京、河北、山东全部以天然气为主要能源的话，那我们今天就没有霾。

对于未来，我觉得还是要在能源里面，以天然气为主进行能源结构调整，要加快发展，去年下来我们的天然气在整个能源里面仅占了 4％～5％的样子，潜力很大。而全球天然气的占比在 22％到 23％，像美国大概有 30％多，最近还有大幅度增长。所以说，中国要解决雾霾的问题、解决经济和环境保护关系的问题，能源结构调整非常重要，把天然气发展起来很重要。现在的做法应该是大力发展天然气，尽管现在天然气看起来很贵，但是用等热量的标准来比较，它的价格比煤和石油也贵不到哪里去，而且它是特别清洁的一种能源。所以，我建议各级政府还要大力支持天然气事业的发展。

董小君：王总提出了一个非常好的问题，就是十年前我们在天然气审批方面可能是比较慢，这实际上提到了一个很重要的问题，就是政府在环境治理中扮演着什么角色，应该承担什么样责任的问题。刚才实际上有几个人已经有所指向，在座的有中央政府部门，也有地方政府的领导，我不知道对于这个问题是怎么思考的。

学员 1：刚才说到了一个能源结构的调整问题，重点是天然气的引进，其实这里面也有一个城市规划的问题。在京津唐地区，我们的能源结构是很不合理的。而内蒙古有大量的风电，却送不到北京来，现在是点对点，不是网对网的。其实打通这个通道就可以，所以实际上是一个体制问题。

董小君： 体制问题。

学员 1： 内蒙网归内蒙网，国网是国网。今天国网的同志不在，我觉得这个问题其实不难解决，很简单的，把内蒙的电网卖给国网就行了，电就送出来了，这里面是大量的清洁能源。我想在京津唐地区的话，那天解主任也讲了，实际上是可以搞核电的。我想核电企业大家可以一起搞，核电还是很安全的。大家也都认为应该搞，就是对于安全性心里还没有底。那天钱易①教授在的时候，我专门跟她讲，能不能跟领导坐下来详细讲一讲，讲清楚，只要领导能够坐下来听明白了，知道这是发展规律的话，我们的能源结构调整也就能够解决了。而且就目前来讲，这个调整的经济性也很好。像在广东地区，核电入网才 0.42 元，而煤电已经达到了 0.53 元，所以也可以很好地解决煤电平衡发展的问题。

董小君： 好，你谈到体制的问题，我不知道在体制问题上政府存在着什么样的问题，企业已经提出来在管理体制和一些机制的有效性设计上，政府是不是还存在着一定的缺陷。

学员 2： 刚刚讲过，既然生态环境是一个公共产品，那么很显然，我觉得政府在环境治理中应当扮演一个非常重要的或者是主要的角色，是一个主体。政府应该承担什么责任呢？我认为首先是明确治理目标，对环境治理在国家层面应该有一个宏观的方向。

第二，我认为应该提出具体的实现路径。比如说北京的雾霾，大家普遍认为来自于三个方面，本地的车、周边的煤，还有我们的油。这三个问题都与能源结构有关。关键并不在于北京 560 万辆的车，车当然肯定是多了些，但更重要的是这 560 万辆车烧的油不合格，是欧三标准。

---

① 中国工程院院士，清华大学环境工程系教授，北京市政协副主席，本次研讨班专家论坛特邀专家。

我们现在如果提高油品的标准，或者说采取其他清洁能源替代的话，我认为这个问题就可能解决。再看看周边的煤的影响，在河北，高耗能的产品，尤其是钢产品，都是靠煤。如果能源结构能调整的话，这个问题也可以得到有效的缓解。所以说政府的路径很重要，刚才企业的老总也说到了，如果早几年我们把天然气应用的推进力度加大一点的话，恐怕对环境的改善效果会非常明显的。大家如果去过乌鲁木齐都会知道，过去到了冬季那里就会在雾霾当中，现在乌鲁木齐出现晴空了，原因是什么？能源结构调整了，过去冬天取暖烧煤，现在煤改气了，这个问题就解决了。我认为，要综合地治理中国的环境，可能要花相当长的时间。但是要局部改善，对于突出问题的改善，应该是可以比较快见效的。这样对我们政府取信于民，对老百姓相信我们政府，无疑都有好处。

第三，要制定相关的"游戏规则"，就是我们要制定必要的法律法规，或者是行政规定。我就说这么三点。

董小君：很好，谢谢。

学员3：我谈点看法。你刚才问政府存在什么问题、存在什么责任。我觉得最突出的问题就是有法不依、执法不严。我们国家立的法太多了，比如《大气污染防治法》，多少年以前制定的，已经非常严厉了。但执行了吗？没有执行。对于违法的责任处罚标准定得很低，500块钱，上限不超过50万块钱，就是这样，什么时候罚了哪家企业50万块钱？没有过。这么好的一个法律没有得到执行，我们还谈什么其他的宏才大略？所以总书记讲，要坚定法律思维，就是把我们现有的法律执行到位。我想，要解决雾霾问题，不用谈什么新招，就把现有的落实到位就足够了。

董小君：这个问题说得很尖锐。2008年我看过一份材料，说发改委一项研究表明，一个地级市的一个企业守法和违法的成本相差46倍，那么作为企业来说，谁会愿意来守法？从经济激励来说，主要是让企业能够在收益和成本之间找到一个平衡点。

学员4：政府如何处理好经济发展与环境保护之间的关系，是与政府的职能结合起来的。我完全同意翁部长提到的寻找经济发展和环境保护的平衡点，而这个平衡点怎么寻找，这实际上是一个很关键的问题。习总书记其实已经提出来了，就是要底线思维。这里的底线思维就是一方面要知道经济发展的底线在哪儿，经济增长速度到底要多少就可以保证社会的稳定和竞争力；而另一个就是环保的底线又在哪里，环保的底线要定下来，超越了这个底线社会就会动荡。有了这样的底线，再去找平衡点，要把水、土、气等各个方面的环保平衡点都列出来，作为硬指标，这样才能够真正使得经济发展和环保的关系落到实处。所以说，这个底线思维非常重要。政府在这里要发挥主要的作用，一个是制定规划和标准，这个标准就是根据底线思维而来，根据社会经济发展的阶段和水平，以及人们的承受能力来制定这个标准，要制定出各行各业的环保标准。再就是立法、立规，法是不用说的，规就是市场秩序。要让所有的利益相关者都能够从市场的角度来考虑自身的行为，这就是价格机制。再加上宣传和执法，这些都是政府应该做的。

董小君：许多地方政府都说凡是有雾霾的地方发展得都不错。我不知道大家对这个观点怎么看？

徐福顺[①]：我想如果我们那儿都有雾霾了，可能中国的现代化进程也就基本走完了。我们好多地方的温饱还没解决呢，还是原生态的，跟长三角等发达地区完全不同。我们青海有一片很重要的地方，叫三江源，是长江和黄河发源的地方。我们的省人大最早出了条例，要加强治理，治理了不少年，可实际上根本没治理，为什么？没钱。这几年中央转移支付的力度加大，我们的生态意识也提高得比较早，用了三年的工夫就把所有的排水管工程都做完了，一下子就彻底达标了。按照老祖宗讲的，经济基础决定上层建筑，生产力决定生产关系。经济是在初级阶段，其他的就不可能达到高级阶段，我个人就是这个观点。所以要实事求是，有什么问题治理什么问题。我反对跟着国外跑，实际前面有一些教授也讲了，人家是在给你挖坑，就希望你中国慢点儿强大或者是不强大。所

193

---

① 青海省委常委、副省长。

以该办的事可以听意见，主意还是要自己定，这是我的第一个观点。

我的第二个观点是关于发展方式的。我们 2001 年就开始推进西宁市的煤改气。西宁市在河谷里面，东西南北都可以污染它。煤改气的力度很大，我们感谢中石油，设备都是最优质的，所有的锅炉基本上都解决了，所有的出租车都用天然气，煤和油都改天然气。经过这一调整，空气的优良率高得不得了，以前可不行。所以说结构调整很重要。从这件事就要讲到政府的责任，这个责任大了。"问题出在前三排，根子都在主席台。"我省的产业布局中包括电解铝，现在煤大规模地从西部往东部拉，在东部搞电解铝，这完全是一个产业布局的问题。西部人员那么少，又是能源所在地，为什么不能搞？这是中央政府应该解决的。现在提出来了产业技术转移，我看转得很不理想。人口太集中的地区不行，我查过资料，北京是我国天然气使用比例最高的城市，煤改气很彻底，为什么还有雾霾？这是各种原因叠加造成的，不光是刚才讲的三条，当然还有地形的问题。下一步的结构确实应该调，还涉及发展方式，涉及往哪一个地方调，涉及产业布局，跟生产力布局有关。跟我国的整体情况一样，青海的人口和经济分布基本在省的东部，海拔低的地方。其他地区，像海西，资源很多，解主任开的新闻发布会，说那里是全世界最大的循环经济试验区，是国务院批的，人员又少，空气质量又好，容量又大，一个循环经济试验区有 28 万平方公里，相当于几个省大。中央为什么不在那儿建设工业？它周围的铁矿资源已经有五亿吨了。为什么非得在东部、沿海那些人口多的地方搞建设？这跟布局确实有关。但现在调整还来得及，因为生态文明都上了党的报告了，也别太着急。我觉得不要把舆论都集中在雾霾这儿，还有很多其他的重要方面。青海的生态保护问题中央应该特别重视，那里是净水、净土，是中华水塔。我们的二期工程要 100 多亿，任务非常艰巨。我汇报完了。

董小君：徐省长提了一个非常尖锐的问题，说到西部地区的经济发展相对比较落后，是要温饱还是要环保？我甚至在想，中央出台考核指标，能不能根据各个省份的工业化进程处于什么位置上而采取不同的考核指标体系。比如说，属于工业化进程前期或中前期的省份，像青海这样的省份，可不可以按照碳排放强度来考核？中东部地区有的省份，有的城市已经进入了工业化的后期阶段，可不可以按照碳总量指标来考核？这样可以与国际接轨。要用不同的指标体系来考核，我不知道大家同意不同意这样的观点。

徐福顺：我再补充一下，因为涉及中央的问题。随着转移支付力度的加大，我们花 100 块钱，里面至少有中央的 80 块钱，这就是一个比例。这里面涉及一个什么问题，就是全国不能用一个标准。另外，我们西部地区在跟发改委研究和争取政策的时候，他们对西藏的同志讲，你们到 75% 吧，就相当于全面实现小康了。这不是忽悠全国人民吗？我们还有那么多的穷人，就小康了？给我们青海测评的结果是，如果能达到全国平均水平的 80%，就算小康了，这也是忽悠我们。怎么办？我在小组讨论里说了，我们早就不考核 GDP 了，但现在中央的这套政策里没有这个规定。

董小君：这就涉及生态保护的问题。

徐福顺：另外还有一个补偿的问题。他们为保护生态牺牲了发展的机会，机会丧失了，绝对应该补偿。这就是生态补偿机制。对那些生态敏感区、脆弱区，现在我们的政策设计根本没跟上。如果再把那些地方弄坏了，那就雪上加霜了。

董小君：第四个问题是企业在环境保护中应该承担什么样的社会责任，希望获得什么样的政策支持。

陈飞虎[①]：结合着刚才的问题，现在的企业也像在雾霾里一样，可能有点找不到方向。在环境保护里面，企业应该说有它的责任。企业要很好地体现它的社会责任，它既是生产者，又是消费者。我们作为能源生产企业，十八大提出来要推进能源生产和消费的革命，我们感觉到责任很大，压力也很大。

---

① 中国华电集团公司副总经理。

195

　　一方面，要改善环境，必须要调整能源结构，要加大清洁能源的推广，加大可再生能源开发的力度。这些方面需要增加投入，因为它们的开发成本通常比常规能源要大、要高。另一方面，能源企业本身要搞清洁生产，要加大节能环保方面的投入力度，这方面的成本投入要增加。从整体来讲，作为能源生产企业，它的成本是一个加大的趋势，这是必然的。当然，在这方面我们下一步就是要通过自身的努力去控制成本，去降低成本。但就整个趋势来讲，成本会有一些提高。对于这个问题，我觉得大家心里可以做一个思考，我们希望天尽快蓝起来，但是什么时候能够蓝起来，这不是一个简单愿望的问题，而很大程度上是我们在这个发展阶段能够承受多大的成本，我们后续的产业、我们的民生，在多大程度上能够承受这个成本支出的增加。我也非常赞成加快天然气的发展，加快太阳能和风电的发展，这些都要加快。当然与此同时，我们也要控制煤炭的消耗。但是有一点大家不要忘了，现在的电价之所以这么低，主要是因为我们这个特定的能源结构在那儿支撑着。如果我们现在就把这一块儿的煤炭消耗迅速减下来，那我们的能源安全可能会出问题，所以说更大的问题是我们这个社会的承受能力到底有多大。

　　还是回到企业责任的问题，我觉得一方面政府要制定更多的环保标准，大家都要达标，但是这都是有成本的。企业都是要平衡的，在一个具体的企业可以不平衡，但从整个社会来讲，它是必须要平衡的，否则的话这件事情是干不动的。在这样的一个过程里面，我想政府必须研究政策的配套问题，以使宏观的导向在具体的微观系统里能够行得通。对每一个企业来讲，它要根据这个市场的环境，确定它能够去做这个事情，只有这样它才有积极性去做这个事情，也只有这样我们才会取得很好的效果。所以，我觉得如果把这个问题结合到第三个问题里一起来讲会更好，就是政府要干什么，要为企业创造一个怎样的环境，企业才能够很好地履行责任。

　　谢长军[①]：我有三个观点。一是中国目前的经济区域布局存在一个

---

① 中国国电集团公司副总经理。

大问题。都在说有资源的地方没有资金，有资金的地方没有资源。比如说长江两岸不产煤，却都是火电厂，密密麻麻。国家能不能真正落实一下区域布局，有一些具体的政策？最近，我们在哈密发现了一个大型的煤田，需要建电厂，通过一千多公里的特高压线送到重庆等地，类似这样的方案如何优化？西藏、青海都还是非工业化地带，也可以搞一点工业化。

二是我想天气的问题跟能源结构有直接关系，以煤为主的发电方式必须要彻底改变。我工作三十年了，大学刚毕业的时候，我国煤炭的装机比重就是80%，到今天还是80%，几乎没有变化。昨天工信部的部长都是这个观点，说搞风电要补贴，国家要花钱。我想好好算一下这个账。国电现在是世界第二大风电公司。搞一千瓦的风电和一千瓦的火电，如果把环保、煤炭、人身安全、交通运输等都加进去，风电比火电合算得多，从社会效益和经济效益来说都更好。但风电的投资确实比较大，政府大概平均每度电要补两毛钱到两毛五分钱，但有关部门说补得太多了、补不起。总之，我认为产业结构还要做一个很大的调整。

三是现在的能源价格不合理。去年，火电开始盈利了，此前已经亏损了四年。所以，目前的价格体系要进行改革。如果不改革，对节能减排、对整个环境保护都没有好处。

学员 5：作为企业来讲，有三个方面很重要的责任。第一个，在生产运营中一定要确保安全和质量，不能对外部的环境有不利影响。第二个，要严格按照国家的法律法规做好减排工作，尽可能降低排放。比如我们核电，如果说现在国家的减排指标是 10 的话，我们只有零点几。要做到这样的排放，确实有很大的技术投入，要提高自身的技术水平，要跟国际水平进行对接。第三个，作为企业，是技术创新的主体，在企业里确实需要创新，需要投入。技术水平的提高，对改变结构很重要。作为企业，最重要的是承担这几件事情。

对政府，首先我觉得政府有关部门在出台一些政策以后，要重视它们的持续性。比如说太阳能电价，我觉得就存在问题。今天一拍脑袋说

1.5元钱，明天又说1元钱，最近听说又要调电价，调到0.85元。太阳能是一种清洁能源，符合可持续发展的战略，但如果从一开始就要全部通过市场来发展，要想达到持续发展是很难的。如果实现了持续发展，太阳能发电可以做到0.6元，甚至是0.5元，但它需要有一个导入期，它的发展有一个过程，我们要承认它发展的客观规律。所以，我建议政府部门出台政策的时候，还是要先做深入的调查研究。我们公司第一个中标国家的太阳能招标项目，但到现在为止，我也没看到政府去对太阳能的价格做一个非常详细的分析对比，确定一个目标。

第二，在生态文明建设中，我感到有一个很重要的部分，就是整个金融体系。现在金融机构，从监管部门到经营实体，对于新能源的支持都是不到位的。银行没有积极性，政策性银行好像也没有对这方面的责任。

董小君：我觉得我们国家的核电还有空间。按照法国的比例，它占其能源总量的78%。

学员5：75%以上。

董小君：中国只占1.9%，就是把在建的加在一起也不会超过10%。

学员5：对。10%不到。

董小君：有人说福岛事件以后，人们对核电安全……

学员5：这也是我想说的。

董小君：我先说完。有人说核电的问题不仅是技术问题，还是政治问题，是上升到国际间博弈的问题。

学员5：不完全是。

董小君：这里面是不是有一个利益权衡的问题，这个可能不太好说。

学员5：核电的问题比较复杂一点。

董小君：我想听你的解释。

学员5：我认为有认识的问题，也有管理的问题。像福岛事件出来以后，如果日本采取了断然处置的措施，当时就注入海水的话，是不会发生下面的问题的。不过注入海水的话，那个机组就报废掉了。从这个意义上讲，核电企业就像银行，是带有社会公信作用的企业，单纯用市场规律去管理是不够的，是有问题的。真正遇到问题，就要断然处置，不能再从企业的利益出发。这方面光是我们企业来讲是不够的，必须要由专家来讲，要让真正的大领导认识到这个问题的核心和关键在哪里，这样的话才能真正下决心。

董小君：好，谢谢。

沈殿成[①]：我谈点不成熟的意见。各位在发言的过程中都提到了中石油，我们既是提供清洁能源的，也在减排的过程中扮演一个重要角色。我想把这两个题目一起谈，一个是发展和减排，也就是环境保护的关系，另一个是企业应该做的贡献和应承担的责任。

讲到发展和减排的关系，我想还是应该客观地概括两句话，一句叫做经济发展促进生态文明，这很好理解。当我们发展到一定程度之后，大家才知道提高生活质量。我吃饱了，穿暖了，我才想到文明。原始社会生态很好，但是不文明，衣服都不穿。另一句话叫做生态文明提高发展质量，对发展质量提出了要求。我们应该完整地理解这两句话，好多领导都讲到了，不能为了纯粹的生态文明来剥夺发展的大好机遇。

关于企业在环境保护中应承担什么样的责任，对于全体企业，特别是对国有企业来说，确实应该承担起减排减污的重要责任。我们中石油2012 年只进口中亚的天然气，这是清洁能源。天然气含硫量是燃煤的 0.48%，是燃油含硫量的 0.66%，大概是这么一个关系。同时，天然气的分子式是 CH_4，只有一个碳，是低碳清洁能源。所以说，我们国家要想彻底解决当前雾霾严重的问题，很重要的一个措施就是改善一次能源的燃料结构。比如说，我们现在一年烧了 36 亿吨煤，占全世界总量的 52%。这样你还想要蓝天白云，这可能吗？所以逐渐替代和改善这个结构是当务之急。大家都知道，我国自身的天然气产量是比较低的。中石油、中石化两家年产 1 100 亿立方天然气，我们天然气的年消费量现在

199

① 中国石油天然气集团公司副总经理。

大概是 1 400 亿立方，而我们是一个 13 亿多人口的大国。俄罗斯有两亿人口，天然气的年产量却达到了 6 000 多亿立方。从消费结构看，发达国家，像美国，它的天然气占一次能源的 22%，而中国刚刚接近 4%，这样的燃料结构确实影响我们的环境质量。所以按照中央的统一部署，我们 2012 年从中亚进口了将近 300 亿立方的天然气，一立方气我们亏了 1.5 元，仅这个业务 2012 年就亏了 450 亿，这应该也是企业为国家承担了很多的减排责任。

我们还要为国家寻找更多新的能源供应地。在这方面石油干部职工也做出了很大的贡献，我也借这个机会做宣传。大家知道中央台最近在宣传孙波同志的事迹，他在海外工作了十八年，先后在苏丹、委内瑞拉、伊拉克工作，都是充满战火和危险的地方，最后来到了中亚，52 岁硬是累死了。我们好多的海外员工，在海外工作多年，家里的生活都不适应了，而家里也习惯了他们的不存在。孙波同志回来以后，他爱人听到他的呼吸声睡不着觉，孩子也觉得爸爸在家待的时间长了，说你怎么还不走啊。后来他们夫妻一人住一个房间，所以最后他半夜死的时候，家里人根本不知道，第二天早上七点半，等他爱人发现的时候已经晚了，彻底没气了。我们的员工就是牢记着"我为祖国献石油"的核心价值，在世界各地、在祖国各地努力工作着。我们的工作也得到了国家许多部委，包括环保部、发改委、水利部、交通部等的大力支持。

现在我们正在建设西三线，还要引进 300 亿立方天然气到中国来，以进一步改善燃料结构。为什么推不下去？主要还是价格机制没有理顺的问题。我一个企业就为了这 300 亿立方天然气亏损了 450 亿，再很难有资金去加速引进天然气和进行管道建设。一条中亚西二线从新疆的阿拉善口一直建到了香港，2012 年年底把气送到了香港，花了 700 多个亿。如果我这里长期亏损，就没有资金来解决这项战略性的工程，所以这里有一个理顺价格机制的问题。

另外，大家老讲油品质量的问题，我一直参与这项工作，负责中国石油的炼油化工节能减排安全环保工作，就谈谈我的看法。我认为北京绝不能把雾霾天气归结到汽车的燃料结构，为什么？因为自 2008 年 1 月 1 日起，北京在全国率先执行国四标准，硫的含量是 50 个 PPS。自 2011 年 7 月 1 日又开始执行国五标准，硫的含量降到 10 个 PPS。这个标准与欧洲和日本是完全一样的，美国很多州现在还是 30 个。北京应该已经实现了清洁汽油的消费，但是我想还有一个重要问题，就是刚才好多领导都讲到的，车辆的数量问题。北京有 500 多万辆机动车，发展的速度很快，一年增长 20 万，这是一个主要的因素。我 2012 年 12 月份刚从美国回来，无论是纽约也好，洛杉矶也好，那个汽车的密度不亚于北京，而且全是大排量的，但是那里仍然是蓝天白云。所以这个问题还是应该客观地来分析。

还有一个问题，在小组讨论的时候我也说过，专家老师在这儿讲课，讲到这么多的雾霾问题，就是不讲人口问题。对人口的控制，我一直觉得是中国的可持续发展，包括生态文明建设的一个根本要素。我们 13 亿人，960 万平方公里，美国 3 亿人，936 万平方公里。我们这么多人，再发展下去还有绿地吗？全给踏没了。

最后一个问题，企业要进一步加大节能减排技术改造的力度，在技术上要投入，在改造上也要投入。我们的技术与国外的技术相比，还是有很大差距的，同时也具有很大的发展空间和潜能。

说得不对的，大家批评。

董小君：听了沈总的发言，我们了解到大力发展天然气对于改善能源结构的重要性，也了解到石油企业做出的巨大贡献。他还提出了一个值得思考的问题，北京已开始执行国五标准，这个标准与欧洲和日本是完全一样的，应该已经实现了清洁汽油的消费。美国的汽车密度也不亚于北京，而且全是大排量的，为什么那里仍然是蓝天白云？

周政[①]：通过这次学习，我觉得有一种强烈的责任感，应该把我们国家的生态文明建设工作做好。作为中国粮油食品的国有企业，中粮集

---

① 中粮集团有限公司副总经理。

201

团除了保障国家粮食安全之外，还有一个很重要的工作就是食品的加工。对食品加工这一块儿，中粮集团推进的是全产业链的管控。这个管控包括从田间到餐桌的所有主要环节，控制得不错。我们比较担忧的问题是种植环节，也包括水污染和土壤污染的问题。这些问题我们不能回避，必须正视。就目前来说，我们还不能完全控制所有的水和土的资源问题，但是我们至少可以选择安全和放心的源头，这是一方面。另一方面，我们在工厂的技术投入方面还是很花代价的。

董小君：民以食为天。

五、角色扮演

董小君：由于时间的关系，这种公开的研讨到此结束，还有一些人没发言，还有一个机会。下面是最后一个环节，就是角色扮演。我们把各位领导分为三个组，即政府、企业、社会公众，分别从政策、生产和消费这三个方面对治理环境提出对策和建议。

下面，首先请社会公众组发言。

学员（社会公众组）：第一条，创造健康清洁的生活方式。第二条，对政府和企业进行监督。第三条，对公众要加强自然环境保护的教育，提高环保意识。第四条，政府要用铁的手腕，加大对违法行为的治理。第五条，公众要理性看待环保问题。第六条，加大环境检测指标的公开，保障民众的知情权。第七条，国家应加大立法，保障公民的环境权。第八条，在全社会树立治理污染人人有责的观念，从自我做起。第九条，发挥人大、政协社会组织和新闻媒体的监督作用，使更多民众参与。第十条，组织群众环境监督员。第十一条，向国外转移高污染、高排放。第十二条，制定、鼓励绿色消费的政策。第十三条，提倡多坐公共交通，减少私家车出行。第十四条，减少一次性物品的使用和消费。第十五条，政府应公开信息，披露治理的方案和进展。第十六条，加大垃圾的回收利用。

董小君：社会公众组总结得非常好，非常完整。他们还提到了国家战略意识，比如说转移排放，我觉得这对企业可能是一个启发，对政府部门也是一个启发。中国的转移排放还很低，实际上西方的转移排放占了其排放量的30％。好，下面我们请政府组来谈一谈你们的观点，还是请翟部长来发言。

翟青：一要加强顶层设计，要把总体的工作设计好。我们不能走一步看一步，那样不行，要加强设计。在设计的过程中要考虑到各种各样的问题，既要考虑到社会公众的想法，还要考虑到我们现实的一些状况，要把这些可能和现实与我们的发展规划结合在一起。特别是社会公众组讲得很专业，提出一个举证体系，有目标，有什么？

董小君：目标和目标之间的。

翟青：对，目标和目标之间的，就是我们要搞合作，这是其中很重要的一方面内容，包括我们现在的交通、建设、环卫，还有工业等各个方面。我们要界定相互之间的责任，政府承担什么责任，企业承担什么责任，老百姓有什么责任，大家都把责任说清楚，要有路线图。另外生态文明方面……

董小君：生态保护责任主体要落实。

翟青：要明确责任主体。实际上很难形成一个对称的博弈，按照国务院领导同志讲的，就是要明确我们的主阵地，我们要负主要责任的方面。另外，我们的一个领导曾提到城市的规模，这点确实很重要。我们不能摊大饼，一环、二环、三环、四环、五环、六环、七环、八环，河南都做成八环了。这是我们组提出的第一条，是比较具有综合性的一条。

第二条就是要用好法律法规的手段，用好法律和行政规范的关系，要综合运用各种手段，单一的手段肯定是解决不了问题的。

董小君：这是一个理念性的东西，请讲些具体的措施。

翟青：其实就是一句话，讲到根上，现在生态文明建设和经济建设两手都得抓，都得硬，不能只抓一头，这样不行。我认为这是一个关键点。下面比较重要的是第五条，是关于税制的改革，要深化，加大改革力度，现在这方面确实有问题。最后还有一句话，叫做集约纵深推进。

我就说这么多。

董小君：行，下面请企业组的代表发言。

学员6：我们很重要，将来是要获诺贝尔奖的。

董小君：绿色GDP。

学员6：我也是现买现卖，刚才受徐省长的启发，社会财富由两部分组成，GDP加GEP，GDP是物质财富，GEP是生态财富，GEP是最近刚出来的概念，就是生态系统生产总值。生态是一个产品，是产品就有价值，有价值就要衡量，就用GEP来衡量。这有一个好处，就是使主体功能区的实施有了一个抓手。大家都知道，主体功能区分为四种，其中重点开发区和优化开发区可以发展经济，发展的重点当然是创造物质财富，创造GDP。而我们的禁止开发区和限制开发区，就要以生态保护为主，就像我们的徐省长保护水资源。这是什么？就是GEP，这样的话我也创造了财富，就不至于贫困了。有了GEP以后，我就有回报了，有税收了，老百姓也有收入了。大家的追求不一样，我们就需要解决一个重复建设的问题，以及由此造成的产能过剩问题。现在都追求GDP，西部地区也要搞产能，否则的话就没有GDP，同时也就出现了产能过剩的问题。东部地区搞产能的升级和改造，那西部就生产生态产品，就是创造GEP，于是大家就能够各得其所，就不存在重复建设了。

第二点，我不太赞成生态补偿这种叫法。第一课的时候，解主任举了一个案例，是关于江苏与浙江的关系。我不补给你，为什么？因为我补给你，就说明是我欠你的，被补偿方好像在施舍我，心理就不平衡了。所以这个事情就提出来了，我认为这是一个很好的理念，我们应该去尝试。但是这个过程还很长，要慢慢去探索。如果能引入这个理念，可能我们考核生态文明建设就有了一个抓手和努力的方向。否则的话，大家人云亦云，抛砖引玉，抛一个黑砖怎么办？

董小君：好，非常好。下面企业组赶紧发言吧。冯总①，你来吧？

---

① 国家开发投资公司董事、总经理冯士栋。

冯士栋：我们企业组列的条数不多。商业模式创新，我们一会儿让余总①解释，我从第二条开始说，关键的环节要进行重点突破，我们在生产选择上要搞重点突破。第三条是在考核指标的选择上不能一刀切，比如说，有些对政府的考核指标不应该也用到对企业的考核上来。举个例子，如果用能耗总量指标来考核企业就不合适了，考核企业，可能用单位能耗指标会更好一点。另外一点，就是在同一区域内，节能减排这个要求对企业应该均等，大家都是一个标准。第四条就是希望政府能够尽快推出一些能效标准。第五条，要建立相关的激励机制。第六条，我们感到现在有一些政策不是很配套。第七条，能源政策要有长期性，要稳定，还要有针对性。第八条是要加快建立碳交易市场。第九条是在税收政策上要给予支持。第十条是要大力发展核电，也就是说要从快发展清洁能源，希望能够加大核电的发展。对这一条我们企业内部也有不一样的意见，有的说先在沿海发展，有的说先在内地发展，内地更安全，也有的说在沿海更安全。第十一条是要加强节能技术的研究。第十二条是要改善能源价格机制。第十三条是希望政府的监管能够做到公平一致。最后一条是要加强商业模式的创新。下面请余总来进行补充。

余红辉：一点见解。我们看到了市场上的一些商业模式创新所带来的价值。比如说，诺贝尔和平奖得主尤努斯②把钱贷给了穷人。这也是两难，银行一般想贷给富人，因为富人还款的信用比较高。但是，尤努斯确实通过他的商业模式创新，成功地把钱借给了穷人。而我们在环保这个问题上，在发展过程当中也遇到了这么一个两难的困境。对企业来讲，除了注重关键技术的创新以外，还要更多地注重商业模式的创新。这样的话，企业就能够调动社会各方的资源，包括政府的积极性和民众的积极性，也包括我们企业自身的积极性，就可能把相关的难题解决好。

---

① 中国节能环保集团公司副总经理余红辉。

② 穆罕默德·尤努斯，孟加拉国经济学家，孟加拉乡村银行格莱珉银行创始人，2006年获诺贝尔和平奖。

好，我就说到这儿。

六、小结

董小君： 刚才各位领导就环境治理问题都谈到了自己的真知灼见。下面我对大家的观点大致进行一下梳理。首先，从认识理念上我认为大家有很多方面是一致的。比如说关于平衡点的问题，对整个社会来说，发展与环保要有一个平衡点，对于企业来说，也是一个利益和成本平衡点的问题，所以这个观点是一致的。大家都一致同意要在环保中求发展，要在发展中讲环保。第二，大家都认识到这个问题很重要，对其重要性认识得很充分，吃得很透。如果从思想认识上都真正重视起来，那就是向解决问题迈出了第一步。第三，尤其可贵的是，大家提出了一系列有价值的、可操作的方案。

综合大家的观点和前面的理论，今天的案例教学形成了我国环境治理的基本框架。

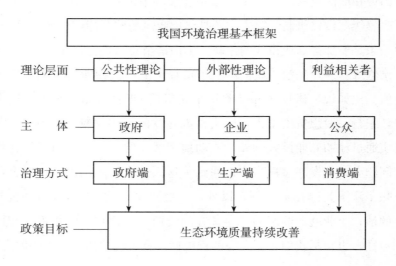

从理论层面来说，我们今天讲到的主要是两个理论，一个是公共性理论，一个是外部性理论。公共性理论实际上与十八大报告强调的一致，是政府与市场的功能定位问题，在环境保护中也涉及政府和市场的功能

定位问题。在这里面，无论是中央政府，还是地方政府，都意识到了自身的责任，包括企业和社会公众都认为政府是责任主体，这是责无旁贷的。那政府应该怎么做？首先，大家一致的指向，也可能是今天讨论中最重要的一点，就是结构调整。结构调整中最重要的是能源结构调整，第二个是产业结构调整，第三个是区域布局的调整，区域布局里面包括对城市规模要有一个合理的设置，有一个规模到底多大的问题。第二就是技术节能，要加大技术投入，这是大家一致的共识。第三是管理节能，要提高行业标准，制定规则，这都是大家的意见。第四是基础设施建设，比如说要大力发展公交、发展地铁等。第五就是体制问题，企业方面在这方面反映的比较多，比如说电网的体制、税制怎么改革等。第六是法律法规这个层面，要制定市场秩序。政府能做的大概是这几个方面。

那对于企业来说，它们能够做些什么？首先是企业自身应该怎么做，还有一个是如何对这些企业提供制度性的保障。第一，企业强调要清洁生产，这与前面宏观政策的能源结构调整是相呼应的，比如说大力发展天然气和核电这个问题。第二，企业要依法减排，这是在座的16位企业家都必须认识到的自身的责任。第三，企业强调要重点突破。第四，要明确和落实激励机制。第五，刚才一位领导讲到了，要进行商业模式的创新。

那么，对于企业的这种探索，政府方面能够给企业什么样的支持呢？那就是制度设计的科学性，保障它们能达到目的。比如在考核指标体系的设计中，对于企业的节能减排，考核指标的设计是不是针对不同企业的规模以及不同的行业要制定不同的标准？此外还有碳排放交易市场的设置问题、节能技术的发展问题、能源价格机制的理顺问题等，这些仍然是指向政府这一边的。对于企业有价值、有推广意义的机制创新，如果我们在政策体系的设计上能够保证，使它能够执行下去，那将是一个非常好的机制。我甚至想，政府能不能给企业设立两个账户，节能减排实际上是两个方向，一个是减，一个是吸。减对于企业来说太难做了，但是大量的种树，吸收二氧化碳，这个是可以做的。东风股份在恩施这

207

个地方承包了一些土地，大量植树造林，既支持了当地的产业发展，拉动了农民就业，而且绿化了环境，提高了环境质量。如果我们的政策体系设计中允许企业建立这个碳汇账户，这就是一个正外部性。它能够抵消碳排放的负外部性，至少可以抵消一部分，也能够减少企业碳排放的目标。如果这个制度一旦被认可，我敢说企业会把我国的荒山田野全部承包掉，美丽中国也会指日可待。我是这么想的，要有一个制度保障。

对于社会公众来说，从自身行为讲，要绿色出行、绿色消费，树立环境意识，比如说自觉进行垃圾的分类处理等。要保证社会公众参与到环境治理当中，要有一系列的机制保障。首先要信息公开，公众要有知情权，今天余总就从手机里看到北京 PM2.5 的情况，他说为什么这么高，他就提出了这样的问题。公众还能起到监督的作用。在传统的观念中，认为政府是责任主体，后来又认为企业产生外部性，所以也是环境治理的主体之一，这就形成了二元结构主体。现在有人提出来，环境治理不是哪一个单一的部门的责任，而是全社会的责任。在讨论中，有一个学员提出了一个很重要的概念，叫做利益相关者。这个利益相关者就是把社会公众纳入治理环境的主体中，扩大了范围，这是一个非常有价值的建议。

今天整个讨论的实际落脚点是从三端——政策端、生产端、消费端来设计政策体系。当然，在这里，消费端不仅仅包括公众自身的消费，实际上政府和企业也是社会的消费者之一，比如公车出行带来的污染问题，也是涉及这一点。

今天的案例教学就到这里。非常高兴，企业和政府坐在一起探讨了整个环境治理的基本框架。谢谢大家！

案例文本：
"十面霾伏"挑战中国政府

国家行政学院经济学教研部副主任、教授　董小君
国家行政学院经济学教研部教授　　　　　冯俏彬

引言

去冬今春，北京乃至全国雾霾肆虐，大自然正在以一种独特的方式向刚刚迈入中上等收入国家的中国，展示了工业化过程中环境保护不力的严重后果。

雾霾公共灾难已经不是一种单纯的空气重污染，它对于公众的生活质量、幸福指数、健康指数都是一种重大的生存、生命威胁，治理环境污染成为公众关心更是今年全国两会关注的焦点问题。

中国从 2005 年首提"生态文明"概念，到"资源节约型、环境友好型社会"写进"十二五"规划纲要，再到中共十八大报告首次把生态文明建设与经济、政治、文化、社会建设一并纳入"五位一体"总体布局，中国高层的战略选择凸显出建设美丽中国的决心。

本案例揭示了我国经济发展与工业化进程中生态文明建设中的矛盾冲突。

雾中的北京：一个月仅有五天见太阳

2013 年 1 月，整个北京深锁在沉重的雾霾中。一个月里，北京市气象台连发了四次霾预警：

1 月 13 日，北京市气象台发布北京气象史上首个霾橙色预警；

1 月 18 日夜间，北京气象台发布本月第二次霾黄色预警；

1 月 23 日清晨气象台发布霾黄色预警，在 24 日零时解除；

1 月 27 日 11 时，气象台发布霾黄色预警。31 日晚 22 时解除。

整个 1 月，北京人仅有 5 天见到了太阳，其余 25 天都是浓重的雾霾天。最严重的是 1 月 12 日，这一天，北京市多处环境监测点的 PM2.5 持续爆表，部分点位的小时最大值达到 900 微克/立方米，达到六级重度污染。1 月 27—31 日那一次雾霾也同样令人印象深刻，城区、郊区多处监测点 PM2.5 值在 400 上下，空气质量指数 AQI 均在 200 以上，达到五级重度污染。

"十面霾伏"：全国 31 个省市有 29 个空气超标

雾霾鹊起，盘踞不去，它以超级恐怖的姿态和急速蔓延的趋势吞噬着整个中国。从华北经中原和华东，直至云贵高原，"侵略"了中国 1/3 的国土面积，中国真正陷入"十面霾伏"。环保部空气监测平台的中国地图上，遍地红色，点线成片。1 月 14 日 13 时，全国 31 个省市（不包括港澳台）之中，有 29 个省市出现超标空气质量指数（AQI），达到轻度污染以上的污染级别；从东北到西北，从华北到中部到黄淮、江南地区，有 27 个省市的空气质量指数达到重度污染或严重污染，仅有海南、福建两个省幸免。1 月 28 日，环保部报告说，根据卫星遥感监测，全国灰霾面积达到 143 万平方公里，主要分布在北京、天津、河北、河南、山东、江苏、安徽、湖北、湖南等地区，东北、华北、中部一些省区、江淮都普遍出现重度或严重污染，其中以京津地区为最严重，达到 5～6 级的重度污染水平。

人在潜在的灾难中，既无助又无辜，并且无能为力；交通已经开始管制，高速公路遭到封闭，航班大面积延误……似乎中国所有的城市都成了雾都，公共安全的出血口处于完全不设防状态。

近些年，每到秋冬季我国大部分地区都会普遍遭遇雾霾天气，给社会生产生活秩序造成严重影响，引发媒体和社会对于空气污染的关注和讨论。只是，随着冷空气的流动，吹散雾霾天气的同时，也带走了那些痛心疾首的反思和信誓旦旦的承诺。厚德载"雾"、自强不"吸"等调侃过后，城市依旧喧嚣，生活恢复平静的人们，似乎都忘记了还有一种曾弥散在空中的恐惧，直到它再次不期而至。

同呼吸共命运："北京咳"已和"北京烤鸭"一样成为北京特色

雾霾公共灾难已经不是一种单纯的空气重污染，它对于公众的生活质量、幸福指数、健康指数都是一种重大的生存、生命威胁，将之提升到社会公共灾难高度，绝对不是夸张，而是一种实事求是的理性和科学观。

1990 年 3 月出版了《扶轮月刊（The Rotarian）》。这本由慈善组织扶轮社筹办的杂志援引了一篇报告：工业国家曾经的主要城市现象——空气污染，已经散播至全世界……在雅典，死亡人数在重污染天上升六倍。在匈牙利，政府认为每死亡 17 个人，就有一个是因为空气污染。1952 年 12 月的伦敦大雾持续了五天。当时能见度只有几米，找到路的唯一办法是沿着马路护栏和房屋行走。人们根本看不清交通状况，过马路必须靠听觉。造成污染的最直接原因是发电站和普通家庭使用的煤炭以及汽车尾气。1952 年伦敦大雾引发的直接死亡人数达到 4 000 至 8 000 人，其中主要是儿童和患有呼吸疾病的人群。如果按照中国的人口规模换算，相当于 8 万人死亡。大雾带来的严重影响还加重了人们已有的病情，并非所有死亡人数都立即进行了登记。估计最终的死亡人数为 1.2 万人，换算成中国的人口规模，则将近 25 万人。如果这种雾霾扩大化得不到遏制，谁说我们不会出现可怕的"伦敦悲剧"呢？

"同呼吸共命运"。"北京咳"就是雾霾公共灾难的佐证。2002 年，一本政治经济学的书中提到："城市里的空气经常带有酸味、硫化味，到处都可以听到'北京咳'。"2003 年以后，"北京咳"频繁出现在针对来华旅客的旅游提示中，一本名为《文化震撼，游遍北京（Culture Shock! Beijing at Your Door）》的旅游书如是提醒游客："北京咳，指不定时发生的干咳或是喉咙瘙痒，从 12 月份持续到 4 月份。"此后越来越多的网站中出现了类似的提示，奥运会前后达到高峰。2008 年 1 月，有医生资质的英国人理查德·史密斯来到北京，之后他以精确到小时的细节描述了北京咳过程。"一串咳嗽可能持续 90 秒，10 分钟发作一次，我没有感到自己病了，咳不出东西。嗓子感到了刺激，但是也称不上喉咙痛。"有

人笑谑道，"北京咳"已和"北京烤鸭"一样，成为北京的特色之一。

如果说此前北京咳还主要停留在外国人之中，今年北京人自己对此也有了切身感受。在1月份的连续雾霾天中，京城各大医院纷纷报告说，呼吸道疾病患者急剧增多。在北京市儿童医院，1月5日至11日，该院日门急诊量最高峰曾达到9 000多人次，其中呼吸道感染占到内科病人的50%左右，其中儿童数量更是明显增加，每天都有超过800个孩子来院接受雾化治疗。其他各大医院的情况也差不多。

为防雾霾，网店"N95口罩"销量猛增10倍。在全国大城市，不少上班族在上下班的途中纷纷戴起了口罩。外表印花，里层是棉布的口罩深受年轻女性的欢迎，而在药店里，每包还不到10元的医用口罩也有部分上班族在购买。

不止是呼吸道感染，医学研究表明，雾霾对公众健康有致命危害。早在2007年，世界银行和中国国家环保总局共同进行了一项研究，形成的结论之一是：以PM10为指标衡量的空气污染，每年在中国导致35万至40万人"早死"。2012年12月18日，环保组织"绿色和平"和北京大学公共卫生学院共同发布一份研究报告指出，如果2012年北京、上海、广州、西安四城市空气质量相对于2010年没有改善，因PM2.5污染造成的"早死"人数将达8 572人。雾霾"比非典更厉害"，应当不是一句玩笑。

对PM2.5的监测：引起中美"政治话题还是空气监测"之争

对中国PM2.5的监测源于美国驻北京大使馆。

在2008年奥运会召开之前，美国驻北京大使馆出于在使馆工作的美国人健康的考虑，在新使馆落成之时，在建筑物上设立了空气监测站。这个监测站的监测结果，每小时在"推特（twitter）"上被更新发布一次。

早在2010年11月24日，美国驻华大使馆的自动监测系统就玩了一把黑色幽默，用"疯狂地糟"显示空气污染的分析结果，当时北京的PM2.5微型颗粒物水平超过500，大约是世界卫生组织准则值的20倍。

"疯狂地糟"显然不是一个严肃而科学的用词，而似乎是美国大使馆监测程序中植入的一个笑话，因读数超过正常范围才冒了出来。尽管美国官员很快就删除了"疯狂地糟"，改用"超出指标"，但"疯狂地糟"已经被陷入震惊的北京网民大量转发。

2011年12月4日，美国驻华使馆发布的北京PM2.5监测数据再次爆表，指数为522，超过了最高污染指数500，也因"超出该污染物的值域"，在美国环保局网站上无法转换为空气质量指数。同一天北京市环保局的监测显示当天空气质量仅为"轻微污染"！

谁的数据更真实？雾是否就是"污染"？北京是否会成为雾都？市环保局官方监测的空气质量数据为何与美国大使馆的监测数据有出入？北京环保部门的"轻度污染"并非有意"降级"，而是基于现行的PM10监测标准。面对众多疑问，北京市环保部门的解释是：北京空气质量自己跟自己比有进步，但跟更好的比差距还很大。前些年本市监测并公布的是粒径在100微米以下的总悬浮颗粒物，后来改为10微米以下的可吸入颗粒物，即PM10。

有关专家也出来表态，说美国大使馆所在地区交通繁忙、人流密集，因此美国使馆所测数据不代表北京地区整体水平，甚至无法代表朝阳区一个区的空气质量。相反，北京市环保局的空气质量监测点不仅分布于市区繁忙街区，也分布于郊区，其公布的数据代表了全市整体水平。2012年6月，国家环保部对美国驻华使领馆监测PM2.5并发布相关数据进行了猛烈抨击："中国空气质量监测及发布，涉及社会公共利益，属政府的公权力，个别国家驻华领事馆自行开展空气质量监测，并经互联网发布空气质量信息，既不符合维也纳外交关系公约、维也纳领事关系公约的有关精神，也违反了环境保护的有关规定。根据维也纳有关公约，外交人员有义务尊重接受国法律法规，不能干涉接受国内政。环保部希望个别驻华领事馆尊重我国相关法律法规，停止发布不具有代表性的空气质量信息。"

美国国务院发言人唐纳随后回应称，美国驻华使领馆发布当地

213

PM2.5 监测数据，"是我们提供给在驻华使领馆工作的美国人和在中国生活的美国人的一项服务"，美方不认为此举干涉了中国的内政，也肯定没有违反《维也纳公约》。

小小的 PM2.5，引出了外交争端。

这一场关于北京空气质量孰真孰假的讨论、争执、辩解，将 PM2.5、PM10 这些众人原来根本不知道的专业术语推进了公众视野。

中国转变：从"不监测"到"参考指标"，再到"约束性控制"

世界卫生组织（WHO）在 2005 年出台的全球更新版《空气质量准则》中，对大气中可吸入颗粒物的浓度限值制定的标准为，PM2.5 年平均浓度为 10 微克/立方米，24 小时平均浓度为 25 微克/立方米。而实际上，中国城市空气质量评估主要依据的是二氧化硫、二氧化氮和 PM10 浓度等三个指标。2000 年修订的现行国家《环境空气质量标准》中，不包括 PM2.5 指标。

中国城市空气质量报告采用的空气质量指数（API），就是将上述三种监测的空气污染物浓度简化成为单一的概念性指数值形式，并分级表征空气污染程度和空气质量状况，进行优、良、轻微污染、轻度污染、中度污染、重度污染等定性描述。这种描述不足之处是，在 API 体系中无法直观 PM10 的具体浓度是多少，更不要说 PM2.5。

国际上环境空气质量标准的发展趋势主要就是增加 PM2.5。由于 PM2.5 对人体健康的影响比 PM10 更显著，发达国家制定 PM2.5 的环境空气质量标准已经成为一个趋势。

中国环保部门在监测方面也做过改进，前些年北京监测并公布的是粒径在 100 微米以下的总悬浮颗粒物，后来改为 10 微米以下的可吸入颗粒物，即 PM10。但在 2010 年 11 月发布的《环境空气质量标准》（征求意见稿）中，PM2.5 指标仍没有被列入正式指标，而仅作为参考指标。

2012 年 2 月，国务院同意发布新修订的《环境空气质量标准》增加了细颗粒物监测指标。自此，PM2.5 首次正式纳入中国空气质量标准。2012 年年底，由于全国持续出现雾霾天，PM2.5 成为公共热词，在新闻中 PM2.5 成为直播主角。2013 年在 113 个环保重点城市和环保模范城市开展包括 PM2.5 在内的 6 项指标监测。2013 年 2 月 28 日，全国科学技术名词审定委员会称 PM2.5 拟正式命名为"细颗粒物"。

什么是 PM2.5？一眼看上去，PM2.5 令人如堕云端，不知何意。其实，这是一个专业术语，PM 是英文 particulate matter（颗粒物）的首字母缩写，"PM2.5"则是指飘浮在空气中的、直径小于或等于 2.5 微米的固体颗粒或液滴的总称，简称细颗粒物，又称可入肺颗粒物。与此相似，PM10 是指直径小于或等于 10 微米的固体颗粒或液滴的总称，又称粗颗粒物。

PM2.5 有多大？2.5 微米是多大呢？可与我们的头发对比一下。一般地，人类头发的直径大约是 70 微米，也就是说，PM2.5 所指称的颗粒直径相当于头发丝直径的 1/30 大小。这些颗粒如此细小，以至于人的肉眼根本看不到，而且它们可以在空气中飘浮数天不去。

PM2.5 是由什么组成的？科学研究表明，飘浮在空气中的 PM2.5 成分非常复杂，主要成分是元素碳、有机碳化合物、硫酸盐、硝酸盐、铵盐，这些物质约占 70％～80％，其他的常见的成分还有各种金属元素，如钠、镁、钙、铝、铁等地壳中含量丰富的元素，也有铅、锌、砷、镉、铜等主要源自人类污染的重金属元素。不仅如此，空气中的多种微生物、细菌、病毒，以及某些致癌物也可成为 PM2.5 家族中的成员。

PM2.5 是怎样变成雾霾的？中科院大气物理研究所研究员王跃思形象地解释了从污染物到霾的化学变化过程："污染源排放的 SO_2（二氧化硫）气体、NO_x 气体（氮氧化物）人们用肉眼是看不见的，只有卫星或是仪器用特殊的'眼'才能看到。SO_2 气体和 NO_x 气体变成硫酸盐和硝酸盐颗粒物，由于它们都能溶于水，一吸水就会变胖，胖到 0.4 微米（400 纳米）以上，这时人眼就能看到它们了，这就是我们称之为'霾'的污染物。""当静稳天气湿度又大，工业排放的 SO_2 很快就会增长到 400 纳米以上。"

PM2.5 对人体有何危害？研究发现，直径大于 10 微米的颗粒物一

215

般会被呼吸器官拦下，所以 PM10 中的粗颗粒物大部分会停留在人的口腔和鼻腔或大多仅停留在咽喉。但是，PM2.5 则能轻易突破人体的自然防线，如鼻道、口腔等，通过呼吸道到达人的肺部。由于 PM2.5 吸附了很多有害和有毒物质，因此会影响肺的通气功能，干扰肺部的气体交换，对人的呼吸系统、心血管系统、免疫系统、生育能力、神经系统和遗传等产生影响，并诱发肺部硬化、哮喘和支气管炎，甚至导致心血管疾病。临床上表现为：呼吸道受刺激、咳嗽、呼吸困难、哮喘，严重者将导致慢性支气管炎、心律失常，以及非致命性的心脏病、心肺病患者的过早死。孩子和老人受 PM2.5 影响最大。

研究发现，如果空气中 PM2.5 的浓度长期高于 10 微克/立方米，死亡风险就开始上升。浓度每增加 10 微克/立方米，总的死亡风险就上升 4%，得心肺疾病的死亡风险上升 6%，得肺癌的死亡风险上升 8%。一份来自联合国环境规划署的报告称，PM2.5 每立方米的浓度上升 20 毫克，中国和印度每年会有约 34 万人死亡；如果 PM2.5 浓度每升高 100 微克/立方米，居民每日死亡率将增加 12.07%。

复旦大学环境科学与工程系教授陈建民指出，"对 PM2.5 引起的死亡人数至今争议还很大，但 PM2.5 引起我国居民呼吸道疾病发病率上升，如慢性阻塞性肺疾病、肺癌、支气管哮喘等疾病发病率不断攀升确实是不争的事实。"北京大学医学部公共卫生学院潘小川教授及其同事发现，2004 年至 2006 年期间，当北京大学校园观测点的 PM2.5 日均浓度增加时，在约 4 公里以外的北京大学第三医院，心血管病急诊患者数量也有所增加。

总之，PM2.5 浓度升高导致居民死亡率上升的关系，已经在全球不同的地点、不同的大气污染背景、不同的人群得到初步证实。

PM2.5 元凶：在自然源和人为源中，人为活动是主因

持续大范围雾霾天气和空气质量下降是自然因素和人为活动共同作用的结果。自然源主要包括土壤粒子、森林火灾和火山爆发，以及飘浮的海盐、花粉、真菌孢子、细菌等。人为源主要有工业生产、煤炭燃烧、石油燃烧、垃圾燃烧、生物质燃烧，以及农业废物等。此外，排放到大气中的某些气体，可以通过复杂的物理化学过程转化成粒子，成为PM2.5 中的二次粒子。例如，由 H_2S 生成的硫酸盐，由 SO_2 生成的硫酸盐，由 NO_x 生成的硝酸盐，由 NH_2 生成的铵盐等等。

虽然自然过程也会产生 PM2.5，但空气中 PM2.5 的主要来源还是人为排放。下面重点分析北京地区主要污染源对空气中 PM2.5 的相对贡献大小：在北京，在 PM2.5 的本地来源中，机动车尾气排放是第一大来源，大约 22％的 PM2.5 是由机动车排放的；煤炭燃烧则是 PM2.5 的第二大来源，约占 PM2.5 总量的 16.7％ 左右；工业喷涂，尤其是水泥、化工、工业喷涂等行业，是 PM2.5 的第三大来源，约占总量的 16.3％左右；城市扬尘污染占 16％；来自北京周边地区的传输占 24.5％。农村秸秆焚烧占 4.5％，秸秆焚烧时，大气中二氧化硫、二氧化氮和可吸入颗粒物三项污染指数将达到高峰值，其中二氧化硫的浓度比平时高出1 倍，二氧化氮、可吸入颗粒物的浓度比平时高出 3 倍。

表 1 北京 PM2.5 来源结构

PM2.5来源	占 比
机动车排放	22.0％
煤炭污染	16.7％
工业喷涂	16.3％
城市扬尘污染	16.0％
区域传输（周边地区）	24.5％
农村秸秆焚烧	4.5％

北京的车（本地源）。中国是世界汽车大国，截至 2012 年年底，机动车保有量达到 2.4 亿辆。在 1 月中旬的雾霾天气中，北京城区机动车排放的一氧化氮在 1 月 12 日夜间一度高达 310 微克/立方米，是平日的4.5 倍；机动车和燃煤直接排放的一氧化碳浓度高达 12 微克/立方米，是平时的 8 倍；油气和餐饮直接排放的挥发性有机物增加 2 倍以上。以此判断，空气中硝酸盐的颗粒大部分是由汽车排放的尾气转化而成的。

217

北京市环保局也声称，本地机动车对于霾的贡献率达到22%。

国三标准的成品油。既然汽车尾气是主要污染源，这是汽车数量太多造成的还是油品太差造成的？在各方的持续追问下，形成雾霾的元凶又聚集在我国较低的成品油质量上。中国目前油品太脏。我国成品油供应仅上海、珠三角和江苏部分地区执行国四标准。北京市环保局宣布根据北京市防治大气污染需要，国务院批准北京市将从2013年2月1日起实施第五阶段机动车排放地方标准（简称"京五"，相当于欧洲5号标准）。除这些地区外，全国大多数地区执行的是国三燃油标准。在国三标准汽油中，含硫量低于150ppm以下；国四标准成品油中，含硫量低于50ppm。另外，尚被广泛使用的车用柴油中，含硫量则低于350ppm。这意味着中国当前的汽油标准是欧洲、日本的15倍，美国的5倍，柴油则是欧日标准的30余倍。

周边的煤（区域传输）。由于PM2.5在空气中滞留的时间较长，所以通常PM2.5污染具有区域性特征。这就是说，对于某一地区而言，除了本地产生的PM2.5，其周边地区也可能输入PM2.5。研究人员估计，在北京地区空气中的PM2.5中，大约有24%左右是来自北京周边地区。本次污染事件突发的一个重要原因，就是以河北燃煤排放为主的二氧化硫一夜之间转化成了硫酸盐。统计数据也支持这一说法，因为北京每年仅燃烧2 300万吨标准煤，天津每年燃烧7 000万吨标准煤，而河北省每年燃烧2.7亿吨标准煤。

鞭炮要不要放："年味"与"烟味"如何抉择

被浓雾重霾惊了魂的人们，迎来了2013年的春节。春节要不要禁放鞭炮引发全国热议。作为春节的传统习俗，如果真的是禁放了鞭炮，原本已经变淡的春节就更为没有年味了。"年味"与"烟味"，究竟应该如何抉择呢？

烟花爆竹，即使是所谓的新型环保烟花，在点燃后，里面的木炭粉、硫磺粉以及金属粉末在氧化剂作用下迅速燃烧，会产生二氧化碳、一氧化碳等，特别是增加细粒子浓度，也就是PM2.5。有的烟花爆竹燃放后，烟雾中会有镁、铜、铯、锶等稀有金属颗粒物。爆竹声中辞旧岁，这一习俗正遭遇尴尬。2月3日，沈阳市健康教育中心进行了燃放烟花爆竹与烟草烟雾对PM2.5影响的实验。实验得出，燃放鞭炮产生的PM2.5平均浓度是正常空气浓度的5.4倍，最高时可达到66倍多。

禁或放，网络调查看民意

2005年，17 573位网友参加某网站关于"北京春节是否可燃放烟花"的调查。近七成网友赞成燃放。

2006年，某网站发起"您今年春节放鞭炮了吗"调查，2 672位网友投票，结果显示八成网友放了。而在没有燃放的原因中，担心人身安全、烟花爆竹太贵、噪音太大排前三位，接下来才是环境污染和火灾隐患。

2011年，9 125人参与人民网调查，"不支持"燃放烟花爆竹的网友超过六成。其中，48.5%的网友不支持是因为"噪音环境污染"，11.9%的网友不支持是因为"易发生火灾等"，选择"支持，因为不放没有年味"选项的网友只占到了37.4%。

截至2012年2月2日，某网站发起投票"你同意春节不放或少放烟花爆竹吗？"4 765位网友中，近六成网友表示同意，支持环保倡议。在另外一项调查中，10 310位网友中，59%同意在市区禁售禁放烟花爆竹。

环境保护部披露，2月9日至15日，受烟花爆竹燃放影响，我国部分城市空气质量有所下降。影响空气质量的首要污染物是PM2.5。74个城市中：PM2.5平均超标率为42.7%，最大日均值为426微克/立方米，最大超标倍数为4.7。北京市环保局监测显示，春节至元宵节期间，市区可吸入颗粒物PM10浓度与去年同期相比增加28%。烟花爆竹燃放造成了三次PM2.5高浓度过程。

PM2.5治理攻坚战：从北京到各地多举应对措施

从雾霾天气的特质和范围来看，仅靠一地政府来应对和解决污染问题显然是不可能的。于是全国各地行动起来。根据公开的报道统计，在全国31个省份的两会期间，共有24个省份的两会代表提及空气质量问

219

题，也就是说，近八成的地方两会关注了中东部地区持续出现的雾霾现象以及该省的生态环境和空气质量问题。这其中，北京、江苏、山东、河北四个省均把雾霾治理写入了政府工作报告中。

在1月的雾霾期间，北京市推出了四大举措紧急应对。一是启动《北京市重污染日应急方案》。如在1月10—15日的雾霾天气过程中，西南、东南地区启动了应急方案中的最高等级"极重污染日"应急方案，30％的公车停驶，58家污染企业停产。二是将大气污染防治立法提上日程。1月19日，《北京市大气污染防治条例》（草案送审稿）面向社会征求意见。三是在全国率先实施国五排放标准。自2013年2月1日起，北京在全国率先执行第五阶段机动车排放标准；自3月1日起，不符合排放标准的车辆将不能在京销售和注册登记。四是严重污染时增加道路冲刷、洒水压尘、清洗和机扫作业等市政清扫频次。

不仅北京，各地在雾霾期间也纷纷采取了一系列应对措施。如河北省气象局启动了重大气象灾害Ⅳ级响应；郑州市对超标排放的公交车实行限行，15％的建筑工地停止施工作业；武汉市严格监管工业企业烟尘排放；长沙市加大工地扬尘治理，实施机动车尾气检测，研究黄标车限行和淘汰工作，加大水泥厂、火电厂氮氧化物削减，等等。

除了官方部门采取应对措施，中国民间也在主动寻求改变，其中较为引人注目的就是"春节少放烟花爆竹"行动。据统计，今年春节期间，各地烟花爆竹的销售量都有所下降，仅北京一地，就较往年下降了近50％。

一些具有长远性的措施也正在制订中。近日国务院提出，要加快油品升级，2014—2015年推行国四标准，2017年年底前全面推行国五标准。考虑成立由环保部牵头、相关部门与区域内各省级政府参加的大气污染联防联控工作领导小组，以解决京津冀、长三角等跨省区域空气污染问题。在1月24日至25日召开的全国环保工作会议上，环保部公布了治污"路线图"：首要大气污染物超标不超过15％的城市，力争2015年达标；首要大气污染物超标15％以上、30％以下的城市，力争2020年达标；首要大气污染物超标 30％以上的城市，要制定中长期达标计划，力争到 2030 年全国所有城市达到空气质量二级标准。财政部刚刚公布的各地财政预算草案显示，今年地方财政的节能环保支出同比进一步增加。据统计，北京、上海、广东、湖南、四川、山西、山东、内蒙古、辽宁、江苏、河南、广西、海南、陕西等地的节能环保预算平均增长幅度均在10％以上，部分地区增幅达 50％。

治霾将成全国两会热点。在今年两会上，民生和环保提案最多。针对生态保护、空气污染等问题，委员们提出应将环境权写入宪法、治理PM2.5 应作为考核领导干部政绩的标准等建议。据统计，在全国 31 个省（市、自治区）的两会期间，共有 24 个省份的两会代表委员提及空气质量问题。这意味着，近八成的地方两会关注了中东部地区持续出现的雾霾现象，以及当地的生态环境和空气质量问题。这其中，北京、江苏、山东、河北四个省（市）均把雾霾治理写入了政府工作报告中。

以上表态与措施给社会带来了很大的信心。但是，表面上小小的PM2.5，后面却牵扯着一系列极其复杂的问题，治理起来绝非易事。以提高成品油标号为例，资料显示，问题并不在于石化企业能否炼制出含硫量更低的清洁汽油，这在技术上已经不是问题。但是"油品质量的每一次升级，炼厂都要伴随着巨额的成本投入，通过调研和不完全了解，三大石油炼化企业若将车用汽柴油全部由国三升级为国四，其投入要达到 500 亿元之多"。更深层次的问题还在后面。一旦将成品油由国三升级为国四，其价格将大大提高。作为基础性产品，油品价格的细微变化往往会引发下游企业价格的巨大变化，并进而引起全社会物价水平的连串变化。而这会带来怎样的社会影响，以及各方面能否承受，则是一个极需考量的问题。

类似的问题还有很多很多。

国际评论：雾霾是对中国高能耗增长模式的"死刑宣判"

中国出现的严重雾霾天气引起了西方一片愕然。世界已知道中国发生了雾霾并认为这是长期情况，因此外国游客纷纷禁足中国之行，也影

响到中国的国际形象。一家美国主流媒体用这样的话形容中国首都令全世界吃惊的疯狂雾霾天，它们惊讶于北京当日的空气污染指数竟是世界卫生组织指导标准的35倍，惊讶于人们不借助工具，就能在空气中嗅出尾气与煤尘。美国《外交政策》杂志这样评价中国像美国般放任汽车数量的膨胀，中国城市正重复美国走向超级大国道路上犯过的错误。还有媒体用六十年前伦敦烟雾事件提醒中国吸取教训，摆脱新雾都的难堪。

美国西海岸在中国的下风口，中国的空气污染灾难即将抵达美国。美国 Examiner.com 网站挑起有关中国雾霾天气的敏感话题。该网站认为，媒体都在聚焦中国，却鲜少有人关注其他地区，尤其是美国加州受到的伤害。由于美国西海岸在中国的下风口，中国空气中的悬浮微粒不几天便会吹到美国。如今，研究人员终于意识到，美国城市的许多空气污染事件，其实源头都在亚洲。美国《商业内幕》等多家媒体的有关报道分析说，从中国往美国方向吹来的海风夹带着诸多污染物，包括水银、臭氧、硫氧化物、炭黑和中国日益严重的荒漠化导致的尘沙。在一定天气状况下，这些污染物可在几天内抵达美国西海岸，并带来系列问题：水银会威胁鱼类，臭氧将导致呼吸问题，微粒在损伤人们肺的同时，还会造成酸雨。报道称，来自亚洲的空气污染情况相当严重，美国西部诸州近年来改善空气质量的努力面临毁于一旦的危险。加州在2009年至2011年实施了减少碳排放的计划，但如果中国的污染不减轻的话，加州的努力等于零。报道认为，美国环境保护署对这种情况非常清楚，但公众却被蒙在鼓里。

据说中国的雾霾已飘向日本，日本提出要和中国磋商讨论中国大气污染问题。于是，日本出台应对中国雾霾预案，建议居民在来自中国的毒霾浓度超出日本上限两倍之时减少外出。根据日本发布的指示，如果从中国传播到日本的有毒雾霾的浓度超出两倍于日本官方上限的水平，日本有关部门将敦促居民尽量待在室内，减少外出。这些指引是为了应对日本国内对于随风飘至日本的有毒雾霾的潜在有害效应的担忧。

世界自然基金会发布的2010年《全球生态足迹报告》表明，在过去几十年间中国经济快速增长，而工业化过程日益增长的资源能源需求，导致中国已经消耗的资源超过自身生态系统所能提供资源的两倍以上，中国正背负着越来越沉重的"生态赤字"。"生态赤字"给中国"高污染、高能耗、高排放"的经济发展模式敲响警钟，倒逼中国经济战略转型。

美国《财富》杂志说，对中国而言，肆虐百万平方公里国土的危险雾霾显然不仅是几记警钟，更像是对中国高能耗增长模式的"死刑宣判"。

要发展还是要蓝天：雾霾灾难挑战中国政府

尽管中国近年来已在污染治理方面下了功夫，但经济快速发展、工业化、城镇化的扩张等，让环境保护依然面临严峻挑战。如何处理好经济与环境的关系仍是中国政府面临的最大难题。

我国尚处于工业文明的中后期。雾霾问题根本原因与国家的工业化阶段有关，我国现在处于工业化的中后期阶段，而多年走的高投入、高消耗、高排放的工业发展道路加重了空气污染。

我国城镇化处于加速阶段。2011年，我国城镇化水平超过50%，低于发达国家和世界平均水平。"十二五"规划纲要草案提出，到2015年，我国城镇化率要从2010年底的47.5%提高到51.5%。也就是说，到2015年，将有一半多的人生活在城镇。

中国还有上亿人渴望拥有第一辆汽车、第一部空调甚至第一台冰箱。

1952年伦敦大雾引发的灾难，当时英国的经济发展水平和人均国内生产总值与中国现在大致相当，这也许并不只是巧合。英国为工业化付出了巨大代价，中国也是如此。两国人民都摆脱了贫困，但却是建立在大规模环境破坏的基础之上。其次，即便是在人口总数远远小于中国的英国，要根本扭转这一局面也需要花上十年至二十年的时间。

"行进中的中国"距离"美丽中国"的美好愿景仍有较大距离。我国要走向富裕之路，又要走向绿色发展之路，两者都是关系国计民生、国家强大和可持续发展的战略问题。相比于经济的三十年繁荣昌盛，更难的是保持生态环境五十年、一百年可持续发展。如何既要发展，也要蓝天？中国城市赢回蓝天的速度能否快过伦敦上一个雾都？这一切，正考验着处于十字路口的中国政府……

思考题：

1. 雾霾现象是什么原因造成的？治理的难度在哪里？

2. 在环境治理中，如何实现区域间、部门间的联动？

3. 在环境治理中，企业承担着什么样的社会责任？企业如何积极参与到环境治理中去？

4. 联系实际谈谈如何处理好经济发展与环境保护之间的关系。

【附件一】

我国《环境空气质量标准》的演变过程

我国《环境空气质量标准》首次发布于 1982 年，其主要内容是规定了环境空气功能区分类、标准分级、污染物项目、平均时间及浓度限值、监测方法、数据统计的有效性规定及实施与监督等。此后分别于 1996 年、2012 年进行了修改。以下是其演变过程。

一、我国于 1982 年制定和发布了首部《大气环境质量标准》，即 GB3095—82，该标准中列入了总悬浮微粒（TSP）、飘尘、二氧化硫、氮氧化物、一氧化碳和光化学氧化剂（O_3）等 6 种污染物的浓度标准。

二、环境空气质量标准 GB3095—1996（1996 年修订）

主要内容。

1. 按环境空气质量功能区分为三类：一类区为自然保护区、风景名胜区和其他需要特殊保护的地区，二类区为城镇规划中确定的居民区、商业交通居民混合区、文化区、一般工业区和农村地区，三类区为特定工业区。

2. 空气环境质量分为三级：一类区执行一级标准，二类区执行二级标准，三类区执行三级标准。具体而言，一级标准为保护自然生态和人群健康，在长期接触情况下，不发生任何危害性影响的空气质量要求；二级标准为保护人群健康和城市、乡村的动植物，在长期和短期的接触情况下，不发生伤害的空气质量要求；三级标准为保护人群不发生急慢性中毒和城市一般动植物（敏感者除外）正常生长的空气质量要求。

3. 主要监测的污染物及其浓度限值：

污染物名称	取值时间	浓度限值			
		一级标准	二级标准	三级标准	浓度单位
二氧化硫 SO_2	年平均	0.02	0.06	0.10	
	日平均	0.05	0.15	0.25	
	1 小时平均	0.15	0.50	0.70	

续表

污染物名称	取值时间	浓度限值			
		一级标准	二级标准	三级标准	浓度单位
总悬浮颗粒物 TSP	年平均 日平均	0.08 0.12	0.20 0.30	0.30 0.50	
可吸入颗粒物 PM10	年平均 日平均	0.04 0.05	0.10 0.15	0.15 0.25	
氮氧化物 NO_x	年平均 日平均 1小时平均	0.05 0.10 0.15	0.05 0.10 0.15	0.10 0.15 0.30	mg/m^3 （标准状态）
二氧化氮 NO_2	年平均 日平均 1小时平均	0.04 0.08 0.12	0.04 0.08 0.12	0.08 0.12 0.24	
一氧化碳 CO	日平均 1小时平均	4.00 10.00	4.00 10.00	6.00 20.00	
臭氧 O_3	1小时平均	0.12	0.16	0.20	
铅 Pb	季平均 年平均	1.50 1.00			
苯并［a］芘 B［a］P	日平均	0.01			$\mu g/m^3$ （标准状态）
氟化物	日平均 1小时平均	7 20			
F	月平均 植物生长季平均	1.8 1.2		3.0 2.0	$\mu g/$ $(dm^2 \cdot d)$

三、《环境空气质量标准》（GB3095—1996）修改单（2000年）主要修改内容。

1. 取消氮氧化物（NO_x）指标。

2. 二氧化氮（NO_2）的二级标准的年平均浓度限值 由 $0.04mg/m^3$ 改为 $0.08mg/m^3$，日平均浓度限值由 $0.08mg/m^3$ 改为 $0.12mg/m^3$，小时平均浓度限值由 $0.12mg/m^3$ 改为 $0.24mg/m^3$。

3. 臭氧（O_3）的一级标准的小时平均浓度限值由 $0.12mg/m^3$ 改为 $0.16mg/m^3$，二级标准的小时平均浓度限值由 $0.16mg/m^3$ 改为 $0.20mg/m^3$。

四、《环境空气质量标准》（GB3095—2012）（2012 年修订）

主要修改内容。

1. 调整了环境空气功能区分类，将三类区并入二类区。调整后的环境空气功能区分为二类：一类区为自然保护区、风景名胜区和其他需要特殊保护的区域，二类区为居住区、商业交通居民混合区、文化区、工业区和农村地区。

2. 增设了颗粒物（粒径小于等于 2.5μm）浓度限值和臭氧 8 小时平均浓度限值，调整了颗粒物（粒径小于等于 10μm）、二氧化氮、铅和苯并 [a] 芘等的浓度限值。

3. 调整了数据统计的有效性规定。

4. 制定了分期实施新《环境空气质量标准》的时间要求。具体如下：

2012 年，京津冀、长三角、珠三角等重点区域以及直辖市和省会城市；

2013 年，113 个环境保护重点城市和国家环保模范城市；

2015 年，所有地级以上城市；

2016 年 1 月 1 日，全国实施新标准。

【附件二】

世界卫生组织《空气质量准则》及部分国家关于 PM2.5、PM10 的有关规定①

表1　WHO对于颗粒物的空气质量准则值和过渡时期目标：年平均浓度ª

	PM10 (µg/m³)	PM2.5 (µg/m³)	选择浓度的依据
过渡时期目标一1 (IT—1)	70	35	相对于 AQG 水平而言，在这些水平的长期暴露会增加大约15%的死亡风险
过渡时期目标一2 (IT—2)	50	25	除了其他健康利益外，与过渡时期目标一1相比，在这个水平的暴露会降低大约6%〔2%～11%〕的死亡风险
过渡时期目标一3 (IT—3)	30	15	除了其他健康利益外，与过渡时期目标一2相比，在这个水平的暴露会降低大约6%〔2%～11%〕的死亡风险
空气质量准则值 (AQG)	20	10	对于 PM2.5 的长期暴露，这是一个最低水平，在这个水平，总死亡率、心肺疾病死亡率和肺癌的死亡率会增加（95%以上可信度）

表2　WHO对于颗粒物的空气质量准则值和过渡时期目标：24小时浓度ª

	PM10 (µg/m³)	PM2.5 (µg/m³)	选择浓度的依据
过渡时期目标一1 (IT—1)	150	75	以已发表的多中心研究和 Meta 分析中得出的危险度系数为基础（超过 AQG 值的短期暴露会增加5%的死亡率）
过渡时期目标一2 (IT—2)	100	50	以已发表的多中心研究和 Meta 分析中得出的危险度系数为基础（超过 AQG 值的短期暴露会增加2.5%的死亡率）
过渡时期目标一3 (IT—3)*	75	37.5	以已发表的多中心研究和 Meta 分析中得出的危险度系数为基础（超过 AQG 值的短期暴露会增加1.2%的死亡率）
空气质量准则值 (AQG)	50	25	建立在24小时和年均暴露的基础上

228

---

① 节选。为便于阅读，部分地方经过重新编辑。

一、关于 PM2.5、PM10 准则值的有关规定及其制定依据

（一）准则值

PM2.5：年平均浓度 $10\ \mu g/m^3$，24 小时平均浓度 $25\ \mu g/m^3$

PM10：年平均浓度 $20\ \mu g/m^3$，24 小时平均浓度 $50\ \mu g/m^3$

（二）制定依据

不论是发达国家还是发展中国家，空气颗粒物及其对公众健康影响的证据都是一致的，即目前城市人群所暴露的颗粒物浓度水平，会对健康产生有害效应。颗粒物对健康的影响是多方面的，但主要影响呼吸系统和心血管系统；所有人群都可受到颗粒物的影响，其易感性视健康状况或年龄而异。

随着颗粒物暴露水平的增加，各种健康效应的风险也会随之增大，但很少有证据提供颗粒物的阈值，即低于该浓度的暴露不会出现预期的健康危害效应。事实上低浓度范围颗粒物的暴露虽然会产生健康危害效应，但其浓度值并没有显著高于环境背景值。例如，在美国和西欧国家，产生健康危害效应的细颗粒物（粒径小于 $2.5\ \mu m$ 的颗粒物，PM2.5）浓度估计只比环境背景高 $3\sim5\ \mu g/m^3$。流行病学研究表明，颗粒物的短期或长期暴露都会对人体产生不利的健康效应。由于尚未确定颗粒物的阈值，而且个体的暴露水平和在特定暴露水平下产生的健康效应存在差异，因此任何标准或准则值都不可能完全保护每个个体的健康不受颗粒物危害。制订标准的过程需要考虑当地条件的限制、能力和公共卫生的优先重点问题，并且以实现最低的颗粒物浓度为目标。定量危险度评价可以比较不同的颗粒物控制措施，并预测与特定准则值相关的残余危险度。近来，美国环境保护署和欧盟委员会都采用这种方法修订了各自的颗粒物空气质量标准。WHO 鼓励各国采用一系列日益严格的颗粒物标准，通过监测排放的减少来追踪相关进展，实现颗粒物浓度的下降。为了帮助实现这一过程，以近期的科学发现为基础，提出了数字化的准则值和过渡时期的目标值，以反映在某一浓度水平人群死亡率的增加与颗粒物空气污染之间的关系。

　　选择指示性颗粒物也是需要考虑的。目前，大多数常规空气质量监测系统的数据均基于对 PM10 的监测，其他粒径的颗粒物则没有被监测。因此，许多流行病学研究采用 PM10 作为人群暴露的指示性颗粒物。PM10 代表了可进入人体呼吸道的颗粒物，包括两种粒径，即颗粒物（粒径在 2.5～10μm 之间）和细颗粒物（粒径小于 2.5μm，PM2.5），这些颗粒物被认为与城市中观察到的人群健康效应有关。前者主要产生于机械过程，如建筑活动、道路扬尘和风；而后者主要来源于燃料燃烧。在大多数的城市环境中，粗颗粒物和细颗粒物同时存在，但这两种颗粒物的构成比例在世界不同城市间因当地的地理条件、气象因素以及存在特殊颗粒物污染源而有明显差异。在一些地区，木材和其他生物质燃料的燃烧可能是颗粒物的重要来源，其产生的颗粒物主要是细颗粒物（PM2.5）。尽管对矿物燃料和生物质燃料燃烧产物的相对毒性几乎没有开展流行病学比较研究，但在发展中国家和发达国家的许多城市发现其健康效应是相似的。因而，我们有理由假设两种不同来源的 PM2.5 所具有的健康效应是大致相同的。

　　由于同样的原因，WHO 颗粒物的空气质量准则（AQG）也可以用于室内环境，特别是在发展中国家，因为那里有大量人群暴露于室内炉灶和明火产生的高浓度颗粒物。虽然 PM10 是被广泛报道的监测颗粒物，并且在大多数流行病学研究中也是指示性颗粒物（其原因将在下文讨论），但 WHO 关于颗粒物的空气质量准则（AQG）所依据的是以 PM2.5 作为指示性颗粒物的研究。根据 PM10 的准则值及 PM2.5/PM10 的比值为 0.5，修订了 PM2.5 的准则值。对于发展中国家的城市而言，PM2.5/PM10 的比值为 0.5 是有代表性的，同时这也是发达国家城市中比值变化范围（0.5～0.8）的最小值。在制定当地标准并假定相关数据是可用的情况下，这个比值会有所不同，也就是说，可采用能较好反映当地具体情况的比值。

　　基于已知的健康效应，需要制定这两种指示性颗粒物（PM10 和PM2.5）的短期暴露（24 小时）和长期暴露（年平均）的准则值。长期暴露将年平均暴露浓度 10 μg/m³ 作为 PM2.5 长期暴露的准则值。这一浓度是美国癌症协会（ACS）开展的研究（Pope et al.，2002）中所观察到对生存率产生显著影响的浓度范围的下限。长期暴露研究使用了 ACS 和哈佛六城市研究的数据，这对采用该准则值起了很大的作用（Dockery et al.，1993；Pope et al.，1995；HEI，2000，Pope et al.，2002；Jerrett，2005）。所有这些研究都显示 PM2.5 的长期暴露与死亡率之间有很强的相关性。在哈佛六城市研究和 ACS 研究中，PM2.5 历年的平均浓度分别为 18 μg/m³（浓度范围 11.0～29.6 μg/m³）和 20 μg/m³（浓度范围 9.0～33.5 μg/m³）。在这些研究中没有观察到明显的阈值，尽管精确的暴露时间和相关的暴露方式可以被确定。在 ACS 研究中，颗粒物浓度约为 13 μg/m³ 时，在危险度评价中统计学的不确定性表现得较为明显，当低于该浓度时由于颗粒物的浓度远离平均浓度，使可信限范围明显变宽。

根据 Dockery 等（1993）的研究结果，长期暴露于最低浓度（即 11 和 12.5 μg/m³）PM2.5 的不同城市具有相似的人群暴露危险性。在次最低浓度（均值为 14.9 μg/m³）PM2.5 长期暴露的城市中人群暴露危险性显著增加，提示年均浓度在 11～15 μg/m³ 的范围内会出现预期的健康效应。因而，根据可获得的科学文献，年均浓度 10 μg/m³ 可以被认为低于最有可能产生健康效应的平均浓度。观察 PM2.5 暴露和急性健康效应关系的日暴露时间序列研究结果在确定 10 μg/m³ 作为 PM2.5 长期暴露的平均浓度中起了重要的作用。在这些研究中，报道的长期暴露（如三年或四年）平均浓度在 13～18 μg/m³ 范围内。低于这个浓度虽然不能完全消除不利的健康效应，但是 WHO 空气质量准则提出的 PM2.5 年平均浓度限值不仅在高度发达国家较大的城市地区是可以实现的，而且当达到这个水平时，预期可以显著降低健康风险。

二、过渡时期目标值

除了准则值外，世卫组织确定了 PM2.5 的三个过渡时期目标值（interim targets，IT）。该组织认为，通过采取连续、持久的污染控制措

施，这些目标值是可以实现的。制定这些过渡时期目标值有助于各国评价在逐步减少人群颗粒物暴露的艰难过程中所取得的进展。

（一）过渡期目标－1

PM2.5 年平均浓度 35 $\mu g/m^3$，日平均浓度为 75 $\mu g/m^3$。

依据：该年均浓度对应于长期健康效应研究中最高的浓度均值，也可能反映了历史上较高但未知的浓度，而且可能造成已经观察到的健康危害效应。在发达国家中这一浓度与死亡率有显著的相关性。

（二）过渡期目标－2

过渡时期目标值－2（IT－2）为 25 $\mu g/m^3$，该浓度制定的依据是针对长期暴露和死亡率之间关系的研究。该浓度明显高于在这些研究中能观察到健康效应的平均浓度，并且很可能与 PM2.5 的长期暴露和日暴露产生的健康效应有显著的相关性。要达到 IT－2 规定的过渡时期目标值，相对于 IT－1 浓度而言，将使长期暴露产生的健康风险降低约 6％（95％可信区间，2％～11％）。

（三）过渡期目标－3

目标值－3（IT－3）浓度是 15 $\mu g/m^3$，研究颗粒物长期暴露的显著健康效应对确定 IT－3 浓度起了重要的作用。这个浓度接近于长期暴露研究中报道的平均度，相对于 IT－2 浓度，可以降低大约 6％的死亡率风险。单一的 PM2.5 准则值不能保护粗颗粒物（粒径在 10 到 2.5μm 之间的颗粒物）导致的健康危害，因此推荐了相应的 PM10 空气质量准则。

【附件三】

部分国家环境空气中 PM2.5 的
标准限值（微克/立方米）

自从 1997 年美国率先将 PM2.5 列为检测空气质量的一个重要指标后，国际上主要发达国家先后陆续出台了相关标准。到目前为止，实施 PM2.5 标准的国家已有加拿大、美国、澳大利亚、新西兰、墨西哥、欧盟、英国以及日本、泰国和印度等国家，我国的香港也已制定了 PM2.5 的空气质量标准。如下表。

国家/组织	年均限值	日均限值
加 拿 大	8	25
澳大利亚	8	24
美 国	15	35
日 本	15	无
欧 盟	25	35
中 国	35	75

233

【附件四】

防治大气污染的国际实践

一、英国

英国是最早启动工业革命的国家，历史上曾饱受空气污染之苦。有人这样描述："从 1780 年到 1850 年，在不到三代人的时间里……（工业）革命改变了英格兰的面貌"、"一个山静林幽、碧水蓝天的农业乡村社会逐渐变成了嘈杂纷扰、烟囱林立的工业—城市世界"、"煤烟曾折磨大不列颠……一百多年之久，以烟煤为燃料的城市，包括伦敦、曼彻斯特、格拉斯哥……等，在未能找到可替代的燃料之前，无不饱受过数十年的严重的大气污染之苦"。

针对燃煤污染，英国走过了一条先污染再治理的道路。1956 年，英国出台了《大气清洁法》，主要内容是禁止排放黑烟、指定无烟区、防止煤烟、规定烟囱的高度、建筑物的控制等以解决严重的燃煤污染，把发电厂和重工业等煤烟污染大户迁往郊区，在城区设立无烟区，禁止使用产生烟雾的燃料等。在加强有关立法并予以实施后，英国城市的大气污染得到了有效控制，空气质量有了明显改善。譬如伦敦，经过多年的治理，到 20 世纪 70 年代中期，已基本摘掉了"雾都"的帽子。

在治理污染的实践中，英国人认识到针对特定污染的单项治理技术只能解决单一污染，而不能从整体上解决环境问题，更重要的是"防重于治"，即预防为主、综合防治。主要措施有：

1. 实行城乡综合规划，全面解决合理布局问题，力争做到防患于未然；

2. 实施环境影响评价制度，使有害环境工程在施工前通过评价而得到有效控制；

3. 转变"单打一"的污染控制态度，采取综合污染治理措施，全面考虑从工业生产过程到一切媒介物所释放的物质对环境的影响；

4. 采用最为有效而又无需过多费用的技术，来防止污染物的排放，或将污染物的排放量减少到最低限度，或使释放的物质无害化。

当然，英国环境保护工作也具有一般工业化国家的基本特点，一是高度重视环境立法，二是制定了空气环境质量标准，三是确立并广泛实施"污染者支付原则"等。

英国对"伦敦雾"的治理

从 19 世纪到 20 世纪中下叶，英国空气污染的主要源头是工业，污染物质是煤烟飞尘。以伦敦雾为代表的空气污染成为工业英国的身份证。在 19 世纪的英国，伦敦雾就闻名遐迩。"雾都"、"阴霾"、"昏暗"等词成为了常用语汇，在当时的英国文艺作品中也不时出现。英国现实主义大师查尔斯·狄更斯（Charles Dickens，1812—1870）在小说《荒凉山庄》的开篇形象地描述了伦敦雾，"那是一种沁入人心深处的黑暗，是一种铺天盖地的氛围"。

19 世纪末，伦敦雾日达三个月之久，20 世纪 50 年代，雾日还有五十天左右。1952 年冬，浓雾悬浮在伦敦上空五天之久，市中心空气中的烟雾量几乎增加了 10 倍！据当时测量，每立方米大气中的二氧化硫达 3.8 毫克，烟尘达 4.5 毫克，几天内就导致 4 000 余人死亡。治理煤烟造成的空气污染就此提上了议事日程。

当时采取的主要措施有以下几方面。

1. 调整工业布局，在源头上减少煤烟污染。一是把发电厂和重工业等煤烟污染大户迁往郊区，二是留在市内的工厂不得烧煤，三是规定烟囱不得低于 200 米，四是规定工业燃料里的含硫上限，五是要求企业必须采取手段避免将有害气体排入大气等。

2. 在民用方面，大规模改造城市居民的传统炉灶，减少煤炭用量，逐步实现居民生活天然气化。同时改变居民取暖方式，居民家庭统统从用煤改为用气或用电，用集中供暖方式逐渐取代传统的一家一户的冬季采暖方式。

这些措施逐渐改善了伦敦的烟雾型空气污染。到 1975 年，伦敦的雾日由每年几十天减少到了十五天，1980 年起降到五天，在很大程度上解

235

决了煤烟型污染排放，基本摘掉了"雾都"的帽子。

20世纪80年代起，汽车尾气成为伦敦空气污染的"元凶"。为此，伦敦市采取以下应对举措：

1. 要求所有新车必须加装催化器；

2. 确定相关污染的定量控制目标；

3. 加大环境监测力度；

4. 征收交通拥堵费，减轻市中心的交通流量，从而减少尾气排放；

5. 设立世界第一个几乎覆盖全城的低排放区；

6. 限制尾气超标车辆进入大伦敦市域；

7. 制定了《关于控制建筑工地扬尘及污染气体排放的指导》，以减少建筑工地产生的空气污染物。

通过这些措施，伦敦的尾气污染得到较好的治理，五种主要污染物得到了较好的控制，尤其二氧化硫和铅的浓度已经不再影响人们的健康。

2008年12月以来，伦敦开始监测PM2.5，并于2010年列入全国立法之中。为此采取的主要措施有：

1. 促进使用更新更清洁的出租车；

2. 推出新的清洁汽车；

3. 在英国首次尝试运用抑制灰尘机来消除道路灰尘；

4. 改变出行方式，倡导"绿色交通"。

二、美国

第二次世界大战以后，美国的工业及交通迅猛发展，与此同时，大气污染十分严重。1970年美国成立了国家环保局（USEPA），开始采用强有力的国家法律来控制大气污染。其主要措施如下。

1. 制定并实施国家环境空气质量标准（National Ambient Air Quality Standards，简称NAAQS）。在这个国家标准之下，每个州还必须制定本州的实施计划。

2. 划分空气质量控制区。USEPA在全国设立了247个州内控制区和263个州际控制区，分别由相关州或有关州成立的联合委员会管理。

3. 制定排放限制与排放标准。美国的排放标准的制定有三种情况：由联邦环保局（国家）制定全国统一的排放标准，如常规污染物新源实施标准和有害大气污染物的国家标准；二是由州制定排放标准，如常规污染物现源的排放标准；三是 USEPA 公布排放指南，各州据此制定排放标准。排放标准建立在采取一定的先进技术所能达到的水平上。至于为达到这种排放标准具体采取什么样的技术措施，则由排污者选择或发明。这就是所谓的"技术强制"原则。

4. 制定针对未达标区的相关规定。主要是规定达标期限和相关管理办法。

5. 实施排污许可证制度。基本条款涉及：相关排放限制和标准、达标计划、监测和报告、现场检查、有效期等。

6. 运用经济手段和市场机制控制空气污染，实施排污权交易计划，这就是所谓的"泡泡政策"。"泡泡政策"是一种对于排污进行总量控制的政策。具体而言，泡泡政策是把一家工厂或一个地区的空气污染物总量比作一个泡泡。一家排放空气污染物的工厂可以在规定条件下，有选择有重点地使用空气污染治理资金，调节该厂的所有排放口的排放量，只要所有排放口排放的空气污染的总和不超过规定的排放量。

7. 分时期制定并实施应对专项污染的系列管理政策。

通过以上措施，美国的大气质量得以显著改进。据美国环境保护局（USEPA）2002 年度空气质量趋势报告，自 1970 年以来 6 个主要大气污染物排放量已下降了 48％，火力发电厂二氧化硫排放比 2000 年减少 9％，比 1980 年减少 41％，而 2002 年氮氧化物排放比 2000 年减少 13％，比 1990 年水平下降 33％。

三、日本

第二次世界大战以来，日本的工业及交通得到迅猛发展。但由于没有环境法规，发展工业及交通所带来的环境污染十分严重，曾发生过严重的污染事件如新潟汞中毒、骨痛病及气喘病。日本人逐渐对环境保护重视起来，在治理环境方面取得了令人瞩目的成绩。日本政府的大气污染对策主要如下。

1. 设立环境厅。

2. 制定《大气污染防治法》。

3. 制定了环境空气质量标准。

4. 设立大气环境监测网，监测网分为目标监测网和区域监测网两大类，分别监测已知污染源和已知污染区域。

5. 对特定地区进行排放量的总量管理与逐渐降低政策。如规定排放总量、降低计划、完成计划的时限和方法等。

6. 限制燃料使用。对硫氧化物排放设施集中，因季节性燃料使用可能造成严重硫氧化物污染的地区中，制定燃料使用的基准、限期、地域等措施。

7. 规定机动车排放的最高允许量，控制机动车污染。

8. 应急措施。一是在特定情况下，政府可直接命令排放者临时停止使用该设施。二是在大气污染严重时，政府发出警报。

9. 大力推广脱硫技术、脱氮技术和机动车污染控制技术。

资料来源：

1. 余志乔、陆伟芳：《现代大伦敦的空气污染成因与治理》，《城市观察》2012年第6期。

2. 梅雪芹：《工业革命以来英国城市大气污染及防治措施研究》，《北京师范大学学报》（人文社会科学版）2001年第2期。

3. 李浩、奚旦立、唐振华、陈亦军：《英国大气污染控制及行动措施》，《干旱环境监测》2005年第3期。

4. 许春丽、李保新：《日本大气污染的控制对策及现状》，《环境科学动态》2001年第3期。

5. 周军英、汪云岗、钱谊：《美国控制大气污染的对策》，《环境科学研究》1998年第6期。

6. 薛志钢、郝吉明、陈复、柴发合：《国外大气污染控制经验》，《重庆环境科学》2003年第11期。

六

学
员
论
坛

生态文明建设中的难点与对策

主讲人：贵阳市委书记　李军
重庆市副市长　凌月明
神华集团总经理　张玉卓
点评人：国家行政学院决策咨询部主任、研究员　慕海平
国家行政学院经济学教研部副主任、教授　张孝德

主持人：各位学员大家早上好。今天上午我们安排的是学员论坛。首先向大家介绍今天参与我们学员论坛的两位专家。一位是我们国家行政学院决策咨询部的主任慕海平咨询员，他原来长期在国家计委工作，目前是我们决策咨询部的主任；另外一位是张孝德教授，张教授长期从事生态文明建设相关专题的教学工作，特别是对乡村文化研究专题有比较深入的研究。今天的学员论坛，我们还非常高兴地邀请了三位学员发言，一位是我们贵阳市委书记李军同志，一位是重庆市副市长凌月明同志，还有一位是神华集团的总经理张玉卓同志。

下面我们用掌声欢迎李军同志发言。

李军：各位老师、各位同学，大家上午好。这几天我们讨论的一个非常热闹的问题，就是建设生态文明城市，建设生态文明最大的难题是处理好发展与保护的关系。同志们都讲中国的国情是老大难老大难，老大一抓就不难。我在贵阳已经干了六年，下面我给大家讲讲我是怎么处理这个难题的。

相信在座的各位绝大部分都在地方或者一个单位当过老大，对处理好这个难题有很深的体会，或者说有很好的做法。我今天就本着学习的态度来谈点自己的体会。

2007年党的十七大第一次把建设生态文明作为小康社会的新要求，之后我们从实际出发在历届工作的基础上提出建设生态文明城市，作为

落实科学发展观的切入点和总抓手。在贵阳落实科学发展观就是建设生态文明城市，当年我们召开了一个一次全会，做出了建设生态文明城市的决定。这个决定的特点就是把生态文明建设贯穿到经济建设、文化建设、社会建设的各个方面，提出了生态环境良好、生态产业发达、文化特色浓郁、生态特点鲜明、市民和谐幸福、政府廉洁高效的目标。从那以后贵阳市委每年召开一次全会，也就是唯一的一次全会，我们都要对建设生态文明城市进行部署，这是会议的主题。十八大把生态文明建设作为五位一体的总格局部署以后，我们也是积极落实。所以我们在贵阳应该说建设生态文明城市，这五年多来是一以贯之的，是坚持不懈的。有的同志说我是个生态书记，我很高兴别人这么称呼我。

具体说到贵阳市怎么来处理好两者的关系，怎么建设生态文明城市，我想这几天我也一直在思考，我觉得有五抓。这五抓也就是昨天下午同志们讲的，归根结蒂就是两手抓、两手硬，环境保护和经济发展两手抓、两手硬。我跟大家讲从字面上来说没有任何新鲜感，都是老掉牙的词，书上经常写，领导经常念，但是我觉得贵阳的五抓还是有贵阳的特色的。

第一抓就是抓认识先导。毛主席曾经说，如果我们有一百个到两百个系统的而不是零碎地、实际地而不是空洞地掌握了马克思列宁主义的干部，那么我们党的战斗力就会大大地增强，战胜日本帝国主义的时间也会压缩。所以这就讲到掌握马克思列宁主义的重要性了。我认为贵阳有五十到一百个干部真正把为什么建设生态文明城市弄明白想清楚，把建设什么样的生态文明城市想明白弄清楚，把怎么建设生态文明城市想明白弄清楚，那么生态文明城市的建设就大有希望。所以我们就开始对党政领导同志进行教育。当时一些领导对提出建设生态文明城市是有疑虑的，那就是贵阳经济欠发达，建设生态文明城市是不是不要发展，跟发达地区的差距会不会越来越大。这就把发展和保护对立起来了。2008年2月，我们开始对领导干部培训，编了一本干部读本，通过强化教育，向党员干部讲清道理。中国正处在工业化的中期，必须大力发展工业，这是毫无疑问的。工业化是不可逾越的阶段，关键是如何发展。摆在面前的两条路，一条是传统的老路，就是拼资源和环境，GDP 是黑色的、白色的，是带毒的，是透支子孙后代的 GDP。推进工业化要走新型工业化的道路，像钢的生产可以减排 70％、节能 50％，那为什么不用？所以建设生态文明不是不要发展，而是要更好地发展。应该讲这些教育和引导还是有效的。我们不仅对干部进行了教育，对全体市民也进行了教育。我们编了生态文明建设的市民读本，包括小学、中学读本，另外在教育过程中我们还特别注意用生态文明会议，利用会议这个平台。生态文明贵阳会议这个平台得到了很多领导的支持。这个论坛也是干部培训的机会，很多国内的政要、学界的专家都集中在那里，掌握最前沿的知识。最近经党中央国务院同意，外交部批准举办贵阳国际生态论坛。今年的论坛在 7 月份召开。在这里我也邀请各位同学去参加这个论坛。这是我讲的第一个抓，抓认识先导。

第二抓就是抓规划这个龙头。建设生态文明城市必须在规划的有序指导下进行。当时我上任碰到的第一件事情就是根据什么修编。这个时候特别强调要用生态文明的指导修编，落实到城市空间布局、人口发展等，实现现代化与生态文明的完美融合，建设人与自然、人与城镇、城镇与自然的生态家园。这个城镇像人一样是有生命的，有肾、有肺。试想如果一个人把肺和肾摘了还能活吗？2008 年我们就编制了生态区划，确定了各个开发区，严格按照功能定位，确定发展的结构。规划制定以后很重要的就是执行。在座各位很多都是在政府部门当过主要领导的，做一个规划难，执行起来难，省会城市尤其难。所以我们有三个措施：第一就是成立了高规格的城乡建设规划委员会，第二就是成立了支队，第三就是将规划纳入群众的建设中。

第三抓就是抓产业转型的难点。我们一方面要追赶，另一方面要调整。但是我们必须明确，哪怕速度慢一点也要调整结构，就是坚决地淘汰污染性产业，浪费资源的小火电、水电。然后就是用循环经济的模式提高现有的经济产业。贵阳市的循环经济是在解主任亲自指导下推进的。

另外，我们还要发展其他的产业——服务业，发挥贵阳各方面的优势，特别是气候优势。气候是可以卖钱的，环境也是可以卖钱的。

第四抓就是抓生态保护。一是治水。古人讲三件大事，治水、修路、办学。这是可以名垂青史的。我们现在治水主要就是治水污染。2007年，我们的水污染是比较重的，幸亏抓得早，现在水质已大幅好转。二是保林。有林子的地方环境就会好，贵阳对树是不能轻易动的。三是净气。近期我们出台了一项措施，也遭受了很大的非议，就是贵阳市汽车限号，每个星期停驶一天，然后在一环路以内牌照摇号。有人说落后的城市享受了首都的待遇。贵阳的汽车量增长很快，三年翻一番，不控制怎么得了？雾霾怎么出来的？北京是 530 万辆汽车，我们现在通过这个摇号措施，一年可以减少汽车近 5 万辆，减少尾气排放 1.34 万吨，效果是很好的。四是复土。五是建园，就是湿地公园。我们在中心城区建了三个湿地公园。

第五抓就是抓制度建设。一是要创新政策法规。2008 年我们在贵阳市建立了生态文明城市的指标体系和办法，制定实施了绩效考核的办法，执行区域差异化考核成为考核干部的指挥棒。2009 年我们制定了国内第一部促进生态文明建设的地方性法规，贵阳市促进生态文明建设的条例得到了全国人大的充分肯定。这个条例就是把环境保护从理论落实到实践，把生态文明建设纳入法治化的轨道。当前一个很突出的问题，就是环境领域。现在我们的环境治理领域弄虚作假非常严重，就得高举法律的武器，要解决守法成本高、违法成本低的问题。二是要创新行政体系。2012 年 11 月份党的十八大召开以后提出来要创新生态体制。这需要巨大的勇气和智慧。于是我们把市里的环保局、林业局、园林局合并重组，然后转化为城管局、建设局等相关的职能，组成市政府的部门——生态文明建设委员会。三是要创新司法体制。同学们在讨论当中讲到很多环境问题涉及到跨行政区域，解决起来难度很大。尤其是水域，涉及很多行政区。我们经过探索，在 2007 年的时候建立了全国第一家环保法庭。只要有人起诉，这个环保庭就可以受理，这就解决了涉及不同行政区域和不同隶属关系的环境污染难以被起诉的问题。前后审结了 582 件案件，其中生态环境公益诉讼案 10 件。最近我们又在检察院成立了生态保护检察局，在公安局成立了生态保护侦查分局。这样公检法就配套了。我们要抓好制度创新，形成立法、行政、司法这样一个体系。

通过以上的五抓，就是两手抓、两手硬，如今成效怎么样呢？

一方面，我们的经济取得了快速增长。这几年我们的 GDP 年均增长 14.7％，是新中国成立以来的最高增速，我们的公共预算收入提高了一倍，城乡居民的收入也都在提升。尤其近两年我们很多指标都是名列前茅的。另一方面，我们的生态环境持续改善。森林覆盖率持续上升，现在这个数字我们不是靠前的，但是贵阳原来的基础是不高的，大家要看到我们的努力。我们现在的空气质量优良天数是 95％以上，这是用原来的办法算的。单位产值的能耗也加强了 20.05％，提前一年完成了"十一五"的任务。经过这些年的努力，我们的环境已明显改善，所以这些年我们获得了一些试点的机会和一些称号，如园林城市、生态文明试点城市、中国低碳城市等，特别是 2011 年我们被首批列为综合示范城市。

当然，我们也要清醒地看到：贵阳目前经济实力还不够强，人员结构不合理，资源利用效率也不高，环境压力大，人民群众的生态文明意识还要提高。发展和保护的任务都任重道远。

贵阳的实践说明发展和保护是可以实现双赢的，不是以牺牲对方为条件的。生态文明建设是能够促进经济发展的，老百姓是可以跳出不是被饿死就是被毒死的悲惨境地的。不是有的同志讲老百姓不是被毒死就是被饿死吗，我相信不会。前提就是党委书记或者一把手的脑子必须真正落实科学发展观，对生态文明建设要真抓，要狠狠地抓而不是一般地抓，要坚持不懈地抓，而不是抓一下停一下地抓。要一任接着一任地抓，而不是前面的书记抓了后面的书记就不抓。

习近平总书记上任以后特别强调空谈误国、实干兴邦。我想以我们共产党全世界独一无二的动员能力，只要是真正地抓，就一定能抓出人

民群众满意的结果。我们一定能早日迈向生态文明的新时代。我就汇报到这里，谢谢大家。

主持人：李书记刚才给我们做了很精彩的发言，大家有什么问题要跟李书记交流？

嘉宾：李书记的讲话是从老大难老大难，老大一抓就不难开始讲的。我还有一点不太明白，就是对你自己的政绩有没有仔细地考虑过？另外就是对你的下属，你有没有很好的政绩考核的体系？

李军：领导干部的政绩观的确太重要了，我理解的政绩是执政者的业绩。我们共产党要执政为民、立党为公。执政为民，就是说你这个政绩必须跟人民群众的愿望和诉求一致才有价值和意义。政绩又是历史的，是具体的，在不同的时期有不同的重点。老百姓衣食住行困难的时候解决这个问题是政绩，交通不行修路就是政绩，房子困难盖房子就是政绩。那么现在生活水平随着经济发展、社会水平的提高，老百姓是由盼温饱到盼环保，由生计到要生态。我们叫民有所呼党有所应，我们要看到新趋势，我们要给老百姓提供清洁的水、安全的食物、清新的空气。我觉得在现阶段这就是最大的政绩。

十八大已经把生态文明列入五位一体的总格局了，怎么抓都不为过，这是我的认识。作为地方的党委一把手，对部门或者地方干部，在坚持环保和坚持生态文明的路子上一定要有底线思维。因为你作为主要领导，如果说你不明确，不旗帜鲜明，在一些重大的问题上有摇摆，那就会让下面的人无所适从，有时候也会带来问题。再就是对环保的同志，对分管的领导一定要支持，他们是秉着原则和责任心去履行职责的。如果我们为了 GDP，让一个有污染的项目进来了，那他如果尽职尽责，就要挡一挡，这个时候我们作为领导就要支持他们。有非议的时候一方面自己不能被困难吓倒，不能被非议动摇；另一方面，我们具体分管的同志遇到困难和阻力的时候，我们要为他们打伞和撑腰。

慕海平：刚才听了李书记的发言，我感觉很受启发。启发在哪？就是今年我们举办这个主题班，实际上是在研究生态文明问题，一开始觉得这个问题比别的问题要容易得多，因为比较清晰，一下子就抓住了核心，就是人和自然的关系。它不像我们抓行政体制改革，有些问题太大，说不清楚。一说起生态文明这个问题我们会觉得它很清楚，很明了，似乎很简单，但是深入了解以后，会发现这个问题可不一般，非常难以走出来。

今天听李书记讲了贵阳的做法，使我又增强了信心，觉得可以走出来。之所以说它难，也就是贵阳在说的发展与保护的关系。我们在研究过程中感觉，我们关于发展最初就是增长，后来我们讲发展不仅仅是增长，那么发展又比增长有更广泛的含义，包括结构变化和社会变革等。后来国家提出了科学发展，我们又赋予了它以人为本的内涵。要全面、协调可持续地发展。现在生态文明和科学发展是什么关系？李书记虽然是在操作层面讲了五抓，但第一个领头的还是认识。

我觉得生态文明和其他文明相比最大的问题还是认识的问题，因为要回答人和自然的关系，人和自然本身是一个生命观的问题，是一个哲学的问题，是最根本的问题，始终我们就没有解决。人和自然的关系是原始社会和谐还是现代社会和谐呢？我们和自然的关系是现在比较和谐，还是原始社会比较和谐呢？工业化曾经被大家热烈地支持，包括欧洲的奥运会也展示了那个历史阶段工业文明的成果，给人类带来了巨大的进步。那现在又出现了巨大的问题，这是一个悖论。贵阳的认识就是把对立的东西统一起来，究竟是对立还是统一的，这个认识确实要转。

我们党提出科学发展观之后应该说是更好地把两者统一了，就是以人为本的发展。首先，我们讲人的全面发展就是满足人的各个方面的需要，其中就包括环境的需要。第二，我们讲人协调发展，协调发展是讲全体人的发展。就是所有的人都要发展，这就是协调发展，不能城市发展农村不发展，或者中国发展别的国家不发展。它是一个全体人发展的概念。第三，可持续发展更接近生态文明的发展。人的全面发展，全体人的发展，当代和后代人的发展，都应当有生态文明的价值体现在里面。我看贵阳一开始就把两者统一起来，我觉得这个观点很对，在科学发展

247

的语境下就更可以统一起来。我不认为保护和发展是对立的，发展是以人为本，保护环境就是以人为本，以人为本就是发展，就是文明和进步。从这个意义上讲，我们作为发展中国家，和发达国家的区别在哪？20世纪90年代，很多人出国是因为感觉到物质差距，囊中羞涩没有钞票。发展到今天，虽然我们还没有完成这个历史进程，但是现在我们到发达国家一看，我觉得差两条。第一条差什么？差秩序，也就是协调的问题，人和人的关系问题，差的是秩序、礼让、文明、行为举止这些东西。第二差什么？差环境，我们的环境被破坏和污染得比较厉害。如今，我们一定要在科学发展观的引领下更好地处理好两者之间的关系，推动我们的发展。我们必须解决好这两个方面的问题，人与人的关系和人与自然的关系。其实，生态文明是公众的公共领域的问题，我们需要从每个人和每件具体事情做起。只有这样，才能把这个事情落到实处。

主持人：慕海平主任特别强调了抓的问题。听了李书记的讲话，我感觉贵阳是不是对生态文明这个问题抓得早、抓得全、抓得实、抓得狠？抓得早就是这个问题还基本上处于一个理念的时候，贵阳就采取行动了。抓得全就是从理念、制度、具体的政策等方面来抓生态文明。抓得实就是这些都有具体的措施。抓得狠就是舍得投入，遇到违法的事情处理得也要狠。由于时间关系李书记的交流就到这里，谢谢李书记。

张孝德：我简单说几句。刚才听了李书记的讲话，有几个启迪。第一个启迪是生态文明全覆盖。我觉得它首先是一个一把手工程，生态文明这项工程是天字号工程，是中国当今社会最主要的矛盾。抓主要矛盾和天字号工程谁抓？一把手。而且全覆盖的概念是什么？有两种理解，一种是自上而下的覆盖，一种是让环保部，某一个部门的横向覆盖，实践证明横向的覆盖覆盖不了，真正要实行全覆盖必须是自上而下的，必须是一把手工程。第二个启迪就是刚才李书记讲的，要处理好发展与保护的关系。生态文明是一个低成本的发展模式，是中国当今一个最好的转型模式，谁早动手谁就可以低成本进入。第三个启迪就是政绩考核的问题，我觉得政绩考核问题不是问我们官员怎么对待政绩考核，最大的问题不是改变对政绩的认识，是要改变政绩的考核体系。

这是我的个人意见，仅供参考，谢谢。

主持人：谢谢李书记和点评专家，下面我们就请重庆市副市长凌月明发言，大家欢迎。

凌月明：[①] 李军书记的讲话，我很受启发，很值得我们学习。

党的十八大指出："把生态文明建设放在更突出地位，融入经济建设、政治建设、文化建设、社会建设各方面和全过程，加快建设资源节约型、环境友好型社会，努力建设美丽中国，实现中华民族永续发展，并为全球生态安全做出贡献。"

生态文明建设是系统工程，马凯同志提出六个方面重点工作：一是优化国土空间开发格局；二是加快经济发展方式转型；三是合理引导消费；四是加强环境和生态保护；五是大力推进科技进步；六是创新体制机制，完善生态文明制度。

下面我就重庆市加强环保工作，特别是创建国家环境保护模范城市工作内容和过程，分四个方面向老师、同学们简要汇报。

第一，创模的基本情况。

从 2004 年开始，历经八年并在近三年的创模攻坚和冲刺过程中，我们牢牢把握改善环境质量这一个中心；强化机制建立和资金投入两个保障；做好总量减排、工业污染防治、环境安全保障三项重点；按照重过程、重实效、重特色、重民生的总体要求，以规划实施为龙头，以工程建设和运行为基础，以指标达标为核心，深入实施创模八大系列工程，全面带动环保事业大发展。前三年市、区两级政府的环保直接投资 236 亿元，完成了创模规划确定的近 3 000 项工程项目，通过了专家组技术评估和环保部验收。重庆的创模工作得到了环保部领导、环保专家和社会各界的充分肯定和高度评价。

第二，采取的主要措施。

---

① 现任重庆市委常委，两江新区党工委书记、管委会主任，北部新区党工委书记。

环保部对我市创模工作的全过程高度重视，周生贤部长和其他部领导及相关司局大力支持，先后多次亲临重庆调研指导，并给予技术、资金和政策支持，为我市创模工作顺利开展注入了强劲动力。

一是科学编制创模规划。我们编制了《重庆市创建国家环境保护模范城市规划》，并于2010年4月通过了环保部组织专家评审，规划明确我市创模范围为主城九区，主城周边的长寿、江津、合川和璧山等区县相关环境整治工作纳入创模考核范围，确定了一个创建目标、三个实施阶段、六项主要任务和八大系列工程。国家公布实施第六阶段创模考核标准后，我市按照新的考核要求和创模工作实际对创模规划及时进行了修订。

二是切实加强组织领导。市委、市政府把创模作为重大民生工程，纳入"十二五"规划，写入市委决定和市政府工作报告，每年分解下达目标任务，并作为领导干部政绩考核的重要内容。市政府成立了以市长为组长的市创模领导小组和以分管副市长为主任的市创模办公室，并按年度、季度定期召开会议部署推进创模工作，市政府先后十七次召开常务会和专题会研究审议创模工作。对于次级河流整治等创模重点和难点工作，市级层面成立了专门的综合协调机构加以推进。市人大、市政协也把创模作为监督和参政的重要内容，通过多种形式促进创模工作顺利开展。有关区县政府、市级部门和单位均成立了相应创模机构并开展工作。

三是建立健全领导机制。建立健全了"党委政府统一领导，人大政协监督支持，环保部门统一协调，有关部门分工负责，社会各界积极参与"的齐抓共管机制。在工作运转方面，形成了任务分解、会议调度、督查通报、考核奖惩等一系列工作制度，实现了创模工作制度化、程序化和规范化。在工程项目推进方面，建立健全了工程项目绿色审批机制等八项推进机制，保障了创模工程项目顺利实施。在创模资金保障方面，通过争取国家投资、加大财政投入、吸收社会资金、出台优惠政策等措施，建立了多元化投入机制。

四是大力推进公众参与。坚持将公众参与贯穿创模工作始终，积极构建条块结合、以块为主、横向到边、纵向到底的创模宣传格局。在报纸和电视台开辟专栏专题，数百万网民和市民参与重庆创模宣传口号和金点子全国征集、创模摄影书法作品比赛等多种形式宣传活动。开展了创模宣传进社区、学校、企业、机关单位、商场、宾馆、工地、窗口单位、景区和家庭"十进"活动。全市上下形成"人人参与创模，人人支持创模，自觉主动保护环境"的良好局面。

第三，工程的完成情况及主要成效。

我市通过深入实施创模八大系列工程，全面带动环保事业大发展，着力推动发展水平上台阶、环境质量上台阶、基础设施上台阶、环境管理上台阶，努力让人民群众得到环境改善的实惠，为创模考核指标达标提供有力支撑。

一是实施环保优化发展工程，促进发展方式转变。修订完善了环境准入规定，制定了水和大气污染物排放地方标准，编制了重点行业单位产品能耗限额标准。全面开展了规划环评。完成主城区 150 户污染企业的环保搬迁。实施了一大批节能节水项目，淘汰了一大批落后产能。通过该工程的实施，经济发展质量和水平显著提升，按期并超额完成国家下达的总量减排任务。规模以上单位工业增加值能耗、单位 GDP 用水量和万元工业增加值主要污染物排放强度持续下降。

二是实施空气质量达标工程，持续改善空气质量。修订了"蓝天行动"实施方案，出台了控制燃煤污染、尘污染和机动车排气污染防治办法，制定了扬尘控制技术规范，建立了联防联控和预警预控机制。建成无煤区 530 平方公里。2 万辆公交车和出租车全部改用压缩天然气。全面开展了机动车简易工况法定期检测和黄标车标志管理。加强 PM2.5 治理研究和监测能力建设。启动了空气质量达标规划编制和相关研究工作。通过该工程的实施，主城区空气质量得到持续改善。2000 年优良天数为187 天（API），2012 年优良天数达 340 天，十二年努力增加 153 天。主要污染物浓度全部达标。

三是实施水环境质量达标工程，全面改善水体质量。建立了市级部门牵头负责制、区县"河段长制"以及"项目进度和水质达标"双目标

251

考核制，累计投入 65 亿元，对主城区 14 条次级河流一河一策（不是简单渠化，截流、清淤、补水，岸坡清垃圾、生态绿化）实施综合整治，次级河流全部达到水域功能要求或消除黑臭。因地制宜地建设了亲水步道和河滨公园，成为市民休闲娱乐的好去处。全面完成城市集中式饮用水源地和备用水源地保护工作，对所有城市集中式饮用水源地在拉网式排查基础上进行环境整治工作，完善了饮用水源保护区环境风险防范制度和措施，建立了水环境质量动态监测体系，形成"两江互济、水库备用"的供水格局。通过该工程的实施，有效保障了三峡库区水环境安全。长江出境断面水质总体达到二类。国控饮用水源地和城镇集中式饮用水源地水质全部达标。

四是实施基础设施建设工程，提升污水垃圾处理能力。主城区累计建成 17 座城市污水处理厂、110 座镇级污水处理站、300 余座垃圾中转站。建成投运 2 座垃圾焚烧发电厂、2 座危废处置场、1 座医废处置场、3 套垃圾渗滤液处理设施、日处理 1 000 吨餐厨垃圾处理场。建成 2 座污泥干化中心、4 个水泥窑处理污泥项目、1 个污泥制作园林营养土项目，污泥处置能力达到 720 吨/日，实现了污泥的资源化利用。全面推进了城市污水处理厂在线监测设施建设；完善了污水处理厂运行管理制度，出台了污泥运输管理规定。通过该工程的实施，主城区污水处理实现建制镇以上全覆盖，城乡一体化垃圾收运处理体系（户收、村集、镇运、县区集中处理）基本形成。

五是实施企业环保达标工程，提升工业控污水平。新的工业企业一律进入工业园区（现集中化率 80%），实现产业分类集中发展、环境污染集中治理、环境风险集中防范。92 家重点企业和 14 家重金属污染物排放企业安装了在线监控设施并实现联网运行。全市形成六级环境应急预案体系并定期开展应急演练。对工业企业进行了拉网式检查；出台了加强危险废物规范管理的规定；进一步强化了工业企业在线监控设施建设；完善了环境风险防范体系。通过该工程的实施，基本实现工业企业精细化管理、全过程控制。主城区 405 家重点工业企业全部实现污染物稳定达标排放。有效杜绝了血铅等重金属污染事件的发生。

六是实施创模能力建设工程，提升环境管理水平。制订并实施了环保能力标准化建设方案。市级环保能力标准化建设通过了环保部验收。主城各区环保能力标准化建设通过市级验收。基层环境管理机构不断发展壮大。通过该工程的实施，市、区两级环保能力建设全面达到标准化建设要求，五级环境监管体系初步形成，为实现环境管理全覆盖奠定了坚实基础。

七是实施城乡环境整治系列工程，改善城乡环境面貌。修订了"宁静行动"实施方案，开展了住宅项目居住环境适应性评价。深入实施城乡环境综合整治，全面开展城中村改造，新建了 67 个城市公园，关闭了绕城高速以内的 580 个养殖场。230 个村开展了农村环境连片整治和生态示范建设。通过该工程的实施，城乡面貌显著改善，环境更加宜居。星罗棋布的城市公园让更多的市民能够推窗见绿、就近休闲。

八是实施公众满意度提升工程，营造良好社会氛围。建立了环保投诉处理协调机制，妥善解决了一大批突出环境问题。在创建过程中，进一步完善了创模宣传教育工作长效机制。通过该工程的实施，营造了良好的创模氛围，增强了全社会环保意识，维护了群众环境权益。人民群众对环境保护的满意度达到 81.04%。

第四，持续深化创模工作，大力推进生态文明建设。

认真贯彻落实党的十八大精神，不断巩固提升创模成果，把生态文明建设放在突出地位，积极探索符合重庆实际的环境保护新道路。

一是完善创模长效机制。坚持把创模作为重庆探索环保新道路的抓手和推进生态文明建设的动力，不断推进创模工作常态化、规范化、制度化，及时总结创模中好的经验和做法，进一步创新环境监管手段，完善环境监管体系，全面加快环境管理"规范化、精细化、网格化、效能化"进程，积极推进环境管理实现全覆盖。

二是深化持续改进措施。按照国家环境保护模范城市最新要求和污染防治新标准，认真落实考核验收意见，制定并实施持续改进计划。加

快推进污水垃圾处理设施建设等创模后续工程项目，确保环境基础设施建设始终适应城市化进程需要。全面启动实施新一轮环保"蓝天、碧水、宁静、绿地、田园"五大行动，编制并实施空气质量、水环境质量、声环境质量、农村环境质量和土壤环境质量达标规划，确保各项创模指标长期稳定达标并不断向好。

三是加快转变发展方式。不断加大总量减排力度，继续严格落实主城区及影响区招商引（选）资指导意见和环境准入政策，严格控制"两高一资"项目，大力发展高新产业。逐步将环境准入政策和淘汰落后产能要求扩展到全市范围，推动全市发展水平上台阶。强化主要污染物排放权交易等环境经济政策，促进发展方式加快转变。

四是积极构建环保模范城市体系。充分发挥主城区创模的示范带动作用，着力构建"9＋6＋X"环保模范城市体系（"9"即主城九区建成国家环保模范市；"6"即万州、涪陵、黔江、江津、合川、永川六大中心城市争创国家环保模范城区；"X"即其他区县积极创建市级环保模范区县），推动形成定位清晰、特色鲜明的环保模范城市群，全面推进生态文明建设。

我们将认真贯彻落实十八大关于生态文明建设的有关要求，为重庆在西部地区率先全面建成小康社会提供坚实的环境支撑，为建设美丽中国、实现中华民族的永续发展做出新的贡献。

我讲的不一定对，欢迎大家批评指正，谢谢大家。

主持人：他抓工作的感受体会和酸甜苦辣都是实实在在的，现在先请张教授谈一谈体会。

张孝德：刚才市长是从另一个角度，讲了一个城市的环境保护怎么进行。大家讲美丽中国，我觉得美丽中国建设的前提是先搞一个健康的中国。因为我们现在的城市是有病的，先健康再美丽，这是给我们的一个启发。但是给我最大的启迪还是十八大提出的生态文明，在这里我还要讲一下，就是全覆盖的问题。刚才凌市长给我的启迪是，从市场来讲，要解决这个问题可能需要四个全覆盖。第一就是中央讲的政治、经济、文化。第二就是全落实，怎么落实到地。这个落实就是系统工程，从理念、文化、制度、社会、法律等整个流程一定要落地。如果没有全落地，全覆盖没法到位。第三就是全社会动员。环境工程肯定是政府要主导的工程，但是环境问题、空气是一个城市最大的公共资源，环境坏了不是政府要倒霉，所有人都要倒霉。我觉得这是我们在搞环境的时候需要向社会传播的一个非常重要的理念，环境是全人类的财富和大家的生命源头，我们今天保护环境就是保护生命。第四就是环境管理检测的全流程无缝隙检测和推动，很可能是一个局部推动全局的问题。我的意思是说要落地，要动员，全流程监控。

除此之外，我们要思考的是我们要建设宁静城市。现在最大的城市污染除了水是什么？噪音，而且噪音的源头也是各种各样，所以现在我们说，我们要美丽的城市，我觉得美丽的城市最重要的是要让城市的人心安下来，如果每天生活在充满噪音的城市里，我们的心如何能安静下来？心静下来，就定能生慧，心定不下来，怎么能有智慧？现在我们谈智慧城市，我觉得智慧城市要从这个深度去挖掘。谢谢。

慕海平：刚才讲的是生态环境保护的八大工程，重庆的做法。我感觉也是有一个引入的话语，就是要投入，因为要搞设施，搞搬迁和城建都要投入，那投入的前提是首先要认识到投入的重要性。我想生态环境保护治理的对象无非就是对原生的生态，还有就是次生的，还有一些是破坏了可以修复的，还有就是破坏了不能修复的。这些原生的要保护好，次生的要护理好，对于重庆市区范围内出现的环境生态问题，你们提出了八大工程来保证生态文明建设的过程，这里面确实有一个问题，就是投入的问题。比如说今年北京放鞭炮，其实北京市政策没什么变化，就是宣传，雾霾正好赶到，大家感到雾霾了，所以放鞭炮就大大减少。这就是宣传的力量，全民都在投入。所以生态文明建设的第一步要增加投入，包括一些基础设施的投入、项目的投入等。

第二就是要有一个长效的机制。还要在机制上解决问题。为什么生

态文明建设有一定难度呢？因为它跟我们过去形成的发展机制有不一样的地方，用过去的理念形成的机制去搞生态文明建设会有困难、有抵触，现在我们必须建立一种新的生态文明机制。必须有机制建设，因为人和自然关系的恶化，其实是人和人的关系出了问题，不知道大家认可不认可这个观点。所以不能就生态论生态，必须解决社会发展中人和人的很多问题。有两种对生态文明不同的价值观，一种认为就是人和自然的关系，不是人和人的关系。但是想想人和自然的关系为什么恶化，是人的社会行为的进化。那么人的社会行为是什么？是人和人的问题。所以人和人的关系不和谐，我不认为人和自然的关系就和谐。十八大有一句话说得好，就是把生态文明融入其他四大文明中去。什么意思？就是四大文明搞不好不可能有生态文明。从生态文明保护的角度就是环境保护、资源的节约利用等，但更应该有一个更高的顶层的设计，要建立这样的机制。其实我们是可以建立很多机制的，比如利益机制，包括市场机制，这些我们都在探索。

第三就是要加强法制。不能任意违背，不能因人而异，一定要有法律。法律就是生态文明建设的底线，生态文明保护的底线，必须要有法律来约束，不能任意妄为。

主持人：下面欢迎中国工程院院士、神华集团总经理张玉卓同志发言，大家欢迎。

张玉卓：尊敬的各位领导、各位同学，上午好。这一个星期我接受了环境保护的再教育，深感我们作为能源生产企业责任重大，也理解了共同但有区别的责任。对于环境保护大家都有责任，但是谁排放的多谁的责任就大。

这些年为什么环境会搞成这么一个状况呢？我感觉第一是十年以前没有考虑到经济增长会那么快，所以对整个能源产业的谋划是不够的。第二是没有想到产业结构这么重要，各地都要通过工业来拉动经济，那就要耗能，而能源结构又没有别的东西来补，所以这个情况导致了经济和环境不相容的状态。环境排放的问题，对企业来讲、对排放者来讲，就是最最典型的囚徒困境①。怎么解决这个困境？那就必须要改变游戏规则。我们的愿望都很好，多用清洁能源，但是从经济上、从政策上不支持它，又怎么会有这样一个环境呢？

我们国家的清洁能源处在一个什么状态？2012年的数据还没出来，但是根据增量和估计，全国一次能源消耗预计超过180亿吨标准煤，其中化石能源占比超过85%。我国的清洁能源虽然很受重视，但是仍存在以下问题：一是我们的运用量太大，二是政策上还不健全，三是技术上也存在不小的难度。所以我国的清洁能源市场还没有形成，导致了到现在非化石能源占比9.1%的状态。

那么如何发展我国的清洁低碳能源？我们有一些设想，我这里想讲的一个是概念，一个是思路，然后是提出的目标和我们的一些考虑。清洁能源，我个人认为不仅包括清洁能源和再生能源，也包括对能源高效的利用。清洁能源应该是指在生产和消费的全过程中具有很高的转化效率和良好的经济性，对经济环境没有污染的能源，能够达到零排放的能源也应该归到清洁能源，但像煤，那肯定是肮脏的能源。

可再生能源的概念大家很清楚，我就不说了。对于非可再生能源，最好的当然是天然气，或者是经过清洁技术处理的洁净煤和油，对于这些技术，我想能搞多快就搞多快。在思路上说是八个字，即安全、洁净、高效、经济。首先要以保障能源的供应为出发点，以保护生态环境为立足点，通过科技创新提升高效智能化运用水平，构建安全、洁净、高效、经济的研发、生产和使用方式。在这方面我们应该分两步走。第一步，在今后的二十年左右，我们要以化石能源的高效、清洁利用为主，大力推进洁净煤技术的开发与应用。第二步，积极发展新能源和可再生能源，培养相关市场，逐步降低煤炭在能源结构中的占比，不能把脏的煤交给

---

① 囚徒困境（prisoner's dilemma）是博弈论的非零和博弈中具代表性的例子，反映个人最佳选择并非团体最佳选择。虽然困境本身只属模型性质，但现实中的价格竞争、环境保护等方面，也会频繁出现类似情况。

老百姓用，要集中转化为干净的能源，转化成电、油、天然气等可以清洁利用的能源，甚至可以转化为氢。我们用煤制氢的成本是相当低的，如果燃氢车发展速度够快的话，我认为将是煤炭转化的一次革命。

为了实现节能减排的目标，我们必须要有几个转变，即从环保滞后于能源发展转变为环保和能源协调发展，从偏重能源的开发生产转变为智能化、交互式的能源供需并举，从过度依赖煤炭转变为低碳化的能源结构，从能源产业分散发展转变为联合发展，比如把发电厂和煤炭厂融合在一起。同时要有战略布局，从地域上讲，确实不能在东部搞过多的能源生产，从发展阶段上讲，确实应该在经济成熟、经济性好的地区先搞。现在咱们就是讨论太多，而研讨做不了决策。

从发展环境上确实需要超前考虑，现在谁会考虑到十年、二十年以后怎么安排我们的能源系统？一个能源系统的转化通常需要一个世纪，从薪柴到煤，从煤到油、气，这些都经过了八十年甚至一个世纪，而我们现在恨不得三五年就不用煤了，那怎么可以啊？那用什么啊？从战略的模式我们考虑现在清洁能源确实是好，煤确实脏，但我们要把它放在一个系统里，放在一个系统里面来提升清洁能源的竞争力。后面我会讲到一点思路，这方面也要考虑碳减排，目的是减少系统风险，增加效益。要优化技术，现在完全可以做到的是把两个系统放在一个系统里，具体包括优化化石能源的资源，耦合技术，发挥互补的优势，形成一整套的市场，包括一次能源、化石能源、可再生能源和核能。一次能源在转化成二次能源、转化成清洁燃料和电力的时候，在生产过程中必须低碳化，到终端用户时必须是干净的，因为老百姓没办法装脱硫装置。这个体系要基于互联网的智能系统连接起来，这样才能形成能源产业的革命。什么叫革命？小改小闹不叫革命，这就是我们的一些思考。

下面我简要汇报神华集团的一些事件。神华大家都熟悉，8000亿的资产，世界500强，现在排在234位。我们为国家提供了6.2%的二次能源，主要是电，2012年的效益不错，是770亿元，比中石化、中石油等三个油低，比中国移动低，排在第五位。

我们深化清洁能源发展是按照全流程来考虑的。在生产过程中，从煤矿开始就全部实现清洁生产，我们矿区的环境修复和环境保护都是做得比较好的，环保部给我们授予了最高的荣誉奖。煤炭运输过程也做到了全程绿色通道。我们的能源转化和发电做得很好，我们的发电标准煤是 317 克，比 326 克的标准低了 9 克，百分之百地运转脱硫装置。我们的海水淡化也是一千万的能力，还有粉煤灰的综合利用，以及风电等。特别是把煤制成油品，直接制成成品油的装置取得了圆满的成功，获得了中国第十四届发明金奖，2012 年运转了 302 天，实现利税 17 亿元。里面硫的含量小于两个 ppm，所以造出来的是超洁净的油，杂质全都处理没了。我们的煤制塑料设备也是世界上的第一套，2012 年的运转情况很好，产生了 13 亿的利税。关于二氧化碳的封存，神华是亚洲第一例，2012 年往地下注了 6 万吨，每吨的成本是两百多元，还是注得太小了，还不太畅通。发展清洁能源，特别是把化石能源转化成清洁能源，同时封存二氧化碳，生产超洁净的能源终端产品，我们的这样一个模式有没有竞争力呢？2012 年的运转情况充分说明我们很有竞争力，企业本身盈利了，一吨交了 2000 元钱的税，税负还是比较高的，尽管如此我们还有很好的经济效益。

下一步我们有这样的考虑，对神华来讲我们的核心任务是发展低碳清洁能源。神华作为全球第一大煤炭企业，今后都不用煤了，神华搞什么？所以神华一方面要出产环保的煤炭，同时我们确实感到这么大一个能源企业面临的挑战很大。我们感到主要有三个挑战：第一，不管怎么说，煤能源的能耗和污染物排放总量是比较高的，这个特点决定了环保挑战的长期性；第二，我们到了工业化的中后期，能源和环境的承载力总量控制加大了，这很具有艰巨性；第三，神华产业节能减排的科技程度还不足，加剧了挑战的复杂性。

下一步我们要发展先进的系统。首先是在发电方面搞三个标杆，一个是 2×100 万千瓦的重庆高标杆项目，另一个是四川 60 万千瓦的循环流化床燃煤发电项目，这是降低氮化物排放的，还有新疆哈密的风火打

捆项目，这些都是批准的项目。在煤的清洁转化方面，神华布置了五个基地，准备搞大的项目。神华正在科技、煤炭科技方面推进了一个所谓的绿色煤炭重大专项，目标是从全生命周期考虑，从煤炭的勘探开发到洗选进行改造。现在不用说那么高级的技术，就连煤炭洗选这么普通的技术都没有普及，我国现在用的煤只有一半经过了洗选，光把这项技术推广了就能减少很大的排放量。下一步我们在煤转化方面安排了一大批研究开发项目，准备建立两个示范基地，在鄂尔多斯要转化 2000 万吨的煤，是多产量的，是按照近零排放设置的，水在这个工厂是零排放，二氧化碳慢慢来，因为二氧化碳量还比较大，现在先从这个量开始。而在呼伦贝尔的基地主要是提高地质煤的品质，同时生产优质的能源产品。

通过这样一些努力，我们希望构建一个能源生态的新模式，真正实现能源的清洁发展。最后有几个建议。第一，要积极发展煤基多联产技术和全过程污染物控制技术，大力发展清洁煤炭、清洁电力和化工品，促进从煤炭单独作为燃料向原料和燃料并举。第二，要大力发展新能源和可再生能源，对页岩气和煤层气的开发要进一步加大，有效推动非化石能源开发的规模化和产业化。第三，在能源品种上面要大力发展太阳能、风能、核能等的耦合优化技术，核能制氢的技术我们也研究了，能够制氢的话，煤转化就不需要排放二氧化碳了。把生物质、垃圾、煤等等融合在一个系统里边，可以通过新型的系统输出清洁的产品，同时可以降低二氧化碳排放，因为二氧化碳的问题不解决是不行了，这个意义都讲得非常充分了。第四，我们需要多样化和最优化的金融财税政策支持。目前的政策基本上对新能源发展的支持力度不够大，对化石能源清洁利用的支持力度也不够大。所以有的企业领导说，我们要改造，要提升燃料的品质，搞燃料清洁化，需要包括政策投入在内的各方面的大量投入。还要构建现代公共服务体系，包括行业协会、基础性的公共服务均等化，还需要以社区为单位进行宣传和教育等，在全社会营造发展清洁能源的氛围。但最主要的还是要有好的产业政策，特别是经济政策，以支持清洁能源的发展。老是说改变游戏规则，政府把规则定出来了，还要从严实施，谁违背了就要重罚，只有这样才能够把能源系统的清洁化搞起来。

最终我们是建议能形成煤炭清洁高效利用、全产业链和多形的、耦合的新型能源系统，从而实现能源、经济与社会、环境的和谐发展。我汇报完了，谢谢。

主持人：我们研讨班很大的特点就是我们的学员来源广泛，既有部委的领导、地方政府的领导，还有企业家。张总不仅是我们最大的能源企业的掌门人，而且也是技术专家，所以大家关心的煤炭问题，现在从张总那儿已经得到了最权威的回答了，看看还有什么问题需要交流的？

嘉宾：我想接着我昨天的话题讲，昨天我说我们的决策层十年前失去了一次机遇，就是大量购进天然气，当时的原因是什么？原因是当时美国的煤层气发展得很好，搞到了五六百亿，那时候美国也给中国一个数据，中国专家和政府企业都信了，就搞煤层气，十年下来只搞了 50 亿，可以说是无济于事，因为搞煤层气，我们错过了大量购买天然气的机会，错过了能源结构调整的机遇期，现在美国页岩气搞好了又说中国有多少多少页岩气，这个数据也是从美国来的，来了以后中国又信了。我担心十年以后我们中国又被美国给忽悠了，对页岩气我本人已经做了四年的工作，专门去美国考察了两次，我派团去考察也不下五六次，我把美国的大学、企业等弄到国内来开研讨会也有七八次了，我自己在这上面投入的钱、人力、物力不下 30 个亿，最后是越干越感觉到美国人在忽悠，越来越胆小，中国没有那么多页岩气，而且有那么一点也非常难弄，跟美国几乎没法比。在中国我们把整个专家们说的南方地区、四川、准噶尔等盆地都评价完了，我们找不着一个上千平方公里有页岩气的地方，现在最大的一块就二百多平方公里。这与美国的差距太大了，我们根本没法跟他们比。现在我建议大家不要把这个数据作为我们决策的依据，也不要信这些数据。这方面我们要正确对待，该买的一定要买，但也不要为了页岩气非得把结构调过来，这可能是个幻想，十年后大家来验证我这句话。谢谢。

嘉宾：贵州也是南方的煤炭大省，现在我们那里有一个企业正在推广和生产水煤浆。您对这个技术怎么评估，它的前景怎么样？您是行内的专家了，因为这是对我们贵阳节能减排重要的路径，我很赞成您说的煤制天然气，贵阳原来也是讲能源结构，也是讨论了很长时间。我现在遇到的问题就是水煤浆这个技术，您从专家的角度怎么看？

张玉卓：陕西的李省长亲自搞过。

李省长：我们俩过去在一起工作，当时我们在雾霾天气上大家都有很深的感触，讲了很多的观点。第一个是煤无辜，人有罪，不能都赖在煤上。第二是一切皆有可能，在十五年之前我和张总在一起的时候，业内的专家说煤变油是不可能的，但现在成功了，技术很成熟，可以到北京的。

嘉宾：燕山石化的水煤浆用得很好，没有问题，技术很成熟。

慕海平：简单的点评，就几句话。

第一，能源是生态文明建设当中的一个很重要的问题，因为传统的工业文明和传统的能源结合在一起导致了今天生态文明的问题，因此找出路可能很大的问题就是新的能源和新的工业，就是第三次工业革命，现在提到往这方面找出路。其实我觉得人类的力量和自然的力量是生态文明当中的两种力量，最初人的力量是弱小的，所以我们是谦卑敬畏的，后来人的力量增强了，特别是科技发展了，我们就开始大范围地进攻自然了，最终的结果是带来了现在的问题。新的科技革命可能会化解这些矛盾，但是要有导向，不可能光靠科技，我们要增强人文价值观。

第二，就三个词。第一个词是平衡，就是自然的索取和给予的关系。第二个词就是循环，人类的所有活动最好融入自然中和自然形成循环，包括清洁，清洁能源排的东西可以和自然融合。第三个词就是系统，其实生态是一个系统。

最后，我想生态文明确实是一个公共领域，是一个公共产品，还需要各个方面的努力，其中最重要的，我认为是企业，企业在这个方面承担的社会责任。神华刚才关注了中国的能源发展战略，也关注了生态文明建设，这充分体现了大的央企在我们国家生态文明建设当中所承担的社会责任、勇气和见识。对此我表示赞赏，谢谢。

张孝德： 张总从一个企业的角度谈到国家的能源发展战略，我想做一个个人的解读。张总讲的这个问题，这个能源战略的思路是什么？我认为是基于东方思维智慧、系统模式的一个战略思路。为什么谈这个问题？因为我觉得我们的能源战略问题非常重要。能源肯定是战略问题，现在制定战略的时候最高端的中国和美国的战略竞争是什么？

首先是思维方式的这种博弈和竞争。在能源问题上中国人最大的优势是什么？我们老祖宗留下的系统的思维。我也关注美国的能源战略，这个问题美国在某些技术上超过中国，但是不要被这个所吓到，我们有老祖宗留下的系统整合思维，这个问题要激活，这是一个很好的案例。

第二，中国的能源问题是一个国家战略。我们现在有一个重大理念要转变，要从跟从思维模式转向自主模式。我们一定要立足于中国现有的农业结构，最新的东西不一定是最实用的。我们要探讨自主的安全的能源发展战略，如果没有这个大前提，听说哪个技术好了就蜂拥而上，这个东西远水不解近渴，也不解决现实问题。

第三，在解决能源战略问题上我不是技术专家，但是从经济学的角度讲，任何一次人类能源革命的突破都是从通用技术开始的。在通用技术方面，比如说，到底哪一种能源是我们未来的主导能源？我个人认为，煤炭能源仍然非常重要，即使未来被大量替代了，它的比重仍然能达到50％，而且这种替代能否实现仍然是一个未知数。所以说，到底中国未来的主导能源是什么，这个问题的答案至少五年到十年不会变，那就是煤炭。因此，要把煤炭能源的发展上升到国家战略的高度，建立一整套系统整合的战略，进行系统攻关。我们攻关成功之后，就可以建立起我们中国自主创新的一整套系统，相关技术成熟了，我们就建立起了技术优势。

嘉宾： 各个城市都在煤改气，我个人是高度赞同的。如果改善城市

的空气质量有什么立竿见影的措施,那就是煤改气,乌鲁木齐就是一个例子。乌鲁木齐空气比北京强,就是因为实施了煤改气,但是需要增加气的供给。现在是 1 651 亿方气,美国人光页岩气去年就超过两千亿方,人家用六千多亿方的气,我们用一千多亿方的气。所以我们要引进和加强开发,加强煤制气多元化供给。

嘉宾:我今天上午主要是听其他的学员给我们介绍经验,对我来讲是一个很好的学习机会。大家都很关心北京的污染治理问题,特别是北京连续出现的雾霾天气,全国上下都很关注,北京无小事。借这个机会我也简单地把北京的事跟大家做一个汇报和介绍。

第一,北京已经做了什么;第二,现在突出的问题是什么;第三,我们怎么办。

第一是北京做了什么。从 1998 年以来,特别是解主任也讲了一些,北京在中央的大力支持下,在中央各部委的支持下把大气污染治理和改善空气质量作为重要抓手,连续实施大气污染治理的措施。我给大家简单地报几个数。截至 2012 年年底,我们累计完成了 1 700 台的燃煤锅炉的改造,近 20 万的采暖小煤炭炉,两座燃气热电中心,全国率先实行第一、第二、第三、第四阶段的新车标准和油品标准,这几年淘汰了黄标车 60 多万辆,完成了 1 240 座油库、1 387 辆油罐车的回收治理工作,调整了 144 家企业。现在北京第三产业的比重在 76% 以上,产业结构很好。

针对广大市民检测 PM2.5 的呼声,我们贯彻党代会的精神,建成了全市各个区县的 PM2.5 的检测网络,进一步加大了升级油品、调整产业、降低扬尘等污染治理的内容,真正做好了率先实施新标准,率先与国际接轨,时时发布环境信息。

第二是目前突出的问题。虽然我们在大气污染治理和控制方面取得了一些成绩,但是还存在很多的不足。特别从全年来看空气质量不达标,跟国家新实施的标准相比,2012 年的二氧化碳浓度超标 30%,PM10 超标 55.7%,2013 年 PM2.5 是第一年开始检测,还没有全年的检测数据,但是估算超标约 1.5 倍。综合来看，PM2.5 仍然是首要的大气污染问题，特别是从北京来看，大雾是北京经常的天气现象，湿度很大。这种天气有利于细菌的积累，促使转化生成 PM2.5，使空气质量急剧变差，形成雾霾现象。就跟专家讲的一样，雾霾形成的最主要的原因是极端不利的气象条件，大气整体处于痉挛的状态。污染难以扩散，相反更容易积累，气态的污染物更容易转化为 PM2.5，加重污染。2012 年北京的常住人口超过了 2 000 万，达到 2 069 万，汽柴油消费总量 600 多万吨，建筑是每年 1.9 亿平方米，这些都使北京的污染指数居高不下。还有就是北京周边相关地区对北京的影响也是比较大的，它们对全市 PM2.5 的分担率在 25％左右。

第三是我们下一步要做什么。治理以 PM2.5 为主的大气污染是根本措施，我们将以科学发展观为指导，借鉴国际国内的先进经验，坚持标本兼治，综合治理；坚持污染防治，综合调控；坚持政府履责、企业自律、公众参与并举，全力加强大气污染治理，努力做到率先达标和率先与国际接轨。

措施主要有五个方面。

第一个措施是以最严苛的制度进一步抓好立法工作。现行的办法已经不能适应当前的形势，2013 年年底前我们将出台大气污染的防治条例，要用区域限批、排污许可等刚性的制度来限制。此外还要制定大气污染物的排放标准，完善有利于燃煤设施能源改造、高污染物企业退出的财税和价格政策。

第二个措施是以最严厉的制度进一步深化污染治理工作。从长远看要以空气质量达标为目标，要编制北京的整体的空气质量的达标规划。要将 2012 年到 2020 年的目标落到实处，要实现污染浓度下降 30％的目标。2020 年以后要继续采取有力措施，到 2030 年年底空气质量达到或接近国家新标准。在污染治理方面要向世界水平看齐，要以最大的决心和力度治理大气污染，大力发展电力、天然气、太阳能等清洁能源，加快燃煤设施的改造，等等。这个目标是 2015 年燃煤的总量削减到 1 500

万吨，做到在新城的范围内实现基本无煤化。另外，优先发展公交，在鼓励绿色出行的同时，要研究机动车的总量控制措施，实施分区域、分时段的政策，降低使用的强度。这方面的难度是很大的。现在汽车摇号大概一个月是两万辆，我们想把这个标准再降下来，降下来的车辆我们用新能源车来代替，购买新能源汽车不摇号。

另外，要不断严苛新标准。2013 年我们已经实施了第五阶段的标准，与欧美的标准是一致的。我们要在 2016 年实施第六个阶段的标准，力争"十二五"期间淘汰 100 万辆，"十三五"期间再淘汰 90 万辆汽车。我们要加大建材行业的调整转型力度，同时要加强工地的环保管理、执法监管，降低扬尘污染。这几年我们连续实施百万亩造林，预计到 2014 年就可以基本完成百万亩的造林。

第三个措施是以最负责的态度来进一步完善应急管理。2012 年我们发布了空气应急方案，今天我们在这个基础上进一步地完善体制机制，将空气重污染的应急纳入城市应急体系。由市应急委启动，综合考虑启动的时间。一方面，我们要实施更加严苛的措施，包括机动车的限行、停止拆迁作业等。另外，我们要及时发布空气质量信息和健康防护提醒，组织中小学生停止户外课等，最大程度地减少对人体的伤害。

第四个措施是最大范围的参与，应该说每个人都是大气污染的受害者也是制造者，保护大气环境人人有责，所以市委、市政府督促每个单位、家庭和市民来落实环保责任。从要我环保转变成我要环保，通过贯彻宣传法律严格执法，主动减排，鼓励市民绿色出行，支持推广新能源汽车，鼓励公众举报大型污染企业，同呼吸、共命运，推动形成绿色生产、绿色生活、绿色消费。

第五个措施是以最大的合力推动区域的联防联控，积极争取中央各部门和周围兄弟省市加大联防联控的趋势。现在我们北京的几个兄弟省市一起在搞一个环首都的生态圈，以实现管理平台共用。

总之，市委市政府有决心、有信心在中央部委的关心下，以最广泛的社会动员、最严格的态度、最广泛的区域合力来打好这场仗。通过这次学习，使我对生态文明建设的认识更加系统和深化，对加大生态文明建设更加自觉、自信，当然也更有紧迫感。回去以后，我一定结合这次学习的成果，结合自己分管的工作，结合生态文明建设的重要内容，借鉴兄弟省市的好的内容、经验和做法，加快我们北京地区的生态文明建设。谢谢大家。

主持人：谢谢李司长，李司长刚才的发言也回答了一些大家关心的问题。那么我们今天的学员论坛就圆满完成了我们的学习研讨任务。我们三位发言人的发言非常精彩，含金量很高，信息量很高，我们的学员交流也很深入。我们的专家也做了画龙点睛式的点评。非常感谢大家的参与和支持，今天上午的学员论坛就到此结束。

（本文根据录音整理，未经本人审阅）

七 中国政策论坛

生态美·中国美

台上嘉宾　国家发展和改革委员会副主任　解振华
　　　　　国家行政学院副院长　周文彰
台下互动嘉宾　国家行政学院生态文明建设研讨班学员，包括全国 31 个省、
　　　　　市、自治区负责环保的副省级领导
论坛谈话主线　1. 生态文明与发展困局
　　　　　2. 生态文明与解决之道
　　　　　3. 生态文明与新型政绩观
主讲人：国家发展和改革委员会、环境保护部、国家林业局、国家行政学院
　　　　领导
主持人：中央电视台主持人

主持人：大家好，这里是中央电视台财经频道中国政策论坛的录制现场，我是主持人芮成钢。今天我们再次来到国家行政学院，录制一期非常特别的中国政策论坛，我们这期节目的主题为"生态美·中国美"。只有生态美了，中国才能真正地美起来，如果生态不够美，其他的数字听起来再漂亮，中国也不够美好。今天，我们在场的各位参与者，都是我们国家行政学院省部级领导干部推进生态文明建设研讨班的学员，他们都是我们国家主管环境和生态的资深官员。我们今天节目的分量格外的重，不仅仅是因为这几十位参与者的分量重，更是我们要面对一个非常重的话题，那就是环境问题。

很荣幸，我们今天请来了两位资深的环境问题的专家。一位是长期从事环保工作、负责中国节能减排和气候变化问题的资深官员、国家发改委副主任解振华先生，另一位是对环境问题有着深入思考的全国政协委员、国家行政学院副院长周文彰先生。同时，还有几十位我们各个省、市、自治区主管环境的副省长、副市长等；还有我们各大部委分管环境政策和环境相关部门的副部长。我们首先用热烈的掌声欢迎各位的到来。

我们都知道有一种说法叫"木桶效应",又称"短板效应",意思是说一个水桶能盛多少水,取决于最短的那块板,最短的短板有多长,就决定了这个木桶能装多少水。还有一种说法,说一根铁链,究竟强度有多强,取决于这个铁链子上最脆弱的那个环节有多脆弱,不管这个铁链看起来多粗多强壮,最脆弱的那个链条决定了这个铁链的强度。所以我想环境问题,不应该成为中国经济社会长期可持续发展的一个短板。同时,环境问题也决定了我们的繁荣能够持续多久。所以我们说这是一个非常重要的话题,我想这也正是为什么我们学院开学之后办的第一个班就是生态文明建设研讨班的原因。

首先我想请问周院长,这次研讨班设计和举办的初衷和背后的意义。

周文彰:这次研讨班的意义,首先就在于它针对着我们国家面临的一个特殊问题,这就是不断发展的要求和环境巨大压力之间的矛盾问题。现在我们在能源方面、资源方面,在水、气、土壤等环境方面问题都非常突出,特别是最近这一段时间,长时间的雾霾以及接踵而来的沙尘暴,这些问题大家都能感受到。

这次研讨班的意义还在于,它呼应了人民群众的期待和关切。人民群众都生活在环境当中,对环境密切关注是极其自然的,所以这次环境资源问题也是两会当中的一个热点。温家宝同志在政府工作报告当中讲到,环境问题关系人民的福祉,关系子孙和民族的未来。我这次也提了一个提案,就是有关环境的绿化问题。

另外,其意义还在于,我们这次研讨班,关系我们党和国家工作的大局。这就是在国家五位一体的工作布局当中,生态文明建设是一个比较新的、也是一个非常重要的任务,所以通过办这次研讨班,使我们主管这项工作的省部级领导干部,能够重视生态文明建设,使我们国家已经确定的奋斗目标,就是美丽中国,能够得到早日实现。

主持人:解主任,节目开始之前,我和您的很多同学在聊。他们跟我说,虽然平时在电视上看到解主任作为我们中国代表团的团长,在很多国际场合、峰会侃侃而谈,但是,这几天在学习班里感觉您就像一个小学生一样，认真听课，认真做笔记，认真和老师交流，组织大家讨论，非常认真地完成每一天的学习任务。您就住在学校里，每天早起，而且非常规律地作息。您从事环保工作这么长时间了，为什么还会像小学生一样？这几天紧张的学习，您最大的收获是什么？

解振华：我这次就是以学生的身份来学习的。虽然我从事环保工作三十多年了，但跟我一起学习的同学，他们都有深厚的理论功底，也有丰富的实践经验，所以跟他们一起学习，收获还是非常大的。通过领导、专家们解读生态文明建设的理论和实践，确实使我感到，在中国加强生态文明建设有着非常重要的意义。此外，与同学们一起交流的时候，他们又谈到在实践当中遇到很多问题和困难，使我深感加强生态文明建设是一个长期而艰巨的任务，但是他们在实践当中，也积累了很多好的经验和好的做法，也使我们从事这项工作的人，树立了信心和干好这件事儿的决心，应该说收获还是非常大的。刚才你讲我们国家的发展当中，环境问题是科学发展中的短板，确实有这个问题。我们是个发展中国家，我们必须要发展。但是怎么发展，如何处理好发展和保护环境之间的关系，找到一个最佳的结合点，这是实践当中要解决的问题。

另外，我们国家本来就资源不足，生态环境非常脆弱。我们三十多年的发展，应该说还是很不平衡、很不协调的，最大的短板就是资源和环境的瓶颈约束。如何来解决呢？我想只有通过科学地发展生态文明建设、绿色低碳循环的发展，来破解这个难题。所以这次学习，我觉得收获还是比较大的。

主持人：我们也想请您给我们做一些正本清源的工作。说到这个生态，我们今天的节目叫"生态美·中国美"，生态环境按照当下国际上公认的说法，真正的内涵和外延有哪些？

解振华：如果要解释生态环境的概念，我想还是用咱们国内自己对这个问题的理解。我们国家环境保护法有明确的规定，这里讲的环境，就是指影响人类生存和发展的各种天然的和经过人工改造的自然因素的总体，包括大气、水、海洋、土地、矿山、森林、草原、野生生物、自

273

然遗迹、人文遗迹、自然保护区、风景名胜区、城市和乡村，等等。实际上我们所讲的这个生态或者是环境，在中国的环保法里面讲，其实就是一个大环境的概念，所谓大环境的概念也就是生态的概念。所以我想环境就是生态，生态就是环境，这是我个人根据环保法规范的内容所作的理解。

主持人：解振华主任，北京今年雾霾天特别多，我不知道您上下班的时候戴不戴口罩。

解振华：我不戴口罩，但是我们应该尽量减少外出，减少出行。另外，今年1月份北京雾霾期间，我正好在国外开会，春节期间我在印度开会，所以我主要的担心是我乘坐的飞机回来的时候能不能降落下来。

主持人：您家里有几台空气净化器？

解振华：我家里有两台。

主持人：一台空气净化器大概能过滤什么规格的颗粒？

解振华：那我就不太清楚了。

主持人：也有很多人说更准确的说法可能叫灰霾，这可能是一个专业术语。灰霾还是雾霾，不管怎么样这个已经是全国老百姓街谈巷议的话题。两会期间有一位政协委员给我们的国家领导人背诵了一个网上广为流传的段子，叫《沁园春·霾》："北京风光，千里雾霾，万里尘飘……空气如此糟糕，引无数美女戴口罩"，等等，这个问题大家讨论了很久。我自己也是一位普通的北京市民，我记得来北京读书的时候，北京不是这个样子的，但是每次一讨论到这个话题，说着说着就卡住了。说到核心，还是刚才您提到的，发展和环境的一个矛盾。比如说，我们2013年年初的时候在欧洲，欧洲很多国家，像瑞士、德国，早在20世纪60年代，就已经禁止拿煤作为取暖、供暖用的燃料了。我想北京的雾霾肯定跟煤有关系，但是如果不烧煤，中国都烧石油和天然气，中国有没有那么多石油和天然气可供我们来燃烧取暖，这是一个问号。

比如说跟汽车尾气有关系，说到汽车尾气的话，直接的问题就是我们汽车工业还发展不发展，这个工业背后带动了那么多产业和就业，背后还有那么多经济增长的指标。所以接连的这两三个问题——产业怎么办，就业怎么办？似乎一下子就把这个环境问题的解决卡住了。这个问题怎么办？

解振华： 雾霾天气是由两个方面造成的，雾就是气候气象的原因，我们不能够左右它；霾主要是我们生产生活排放的污染物。就拿北京来说吧，北京的这个雾霾天气，它无非就是这么几个源：一个最大的源是两千万人口，有将近三千万吨煤；现在是 530 万辆汽车，这个数字每年每个月还在增加；有上千个建筑工地，飞起大量扬尘；再有就是周边有两亿多吨钢、两亿多吨水泥。这是造成北京雾霾天气的几个主要源。如果要解决这个雾霾天气，自然原因我们没有办法，但是人为造成的这部分，我们还是应该采取积极的措施。

比如说煤，我们可以调整能源结构，无非就是煤、油、气，风、光、热。怎么样把能源的结构做一些调整，如果全国的问题解决不了，我想首都的问题还是可以解决的，就是调整它的能源结构。汽车的问题主要是燃烧燃油造成的排放，我们可以不坐大车，坐小一点的、排量少一点的，我们可以提高燃油标准，少排放，再则我们用清洁能源的汽车、电动汽车，既可以享受这种现代的文明生活，也可以减少排放。建筑扬尘的问题主要是管理问题。再有就是周边的这些问题，这主要是区域的联防联控问题。环境问题，它既有局部的问题，也有区域的问题，水的问题是流域的问题，像气候变化、二氧化碳的排放，是全球性的问题，所以就需要在不同的区域开展联合的行动，开展合作来解决这些问题。我想，只要我们改变我们的发展方式、生活方式，调整我们的能源结构、产业结构、经济结构，每个人都能够积极地参与进来，我想这个问题虽然需要一些时日，但一定是可以解决的。

主持人： 首都的问题是可以解决的，我们也相信在中国的各个省、市、自治区，一些突出的环境问题也是可以解决的。但是我想在解决的过程当中，大家还是各有各的难处，各有各的苦衷。

接下来我想开始我们今天的互动环节，我和同事们也特别希望，今

天的现场能够像一场现场办公会一样，大家能够把自己的省、市、自治区，包括部委里具体的工作当中遇到的一些问题拿出来和大家分享，和解振华主任一起来探讨。接下来我想看看有哪位学员，愿意第一个举手和我们分享你的体会，特别是在刚才我们说的发展和环境中间发生矛盾的时候，出现一些彼此冲突的时候，有哪些具体的掣肘，或者说是处在探讨当中的问题。有请陕西省副省长李金柱。

李金柱： 在这里学习了将近一周的时间，我们对加强生态文明建设有了更大的信心。

我个人认为，首先生态文明要建立在生态的基础之上。有这样一个概念：只有生态的农业、生态的工业、生态的消费和生活，我们的生态文明才能够更好地融入经济全面的发展。

第二点，要尊重自然、保护自然。我在陕北榆林工作了五六年的时间，这个地方大家都知道，生态环境比较脆弱，是沙漠地带。解放初期的时候，它的林草覆盖率只有 0.76%，但是经过几十年的南治土、北治沙，植树造林，现在榆林的林草覆盖率已经达到了 42%，我想最主要的是两个方面：一是植树造林，二是退耕还林。绝对要相信自然，自然自我修复的能力在某些方面可能比人的力量还要大。

第三个就是我们必须加强生态建设。昨天，我们中国工程院的院士张玉卓同志对清洁利用做了很好的讲解。我也是这个观点，煤无辜，人有罪，关键是你怎么利用它，怎么把它利用好。所以在加大清洁利用，加大低碳生活，特别是在顶层设计、在国家宏观层面上，尤其是在产业布局方面加大力度，我认为还是非常有必要的。

举个例子，现在我们大量的能源，煤炭、石油、天然气都是在西部生产，而使用的大多是沿海地区。如果我们改变这种产业的布局，就地在西部转化，如果我们执行"共同但有区别"的政策，把节能和减排的相对指标联系起来，我想对我们国家的生态环境保护，对解决沿海地区的污染都是很有利的。

比如说发电，在榆林的煤炭，一吨煤到当地电厂就是 450 块钱左右，而到了江苏至少是 750 块钱，发电的成本、运输费用要增加 250 块钱左右，特别是在路途当中的损失、粉尘的飞扬，同时发电的成本也在上升。所以我们的综合效益，如果在产业布局上做一个大的调整，相信对我们国家的经济发展、低碳发展都是非常有利的。

我就说这么多。谢谢！

主持人：好，谢谢！接下来我们有请广西壮族自治区副主席林念修。

林念修：这次来参加这个学习班确实感到收获很大。通过专家的讲课，以及我们学员们的相互探讨，确实给我们很多启示。我感觉通过此次学习，使我强化了两个意识：第一就是强化了忧患意识，第二就是强化了责任意识，同时也给我们一个很大的启示。特别是昨天，在学员论坛中，贵阳的市委书记和市长都做了很好的发言，从他们的发言中，我体会到生态文明建设确实需要高度重视。那么如何来落实呢？我看无非是两点：第一是要老大抓，第二是抓老大。我们讲的老大难，其实老大抓了就不难。

生态文明建设非常重要，在这方面我们要注意处理好几个关系。

第一，我们要确实树立好发展与保护的关系，因为生态文明它是在工业文明发展的高级阶段的一个必然结果、一个更高的境界，所以生态文明建设是在发展的基础上建立起来的。因此从这个角度讲，我们说生态文明建设并不是否定发展，而是实现低碳、绿色更好的发展。尤其在中国，我们还处于初级阶段。我们社会主义的基本矛盾决定了发展还是我们的第一要务。所以，我想这个发展问题也是我们解决一切问题的关键，在这一点上我们还要毫不动摇地、坚持不懈地加快发展、快速发展。同时，我们在发展的过程中，一定要注意保护好环境，把保护环境放在更加重要的位置上，做到发展与保护并重，这样也实现了发展与保护双赢。我们既不能因求经济发展而无视生态破坏，我们也不能因要生态环境良好而使经济落后，这两者要有机地结合起来。

第二，我们要处理好当前和长远的问题。因为生态文明建设是一个长期的历史任务，需要我们几代人、十几代人，甚至几十代人上百年、

几百年的努力。那么我们必须从现在做起，更加重视环境，更加重视保护，更加重视生态文明建设。我们遇到了问题，还是要加快去解决。在执行政策的时候，首先要立足于当前，但是更要作用于长远，既要有利于当前问题的解决，更要有利于长远的发展。

第三，我认为还是要处理好政府跟市场的关系。因为生态产品是我们政府必须提供的公共服务，从这个角度讲，政府的责任是责无旁贷的，必须发挥政府的主导作用。如果发展中出现了环境问题，我们就要采用必要的措施，采取强制的手段来解决一些紧迫的现实的环境问题，比如雾霾问题。但是，我们要更多地利用市场的手段、经济的手段、法律的手段来解决这些问题。环境保护、生态建设，也是全社会的共同责任。刚才解主任也讲了，需要我们每个公民都要从我做起、从现在做起，采取共同行动，来保护我们美好的家园。

第四，我觉得还要注意处理好共同责任和区别对待。因为中国这几年经济高速发展，我们的经济总量已经居世界第二，但是我们毕竟还是发展中国家，发展中还存在着不平衡、不协调的问题，特别是区域发展差异特别大。我是在西部地区工作，感到这个问题尤为突出。所以我说，在强调保护的同时，我们确实要实行差异化政策，对西部地区给予更多政策的支持。这样使得我们西部地区能够与东部地区共同发展、共同保护，共同全面实现小康社会这么一个宏伟目标。

我就说这么多。谢谢！

肖光明：主持人，我想发表一下意见。

主持人：请您先做个自我介绍，谢谢。

肖光明：我是来自江西的。江西大家都知道，生态环境比较好。

过去，我们谈到环保问题，都觉得非常遥远，认为那是欧美等发达国家吃饱了、撑着了，自己寻找的一个话题。现在看来，我们这些年，国家的雾霾天气、严重的水污染、土壤污染使我们实实在在感受到，生态危机已经逼近中国，传统的发展方式不可持续，改变刻不容缓。

江西是一个生态环境比较好的地区，同时也是一个经济欠发达的地区，我们面临着加快发展与保护生态的双重压力。不发展不行，不保护生态也不行，刚才解振华主任讲的关键就是怎么处理好发展与保护的关系。这是一个很难的事儿，不是一般的难。但是有没有解呢？我想也是有解的。

昨天我们听了贵阳、重庆，还有前几天南京的介绍，这个问题解决得比较好。江西在这方面也做了一些探索。第一是树立一个理念，既要金山银山，更要绿水青山，坚持科学发展、绿色发展。在实际操作当中，一要注重调整结构，二要下大力气治理污染源。第二就是有计划地治理现有的污染，一家一家把它排出来，限期治理，限期不能达标的，坚决关闭。再一个就是大搞实施几大生态建设的工程，比如造绿色工程、城市污水处理工程，等等。总的来说，我们这几年搞得还是比较好的，经济保持了持续较快的发展。同时，我们的生态环境也得到了比较好的保护，这几年我们的森林覆盖率由 60.5％提高到了 63％。江西的水质也比较好，空气也比较好。

我就说这么多。谢谢！

主持人：好，谢谢！下面我们邀请来自北京市的林克庆副市长，和我们分享一下他的观点。

我觉得其实北京的雾霾问题、环境问题很多人都在议论，这显然和经济发展是有关联的。比如说，最近很多中国的商人都说，我们辛辛苦苦赚了这么多钱，最后发现都是在赚医药费。还有一些很有钱的商人，或者投资、创造就业的企业家、知名企业家，举家迁到别的城市、省份，甚至去了香港、新加坡。钱也挣了，个人发展也差不多了，为了老人和孩子的健康举家迁往新加坡或者香港，一个月回北京一次，挑一个不是雾霾的天气，办公几天，其他时间还是在香港、新加坡生活。这种情况我想不是罕见的，很多人正在逐渐这么去做，就像北京的堵车一样，有人说影响了经济运行的效率。如果说气候问题不解决，我相信可能会出现更多的这种财富的转移，包括投资兴趣的下降。相应而来，一系列的经济发展的问题反过头来会制约经济的发展，您觉得呢？

林克庆：大家比较关心北京市的空气质量，大家有很多人生活在北京，更加希望北京的空气更清新。事实上，北京市非常重视大气污染治理和空气质量的改善。

首先，1998 年以来，北京市连续制定了 16 个阶段的北京市大气污染治理，应该说连续十四年的空气质量得到了明显的改善。从 2012 年开始，北京市下决心开始百万亩的造园工程，努力改善北京市的空气指标。针对当前北京市的空气指标这样一个情况，我们也是回应广大市民的呼声。北京市实行了三个率先，率先进行了 PM2.5 的检测，率先实现了空气质量的新标准，率先与国际接轨，对环境质量实行实时信息发布。为此，我们将有最严格的制度，就是在 2013 年年底之前，出台一个北京市的大气污染治理条例。

第二是最严厉的制度。比如，刚才解主任讲的北京市的燃煤要压紧，从现在 2 300 万吨的燃煤争取 2015 年压紧到 1 500 万吨，甚至到 2020 年力争到 1 000 万吨以下；这样城六区和环城带的新城地区基本实现无烟区。另外是油品升级，我们的油品目前跟欧美的标准是一样的，而现在要达到，且力争到 2016 年进一步升级。

第三是最广泛的动员。大气治理政府有责任，社会企业、居民的生产方式、消费方式都要改变，所以我们提出了"同呼吸、共责任"，想进一步动员全社会共同治理大气。

第四是形成最大的合力。对于北京市的空气质量，我们要积极争取中央单位和周边省市一起联防联控。另外，我们要共同制订统一的大气污染治理的标准和法规，共同来统筹研究产业优化升级的标准、污染物的排放。

我想通过中央单位，通过周边省市，通过我们大家共同的努力，北京市的天更蓝是大有希望的。谢谢！

主持人：我想再追问一句，比如说北京一方面是要防控，另外一方面真正出现污染的时候保护也很重要。比方说像香港、台北这样一些城市，出现大的台风的时候，我们就可以不用上班、不用上课了，整个城市就放假了。为了减少污染，比如说以后北京市的空气达到一个重度污染的时候，是不是可以减少一部分在户外工作人员的工作量，或者比如交警。为什么直到现在北京在户外工作的交警，在重度污染的地方指挥交通不戴口罩？我不知道这是不是因为形象问题，还是什么。还有一些其他的在户外工作的人，是不是应该给他们考虑配上一些相应的劳动保护，您觉得呢？

林克庆：你提的这个问题很好。我们从1月份开始，已经重新调整制订了一系列的针对北京市的重污染天气的应急办法，包括你刚才讲的，包括中小学生的户外活动，包括一些户外作业，包括机动车的限行，包括工地的扬尘。

主持人：谢谢！接下来我想请钱易院士，结合她具体的、实际的研究和工作，给我们这一轮的讨论做一个点评。

钱易：谢谢主持人给我这个机会，能够参加国家行政学院的这个学习班的活动，还参加了中国政策论坛，对我是一个学习的机会。我想谈几点体会。

我非常拥护现在十八大提出来的，要把建设生态文明融合到经济建设、政治建设、文化建设、社会建设中间去。我觉得这样一来把我们国家的经济建设、政治建设、文化建设、社会建设都提高了一个层次，也是解决我们中国现在面临的严重的资源环境、生态问题的一个正确的方向。

那么，我想在这里谈一下，我自己对于生态文明建设的体会，从两个方面说。

第一个方面，生态文明建设的思想基础到底是什么，为什么我们现在要把生态文明建设提得这么高？我认为生态文明建设的思想基础就在于人怎么样对待环境、人怎么样对待这个地球、人怎么样对待自己的子孙后代，也就是我们经常讲到的环境伦理学。

我觉得这个环境伦理学主要包括三方面的内容。

第一就是人要尊重和善待自然。刚才好几位领导都讲到了，包括对

待一切自然界的物种，还包括对待自然生态系统的规律。千万不要认为我们人是第一位的，人要怎么干就可以怎么干。就像我们过去人类中心主义的一些观点，比如说，"我思故我在"，或者"与天斗，其乐无穷；与地斗，其乐无穷；与人斗，其乐无穷"。这是斗争的哲学，把人放在一个特殊的地位。我认为第一个生态文明一定要树立的观念就是要尊重和善待自然。

第二就是要关心自己，并且关心全人类。这个要求应该说是很高的。我们每个人都关心自己，这个毫不利己是更高的要求，但实际上关心自己并没有错。因为只有你关心了自己，你才可以为国家做贡献。不然的话，如果你的身体不好，或者你的学问不够好，那你也不能做贡献。关心自己不错，但是现在我们要求更高的是要关心到人类，关心到地球，包括我们讲到的全球气候变化的问题；包括我们上游和下游的人的关系问题，比如我们生活在上游的人，一定要关心到下游的人。就像我们现在的雾霾天气，这个污染源是从不同的地方来，现在我们中国的雾霾天气已经影响到我们的邻国，已经有很多邻国在那儿抱怨，比如说韩国、日本，甚至于曾经有个美国人跟我说，我们的沙尘暴刮到了美国的西雅图。当时我是不相信，我还跟他辩论，后来他拿出数据来，最后我不得不承认，确实我们很多 PM2.5 很小的颗粒，它不容易沉淀，就飞到了太平洋的东岸去了，所以我们一定要来关心这些问题，解决北京的雾霾问题，也是为了解决我们整个地区，甚至整个世界环境的质量。当然，二氧化碳的排放更加是一个大问题。

第三就是要思虑当前，着眼当前，并且思虑未来。就我们现在，特别是在座的都是领导干部，都是负责决策决定发展的规划、政策、项目的，那么我们在决定这些大的规划和政策以及具体项目的时候，不能只考虑到现在有多少能见度，现在有多少亮点，还要考虑到对子孙后代的作用。比如，我们现在有很多地方建设了很大的政府大楼，建设了很大的广场，还建设了各种各样的形象工程、标志工程，其中很多是一种浪费。就长远来看，对子孙万代是不利的。这是我想说的第一个方面，就

282

是关于生态文明的思想基础。

第二个方面就是生态文明建设到底怎么做。刚才有一些领导同志讲得很生动，我再做一点补充。我觉得生态文明建设千万不要只停留在坐而论道，好像我们思想观念都清楚了什么是生态文明，但是我们一定要着手去做，我们要如何去做。我认为有六大领域，都要实施生态文明。

第一个领域就是生态领域。我们要搞生态农业、生态服务业，不能够走老路。比如我们要搞节能的家用电器，我们要搞节能的汽车，我们要搞减排的工业，比如化学工业以前是污染工业，现在我们要搞绿色工业。另外，各地都在搞工业园区，我们一定要搞生态工业园区，就是你在你这个园区里头，你可以实现废料的重复使用，这个厂的废料可以做第二个厂的原料，你还可以做能源的梯次利用。

第二个领域就是消费领域。这牵涉到每一个人，就是我们消费不能够无禁止的、无限制的，而且我们特别要注意，我们的消费不能向西方国家看齐。刚才已经有领导讲到中国有中国的特点。中国的特点过去喜欢用"地大物博，人口众多"八个字来形容。我认为现在要修正一下，虽然这八个字单独讲都是对的，地很大，物很博，人很多，但是我们没有把它连起来分析，如果把这前后两句话连起来分析，我们中国的特色应该说是人均土地非常的小，人均资源非常的少，所以我们的消费模式一定要在这个基础上来选择、来采用，不能够像美国人、加拿大人一样，一家住一个别墅；也不能像美国人一样，四个人有三辆车，中国绝对不行。衣食住行我不展开了，都有这个潜力可以挖，我们一定要提倡消费，但是不一定要浪费，我们要全面建设小康社会，当然是要舒适，但是绝对不能奢侈。

第三个领域就是城市建设的领域。这次两会关于城市化建设谈了很多，但是我认为现在怎样建设生态城市大有文章可做，尤其是城市的规划、城市的建筑设计，还有城市的基础设施。我就讲一个例子，比如我们北京，北京在节约用水方面做了很多的工作，做得很好，污水回用也做得很好，但是北京去年暴露出来一个大问题。2012 年 7 月 21 日下了一

场大雨，北京那么缺水，下一场大雨其实是好事儿，但是却成了灾害。这个就说明，我们的城市基础设施下水道没有修好。

第四个领域就是保护生态系统。刚才也已经有领导谈了，森林、绿地、湖泊、海洋，然后土地，各种各样的自然生态系统，我们一定要保护好它。城市里的人工生态系统不能够破坏自然生态系统。现在我们城市建设甚至于有这样的做法，从很远的贵州或者云南去搬一棵大树，拿到沿海的大城市来，这种生态建设就是不合适的。

第五个领域是文化教育领域。我们要做到把生态文明的理念能够宣传、教育到每一个人。这个中间包括两大方面：一方面就是一定要宣传教育老百姓，让他们知道我们中国有这个光荣的传统。中国人早就提出天人合一论，这个天人合一论就是生态文明的一个具体体现，就是我们人要和天地、土壤都能够和谐相处。另外，生态文明的教育还要学习现在西方的一些新理念。现在西方已经有一个工业生态学。这个里边有很多理念，比如说把废弃物当做资源来利用，比如把城市的垃圾叫做城市矿山。现在对于垃圾的处理就要用开发城市矿山这样一个理念来做，这就是新理念。

最后一个领域就是生态文明建设，就是法律、政策、管理。刚才有的领导讲得很生动，要第一把手抓，要抓第一把手，这就说明了第一把手的重要性。那么我说明一点，我觉得政府、人大都非常重要，法律也一定要健全，政策一定要符合生态文明建设，并且管理也要到位。

好，我就说这些。

主持人：谢谢钱院士的点评。接下来我想进入一个快问快答、快速点评的环节。刚才我们聊了这么多，大家有没有不同的观点、不同的意见或者被启发的观点，愿意再分享一下，或者愿意发表一下不同的意见？

好，有请周院长。

周文彰：我觉得各位学员和钱院士讲得都非常好。最重要的是我们要有对环境的危机意识，对领导干部来说要有责任意识，这一点非常重要。

　　的确，生态文明建设、环境保护，刚才钱院士讲的六大领域，都应该引起我们的高度重视。这方面我自己也有体会，比如海南，它的自然环境比较好，它有自己独特的地位，它是海岛，开发之后也没有什么污染。但是，任何生态环境都是很脆弱的，海南这样的地方也是如此，所以养虾后就把海水污染了，一些技术落后的工业把空气破坏了。海南意识到这个问题，发展是必须的，同时环境保护特别重要，于是他们就提出了"三不"：一不污染环境，二不破坏资源，三不搞低水平的城市建设。所以海南现在的造纸厂、化肥厂都是按"三不"来做的，都是科学的。

　　在环境改造上，我们大力提倡种树，搞绿化大道。在绿化上，种草成了一个普遍现象，种树反而成了点缀，我把它归结为是绿色上的形式主义，造成了环境没有达到应有的生态效益，同时给居民的生活也带来了很大的不便，比如夏天走路要打伞。所以我提出一定要告别绿化形式主义，多种树，少种草。因为有科学研究表明，树和草的投资比例是10：1，而产生的生态效益，树是30，草坪是1。吸附颗粒物，树是草坪的3倍多，而稀释二氧化碳制造氧气的功能，树是草坪的5倍多。而且树还能蓄水，为了市民的生活，所以靠近路边的地方，还要打造林荫大道。

　　另外，在生活领域，我们跟群众团体，比如妇联，还有跟政府组织，比如林业局，提三点建议：不捕食野生动物；扔掉塑料袋，提起菜篮子；少用化学洗涤用品。在我所主持的省委宣传部的工作中，我提了四个要求，没有例外。第一，所有的文件在没有成文之前，一律反过来打印，用废纸；第二，白天无论什么天气不能开灯；第三，上下两层之间不能坐电梯；第四，出门就关空调。像这些都要从生活消费领域抓起。

　　主持人：好，谢谢周院长。解主任要不要点评？

　　解振华：我就不说了。

　　主持人：好，我们下一个话题就是解决环境问题的制约因素有哪些。

　　关于这个问题刚才说了很多观点，提了很多该做的事。就像钱院士说的，大家坐而论道，都知道该怎么做。但是真到操作过程当中，难度

很大，有很多制约因素。比如说干部的选拔问题，就有很多专家学者跟我们说这里面存在着惯性，存在着惰性，虽然说了很多，但是每到真正选拔干部的时候，可能还是看跟 GDP 相关的这些指标比较多。提拔上来的干部很多还是在这方面业绩比较突出的，而环保上做得好并没有被认知成为一个在考核当中非常重要的指标，所以这里面每一个环节似乎都存在这个问题。

这个问题解主任您怎么看？

解振华： 关于怎样把生态文明建设落到实处的问题，我认为首先必须有可保证、可操作的一些政策措施。刚才大家都讲了贵阳的例子，一会儿可以请李军书记讲一讲贵阳是怎么处理好经济、政治、文化、社会、生态文明建设之间的关系的。在这一点上，贵阳搞了"五抓"，实际上就是把生态文明建设融入到其他的四个建设当中去。很关键的一点就是其他的四个建设必须有底线，以不能够损害生态环境为底线。

第二就是建立干部的政绩考核的机制，就是说我们提出了生态文明建设的战略部署，要有相应的考核指标，而且要实行问责。要把党委政府、领导干部的升迁荣辱同这些指标能够结合起来，这是一个政策导向问题。

第三，我们还有一个管理体制问题。刚才我讲了本来环境是一个大的系统工程，既有小区域的问题，也有大区域的问题，还有流域性的问题，还有全球性的问题，所以管理体制应该与环境的特点能够相适应，现在还需要在这方面进行探索、改革，在管理体制上要适应。

第四就是法制问题。就是我们国家已经有了一系列的保护环境、保护生态的法律法规，但是我们的标准并不配套，其实标准就是守法和非法、是和非的一个标志，而且根据经济发展还要做一些调整，并且要根据法律的规定严格执法，对违法者一定要严厉地制裁。不能让违法成本很低，执法成本很高，这就起不到依法来治理环境、解决环境、管理环境的作用，法制非常重要。

如果要解决所有的环境问题，还需要技术创新、技术革命。发现问题没有技术也是不能解决的，一定要有技术来支撑。再有就是我们在座的很多部门，如经济部门，如果要使我们现有的法律法规、技术发挥它的作用，能够坚持持续，这个机制化就必须有经济手段，价格、税收财政的一些政策必须要与之相适应。通过市场的机制才能使这些机制长期巩固下去。要解决这些问题，确实需要法律的、行政的、技术的、经济的，特别是市场的手段配合起来，才能解决这些问题。

第五就是我们的发展理念问题。20世纪90年代，我们国家东部地区，特别是江苏、张家港，他们当时就提出来既要金山银山，又要绿水青山。江西本来自然生态状况就不错，所以江西提出既要金山银山，更要青山绿水。一个字的变化就说明我们的发展在现有水平的基础之上，要进一步提高生态环境质量，而且还要保证完成我们的发展目标。这就是中部地区的一个很好的发展理念。

最近，青海省委、省政府又提出要保护三江源，这是主体功能区给它确定的主要任务。它的书记讲了，在这个地方我们不追求GDP，主要任务就是为中华民族保护好三江源，这是一个发展理念的问题。但是要想保证这个发展理念的实施和操作，我们必须也要有顶层设计，现在有了主体功能区，要落实。大家反映了很重要的一个措施就是生态补偿的机制，所以现在国家也在制订生态补偿的条例，制订这方面的标准。的确，要想真正地落实并解决好这些问题，还有许多工作要做。这方面相信我们在座的各位有很多好的经验和做法。

主持人：谢谢解主任。解主任刚刚也说到了目前解决环境问题的一些制约因素，那么接下来我们就请来自贵阳的李军书记，给我们分享一下贵阳的经验。

李军：刚才林副主席讲了生态文明建设，要老大抓，抓老大，这个话讲得好。

参加这个学习班，我感到在中国的一个地方当老大真是压力太大了。人的一生当中没有在一个地方当一把手的经历是一种遗憾。但是，一把手当长了也是遗憾。我这几天就悟出了一个道理，就是当书记的时间和

生命的时间成反比，书记当的时间越长，活的时间越短。

这次学习班让我感受到了一种责任。我在贵阳的时候感受到的责任是老百姓给我的一种压力。在这个班上让我感受到来自各个部门的分管领导方方面面排山倒海式的压力，这是中国的国情。但是，今天我请同志们反思一个问题，什么事情都寄希望于一把手，这是中国的悲哀啊！这说明我们现代化建设、我们的政治体制结构很不健全，没有走上一条健康的、有序的发展轨道。我相信奥巴马该打球打球，该怎么怎么，战争打响了之后，他还可以去度假，在我们国家可能吗？所以小平同志讲不因领导人的改变而改变，不因领导人注意力的改变而改变。我们就是要进入到这样一个良好的状态。

昨天我讲"五抓"，有同学问我，你离开贵阳以后，贵阳还会这么抓吗？还会这么做吗？我无法回答。因为中国的事儿就是换一个和尚换一道经，没有走上一个正确的轨道。所以我希望什么时候中国能够做到党委政府明确一个目标以后，我们各司其职，各有各的责任。

今天我想再讲讲我的体会。我想最核心的问题还是政绩观的问题。所谓政绩就是执政者的业绩，我们共产党是立党为公、执政为民的党，我们的政绩只有与人民群众的利益、诉求、愿望相一致，才有价值，也才会得到老百姓的衷心拥护和支持。老百姓感到交通不便的时候，你修路就是政绩；老百姓感到住房困难的时候，你修房子就是政绩。那么，现在老百姓要从求温饱到要环保，从求生计到现在要生态，这是个新的趋势，是最大的愿望。

习近平总书记特别强调，老百姓对美好生活的新期待就是我们的奋斗目标。我想当前的目标就是向老百姓提供更多更好的生态产品，喝上干净的水，呼吸新鲜的空气，吃上安全的食品，生活在宜居的环境当中。一句话，建设生态文明就是最大的政绩，也是老百姓最盼望的政绩。作为一个地区党委的负责人，特别是一把手，一方面自己要有正确的政绩观，正确处理好保护与发展的关系，努力实现两者的双赢；另外一方面，就是要提出鲜明的指示，分管领导、环保部门的负责人正确履行职责，我们为他们撑腰、为他们打伞，使他们站得住、管得了，放心大胆地履行环保方面的职责。

林念修：刚才解主任讲到发展理念的问题。东部地区是既要金山银山也要绿水青山，中部地区是既要金山银山更要绿水青山。我想补充一下西部地区的理念。

广西这几年知名度越来越高，为什么这样？我想主要是得益于生态美。因为一提到广西，大家都知道这里山川秀美、空气清新、生态良好、蓝天白云。这就使我们尝到了生态文明建设的甜头。广西是后发展、欠发达的西部地区，作为西部地区，特别是后发展、欠发达的地区，首先我们要加快发展，要与全国同步全面建成小康社会；但是我们也提出越是后发展、欠发达的地区，越要更加注重科学发展，更加注重生态文明建设。

谢谢！

解振华：关于五个一体怎样统筹，还有一把手的作用问题。过去我们搞环保模范城市，现在我们搞低碳城市、低碳省的试点，搞循环经济的试点。现在国家已经搞了上百个这方面的试点，都要有一个规划。我们现在一直要求这些试点示范的规划必须要经过人大通过，为什么呢？让规划有法律地位，不因为领导者的更替使规划执行不下去。所以依法来实施可持续发展这一点非常重要。当然领导者的作用非常重要，但是要长期坚持，就必须依法来解决问题。

另外关于政绩观，其实老百姓和我们好多看法并不一致。老百姓有时候并不关心一届政府GDP增长了多少，但是哪个市长、哪个省长、哪个领导修了一条路，恢复了一块湿地，建立了一个公园，若干年之后老百姓还记得。印象最深的就是太原的迎泽大街，它是20世纪50年代建的，当时的市长因为这条大街建得太宽了，还受到了批评。现在大家都说他真有眼光，当时建了这么一条街，现在还是太原的主街。有时候我们在搞一个大的项目，在当时看可能是造福人民，可若干年之后可能就是造孽，所以一定要有一个长远的考虑。我们国家其实在这个层面，发

展理念也在变，我们要用历史的辩证的眼光来看这些问题。

三十年前，我们要加快发展，要快速发展，要平稳较快发展，要又好又快发展。现在提出要持续健康发展，实际上发展的要求理念也在变，环保的理念也在变。过去就是点对点的末端治理，后来考虑到要源头治理，又考虑到清洁生产，从源头到坟墓，或者又到源头的全过程的治理，清洁生产的概念、理念就有了。后来又发展到不光是企业的清洁生产，一个园区要实现零排放或者近零排放，把城市、农村生产生活的所有废弃物都能综合利用。这样做不光解决了环境问题，也解决了资源的节约问题，更主要的是既有经济效益、环境效益，也有社会效益。它又派生出一个新的产业——节能环保产业。由于我们"十一五"搞了节能减排，加大了发展的力度，现在还吸纳了就业人口，"十一五"的最后一年是2 800万人，现在已经发展到3 100万人，总产值现在是 2.7万亿。所以实际上也是有经济效益、社会效益的，最终还有环境效益。

童怀伟：我来自于安徽。听了各位领导专家的发言很受启发。我们安徽属于中部省，是欠发达地区，但是在当今贯彻科学发展观、贯彻十八大精神的过程中，我们的发展理念、我们的干劲、我们的思路不能欠发达，这是我的第一点想法。

第二点就是刚才解振华主任说，我们中西部是既要金山银山，又要绿水青山。从安徽的实际情况来看，生态环境比较好。在这几年经济快速发展的过程中，这两者处理和协调得还是不错的。习近平同志在浙江工作期间到湖州去调研，提出绿水青山就是金山银山。就我的理解是既要金山银山，更要绿水青山，当这两座山出现矛盾的时候，首先应该要绿水青山。在生态文明建设融入四个建设的过程中，是个荣辱的问题，是个协调的问题，生态是一个底线。在经济发展和生态出现矛盾的时候，我认为生态应该优先，不光是底线应该优先，因为没有这个底线，没有这个优先，其他的发展、其他的建设会受到更大的影响。

谢谢！

主持人：说得非常精彩。我自己是安徽人，每次回合肥我都有一个很深的感受，合肥自然环境跟我们小时候比差得很远，我已找不到小时候熟悉的那个城市。所以很多人说生态环境问题跟中国整个城市化的过程、发展理念也有关系。是不是中国每一个城市都应该把自己努力变成北京、上海；是不是北京、上海一定要把自己变成东京、纽约、伦敦；是不是中国的每一个城市都需要修地铁，都需要为了现代化把这个城市弄得到处都是扬尘、都是工地？我觉得这些可能都是我们需要思考的问题。

董小君：我是国家行政学院的教授，我叫董小君。关于生态文明建设，我觉得现在有个难题，就是机制设计的有效性问题。因为在现阶段搞生态文明建设，实际上就是两个层面的问题。在宏观层面，它就是要处理好经济发展与环境保护的，要找到一个平衡点。在微观层面，对于企业来说就是要找到成本与效益的均衡点。今天我们的听众主要是两块，代表着两大主体，一个是提供社会服务的主体——政府，一个就是市场经济主体——企业。我们这么多年来，一直说企业在环境保护中承担着社会责任。我一直在想一个问题，能不能把这种责任外在的压力变成内在的动力，这就是机制涉及的有效性。

我最近关注到一个非常好的案例，东风股份在恩施承包了一万亩土地植树造林，拉动了当地的就业，推动了当地的经济发展，也给自己积累了大量碳汇。我就在想，政府能不能在机制设计上允许企业建立两个账户：一个是碳汇账户，这是给生态文明建设提供一个正外部性；另外一个是建立一个碳排放账户，这是它在生产活动中产生的一个负外部性。将来允许这两个账户能够互相抵消，这样的话，就等于给企业一个激励，将来很多的企业就会把中国荒山遍野的沙漠化的一些地带全部承包，植成树，允许它抵消一部分企业的碳排放。我觉得这就是机制设计的有效性。

谢谢！

主持人：谢谢！我们稍后要回到刚才教授说的这些内在机制、经济政策上来。下面有请青海省的副省长。

　　徐福顺：感谢主持人。最近强卫书记在两会上接受《人民日报》记者采访时，讲了一下青海湖。这几年青海湖的湖面面积增大，相当于多出了八个西湖。大家都知道，青海湖的面积不小，有 4 500 多平方公里，周长有 365 公里。

　　我们青海省工作的中心任务是三件事情。第一件事情是为了中国的美丽和各民族的团结，进一步加强示范区建设，这项任务既是政治的，也是以经济建设为基础的。第二件事情是国家战略层面的，是由国务院批准的，解主任当时也召开了记者会，就是建设全国最大的循环经济试验区，在柴达木，面积有 28 万平方公里左右。第三件事情是我们在全省范围内搞生态文明建设的示范区。

　　有的同志讲，我们现在觉醒了，实际上这个说法很不全面，因为在国家战略层面，2005 年国务院就批准了三江源综合试验区的保护工程，也是全国最大的生态保护工程之一。今年上半年，一期工程将全部结束，总投资 75 个亿，以工程建设为主。现在我们正在启动下一个十年工程。对于这件事情，我们是把它作为我们的政治责任和中心任务去对待的。所以，在发展理念上，对于很多地区来讲，搞好生态保护本身就是发展。

　　青海关于生态保护的考核体系已经建立起来。我们把全省分为三个地区来考虑，把八个州市分成三组。第一组是三江源，包括三个州，它们在一起有较强的可比性；第二组是环青海湖地区；第三组是经济相对比较发达的地区，包括柴达木试验区和西宁市。这个政策导向就很明确，我们对三江源地区不考核 GDP 已经是第六个年头了，是真正地做到了。

　　讲到政策论坛，就要讲制度设计。目前我国关于生态保护的各方面的法规政策是不健全的，是零乱的，比如关于生态补偿机制的标准就不明确。我最近也在读书，我们青海社科院的规模也不算小，但我在它们的图书馆里就是找不到中国关于生态补偿的标准，怎么补偿、机会成本的丧失怎么去弥补，这些都没有。

　　现在我们要搞一个生态工程是非常费劲的，就好像是我们求着其他地区一样，实际上我们没向其他省收水费就不错了。青海三江源地区每年向全国贡献 600 亿立方米的淡水，这个价值究竟有多大，该怎么体现？所以我们感谢钱易院士，她充分肯定了青海的发展理念。青海目前就是在做这三件事，叫"三区建设"。

应该说，十年来青海一直坚持三句话。第一句叫发展是第一要务，第二句是生态保护是政治责任，第三句是改善民生是当务之急。我们最近在研究小康社会全面实现的指标体系，如果真正把生态保护好，这个指标体系在我们的很多地区都需要调整。我们都不考核 GDP 了，怎么能用这个指标去体现这些地区的小康程度？这些地区进行生态保护本身就是对祖国的一种贡献，这是一个很大的政策设计问题。另外，目前治理环境污染的声音太重，而对现有青山绿水进行保护的声音相对太弱。

谢谢！

屈冬玉：我是宁夏回族自治区人民政府的屈冬玉，但我是汉族。我这里提两点看法。一个是中国的问题主要是人多，所有的问题都是人多造成的。建立科学健康的生活方式是源头，是治理所有社会、政治、经济问题，包括污染问题的源头。如果我们的浪费减少了，排放量下降了，出行更科学了，那么我们造成的污染必然就减少了。比如说，现在大家在夏天都要开空调，冷风呼呼吹，这样感觉很舒服。冬天呢，大家都希望屋里的温度越高越好。可大家知道么，冬天里室温要升高 1 度，北京要多烧多少煤？我们大家现在普遍都是营养过剩。对于孩子来讲，少吃 30% 不影响发育，吃多了绝对是有问题的，是横向长，不会纵向长。

我的第二个观点是我们要吸收人类生态文明建设的有益成果。大家都很重视生态文明建设，而生态本身就是一个产品。我们所有的相关制度、设计、政策，都要把生态作为一个产品来考虑，要把整个生态作为一个产品体系来进行建设。

谢谢大家！

丁士：我是经济日报社的。主持人刚才讲到一个问题，我想讲一下。

我也是安徽的，说到合肥的话，觉得找不到老家过去那种印象，我觉得可能也是在座的好多人非常痛苦、纠结的问题，就是不知何处是故

乡，找不到故乡那个影子。但是后来想想也是，因为我们现在面临的，一个是人口已经不是当年那么多了，再一个是城市化的大潮。当年的合肥也不过几十万人，现在合肥是几百万人口，所以我们还是要承认现实。

当然我们城市建设中也确实有千篇一律的问题。这个问题可能也恰恰是反映我们在城市化进程中，也可以说是我们环境与发展的关系没有处理好。最近我跟着中国建材的同志走基层，到四川跑到水泥厂，他们告诉我到底这个水泥能用多少年。以前我在海螺问过，他们说六十年，现在他们有人说好像只能用三十年，当然这个还要专家来说。其实，我们的房子确实还是有点速成的味道。房子在过去有一种说法，中国明清以来无建筑，其实中国的建筑它不是长久的，非常短。所以我觉得在我们环保发展的过程中，将来可能可以造一批留存几百年甚至上千年的房子，这是一个问题。

第二个问题，可能面大一点，但是我还是想提一下。刚才听了几位同学的发言以后，基本对这个环境和发展的关系，应该说还是比较明确的，都把绿水青山放在前面。但为什么在实际生活中，我们的环境是越来越差了，污染越来越多了？也就是说，我们在工作中，可能有些人是把发展放在前面去了，没有把环境放在前面。我就想，大家都在讲处理这个关系，因为我们共产党的工作方法、工作传统还是要解决倾向性问题。在一段时间内，或者在一个地区内，它都有一个倾向性问题。但我想咱们在处理这个关系的时候，还是要把解决环境问题放在前面。从总体上是这样，在个别地区可能要把它放在更加突出的地位。

我就说这些，谢谢大家。

主持人：谢谢！刚才您说的这个观点非常重要，在我们浩浩荡荡的城市化进程当中，千万不要又生产出一大批的建筑垃圾。这也算是一个生态环境问题。今天，和生态文明建设有关的部委的领导也都在现场，接下来我想请他们给我们讲一讲，我们在推进生态文明建设中已经推出了哪些政策，将来我们还亟待推出哪些重要的政策。首先我想有请国税总局的丘小雄副局长。

丘小雄： 刚才大家都谈了理念问题。在讨论的时候，大家都强调了要把这个理念落到实处，还需要经济的、法律的，以及行政的各方面的措施来落实。我觉得财税政策可能也是大家比较关心的。这里我讲两个跟我们生态文明建设比较紧密的问题，一个是资源税，一个是环境保护税，以及这两个税种的一些情况和下一步的考虑情况。

首先是资源税。我们国家从 1993 年制订了资源税这个条例，1994 年开始执行。但是资源税执行下来这二十年也存在一些问题。首先，主要是这个税负比较低。第二就是资源税的范围还比较窄，不足以使我们普遍能够合理节约地使用资源，这是一个主要的问题。所以从 2011 年开始，我们国家开始对资源税进行改革，首先是在新疆和西部对油气资源实行了从原来的从量来征税改为从价来征税，效果还比较明显。我这里面有几个数据，一个就是 2011 年西部地区油气资源税达到了 123 亿元，比 2010 年增长了两倍。这些资源税都是留给地方的，所以一方面可以促使企业节约利用资源，第二方面对我们中西部地区，在财力上也是一个很大的支持。2012 年全国资源税的收入是 900 亿，比 2011 年增加了 300 亿，增长了 51%，其中油气资源税达到了 350 亿元，增加了一倍多，这个效果比较明显。现在，油气资源税从价征收已经推向了全国，这是一个改革的情况。

下一步关于资源税的改革，我们考虑到目前除了油气以外，其他的资源现在还都是按从量来征收，这个状况恐怕还不足以推进节约资源和能源的使用，所以下一步我们还要从实际出发，继续推进其他资源，包括煤炭，还有铁矿石，还有其他非金属的矿场，按从价征收。再一个我们的考虑就是，我们现在还有很多资源没有纳入资源税的交税范围，比如说很重要的水资源。钱教授是研究水资源的，水利部刘部长也在这里。水资源在中国是紧缺的，现在有大量浪费水的现象，我们要节约利用水资源，当然还要从价格等方面来推进。但是，水资源收税恐怕也是大势所趋，将来还要根据实际情况，比如说森林、湿地啊，这些都是资源，都可以考虑。这是一个资源税的情况。

第二个就是环境保护税。我们国家现在还没有环境保护税这么一个税目，但是不等于我们现在对环境保护没有税收政策。比如说，我们对资源综合利用，对新能源的开发，对核电、水电、风电、太阳能等，都有价格的优惠政策。再有，对节能减排也有一些价格政策，主要是通过增值税和所得税的一些优惠政策来推进节能减排和环境保护。但是，现在的问题是，税收只对资源的取得和消费行为有了调节，但是在生产环节当中，对企业污染物的排放，目前是由环保部门来收费，尚没有进入到税收这个环节。现在考虑下一步的环境保护税怎么设置，我们现在正在跟环保部门还有发改委等有关部门进行研究。现在已经有了一个比较明确的方向，就是要把生产环节中企业对污染物的排放纳入税收的范畴，就是选择一些当前防治任务比较重、技术标准又比较成熟的排放作为环境保护税的征收范围。

我就跟大家介绍这么多，谢谢！

主持人：谢谢丘小雄副局长。我们也请各位省、市、自治区的领导，仔细地倾听这个环节，因为稍后我们想请各位和各个部委的领导一起来互动，说一说你们在当地的实践当中对部委的政策方面还有哪些期待。接下来邀请交通运输部的翁孟勇副部长和我们分享他的观点。

翁孟勇：谢谢主持人。我认为环保生态的建设发展跟交通运输的发展关系是非常密切的。大家知道最近这些年，社会上对于交通运输发展、对于环境生态的影响颇有些议论。拿城市的拥堵来说，北京的城市拥堵大家都认为好像是城市的公共交通系统发展得不够，诸如此类。当然还涉及对我们整个公路系统的整个基础设施建设的规模问题。我认为这些都是我们中国的交通运输事业发展到这个阶段突显的一些矛盾。其实从我们系统来说，我们在十年之前就引进了绿色交通发展的理念。我们认为，最重要的就是首先在顶层设计、在规划层面要高度重视交通运输的发展跟整个生态、自然环境的关系。比如编制了国家高速公路网的规划、国家公路网的一些体系建设。目的是致力于在总量上，根据我们国家经济和环境可承受的能力来设计对基础设施交通运输系统的需要。

　　第二就是在建设的过程当中，大家知道，过去我们铁路、公路系统的建设对环境的影响还是比较大的。比如我们到青藏高原修路，在修路当中就碰到了它的生态环境很脆弱的问题。所以这些年我们在建设发展当中也引入了许多绿色环保的新的技术，就是尽量对环境少干扰。同志们可能注意到，早期我们的公路建设开山、劈山的比较多，现在比较多的是采用打隧道的方法，尽管成本高，但是对环境的影响比较小。

　　第三就是我们注重中国的绿色运输技术的发展。现在尽管在体制上，我们现在的铁路还是分出不同的部门，但是我们比较早地注意到了中国交通运输的发展，注重各种交通运输在体系上的衔接，整个运输枢纽的建设，海铁联运，包括我们公路系统和机场、铁路系统的衔接，以便于最便捷地、最高效地提高我们运输系统的效率。还有一个就是我们得到了解主任的支持，国家发改委也很支持，就是大力发展公路的甩挂运输。甩挂运输的技术实际上在西方国家发展得还是很充分的。通过这个技术，我们可以节省30％的油耗，对能源的降耗、对运输效率的提高都是非常有好处的。

　　第四就是大力发展现代物流。中国现在物流成本很高。就拿公路来说，公路的空驶率很高，单程去是满载的，回来就有空载的。现在我们通过现代物流的技术，尽可能地解决这些问题，有些已收到了明显的成效，但有些还是刚刚起步。

　　如今十八大已经明确城镇化的建设发展跟我们交通系统的关系。如何把环保生态、环保绿色的理念，生态文明建设的要求融入到整个城镇化建设过程中，我认为这太重要了。

　　前几天有位专家的观点给我启示很大，他说城市是一个生命系统。这两天我们也学习了贵阳的经验、重庆的经验，现在我们的城市病千人一面，中国最大的毛病就是追风——你有广场，我建广场；你有地铁，我建地铁；你有湿地公园，下个人建湿地公园。这必然是城市化的趋势，当然我不否认湿地公园，湿地是一个城市的肾，非常重要。但是我认为城市建设的生命系统首先考虑的不是它的形象，不仅仅是看绿色、看有

没有蓝天，还要看到整个城市的运行过程是不是生态、是不是绿色、是不是能够循环。

我这里想讲一个跟我们专业有关的问题，就是城市的道路系统。北京的拥堵，固然有北京城市的机动车过多的问题，但是分层次讲，就跟北京的城市规划有关系。北京的城市规划先天不足，加上道路的公交系统还不能满足这个需要，所以造成了这么严重的拥堵状况。我在这里可以跟大家说个数，其实北京在中国的城市当中公交分担比是最多的，占30％以上，我们绝大多数城市都在20％以下。我们现在大力发展公交都市，但是我们也碰到了一个问题。公交都市是在城市建成以后再建，还是在建设过程当中去引领、去推动这个发展。我的理解，如果城市是个生命系统，那么交通系统就是这个人的血脉，他有主动脉、静脉、毛细血管。如果这个血脉系统是不顺畅的，那么他肾的功能、肝的功能就会被破坏。

我们今天讲生态文明建设很重要，在理论上我们都认同，但是出去以后，在实际工作当中，我看就未必了。因为你会碰到大量的问题，你在处理这些矛盾当中，谁优先，谁放后。所以回到我们今天的这个主题，就是我们政策的设置非常重要。政策设置针对的是让我们能够达到中央提出的目标，以及我们如何去建设生态文明。我觉得下一步就是融合，生态文明建设怎么样才能真正做到。融合进去了，两难的问题也就解决了。

谢谢！

主持人：接下来我们有请水利部的刘宁副部长发言。

刘宁：我想刚才大家都提到青山绿水。的确，老百姓说美不美要看山和水。绿水是我们追求的一个目标，在我们国家的确现在水呈现出了很多种的颜色。有的地方水脏、水浑，有的地方还有水少和水多的问题。大家都知道，水善利万物而不争。但是，水本身也需要大家尊重它、保护它。

我们始终把节约用水放在第一位，我们叫节水优先，保护为本。在水利发展当中，我们首先就是要确定正确的目标和理念。我们提倡人水和谐这样一个理念，讲可持续发展。同时，我们也采取了科学的水资源配置。配置是一个很重要的事情，配置的好坏关系到用水的效率，关系到用水的成本。俗话说"水是生命之源，水是生产之要，水是生态之基"。水的确是一个非常神奇的物质。水不仅承载着生命，作为生产发展的要素也是重要的资源，更是生态的根基和基础。所以我们水利部在2013年的1月份推出了一个政策，就是要在全国加快推进水生态文明建设。在这个要求里边制定了目标、任务，其中有几条就是要在全国建成节水型社会，要实行科学的水配置，要提高用水效率，要降低和减少水污染。这些，都是我们共同的愿望。

在生态文明的建设当中，我们相信，经过大家的共同努力会实现这样的目标。当然这里面还会遇到很多困难。但是借此机会，我想呼吁要给洪水以出路，不要让水污染，不要让水浪费。我们坚信世界上最后的一滴水绝不是人类的眼泪，我相信那是智慧的源泉。当我们面对水污染、面对空气污染的时候，我们国家确定了生态文明建设的要求。我觉得利益高远、关系长远，也是功在当代、利在千秋。

主持人： 下面有请国家海洋局副局长王飞。

王飞： 谢谢主持人。海洋工作现在受到我们全人类和国人的高度重视。党的十八大提出海洋工作的发展主要是建设我们的海洋强国，那么海洋生态工作也是我们中国生态工作的一个重要组成部分。生态美要求海洋也要美，海洋是中国生态环境很大的一部分。但是海洋的生态也是非常脆弱的，海洋要是污染了，也就是对我们环境的巨大威胁。大家都知道，海洋是在我们的最底部，海纳百川，条条江河归大海。但是我们近岸的污染还是非常严重的，我们的污染物通过各种渠道，江河携带，大气沉降，最终进入到海洋。

我认为，海洋的问题首先是海路统筹的问题，海路的联系问题下一步也要进一步加强。我们现在正在发展沿海省市，也在以发展海洋经济为新的增长点。开发海洋、保护海洋也是现在我们全社会的共同责任。

299

我们主要是从五个方面来进行工作的。

第一个方面是认知海洋。我们要加大对海洋知识的认识程度和力度。

第二个方面就是开发海洋。十八大提出了要提升海洋资源的开发能力，使海洋资源能够成为我们未来中华民族一个很好的发展资源。

第三个方面就是生态海洋、保护海洋。

第四个方面就是要管控海洋。我们要加大对海洋的管理力度，来维护海洋权益。

第五个方面就是和谐海洋。海洋是我们国际合作的一个通道，也是一个桥梁。把海洋环境保护好，不仅是中华民族自己的事情，也是全人类的事情。

谢谢大家！

主持人：我们再请中国气象局的矫梅燕副局长为我们做一个简短的发言。谢谢！

矫梅燕：谢谢主持人。我来自中国气象局，很高兴做一个发言。

我们这个班上有一个讨论的论题，叫做"生态文明建设的知与行"。我想提高认识、形成共识很重要，但是采取更加有效的行动和措施来推进生态文明建设更重要。那么在行动上，我想大家讨论很多的，包括节能减排、保护环境、政策措施等，但这些都需要时日。那么我的一个观点就是针对当前空气污染、大气雾霾比较严重，怎么样能够在短期内采取有效的对策应对。回应社会和公众的关注也很重要，所以我的一个观点就是要尽快地建立区域的大气联防的监控机制。

刚才大家谈到了，解主任也都讲到了这个问题，就是关心北京的空气质量问题。但是大气是没有国界，也没有省界的，北京的空气质量也并不是由北京自己能够决定的，也还涉及周边的环境。我们中国气象局也在积极地跟国家环保局联系，加强部门间的合作，来建立区域性的气象条件和环境质量的监控和预警。通过及时发布一些预警信息，能够为我们这个区域的大气联防联控起到一个消息树和信号枪的作用，以便采取一些措施。

　　我想要起到区域大气联防联控的这样一个有效的效果的话，也需要我们各级政府有相应的一些应对预案，也需要我们有一些多部门的联动联防的机制。真正做到一旦出现不利的气象条件，可能会造成一些比较严重的空气污染的话，我们该采取的一些防控措施，无论是我们的企业也好，我们的公众也好，都能够知道，而且能够有相应的一些应对。我想这是在短期内可以起到一些成效的。这也是我们相关部门的一份责任，我们要共同地推动它。希望在短期内，通过相关的部门和我们社会的各个方面的共同努力，真正能够对当前的这样一个公众很关注的雾霾影响问题，采取一些短期的应对和防御措施。

　　谢谢！

　　主持人： 好的，我们这一场论坛，就进入尾声了。最后我还想请钱易院士给我们做一个简短的点评。最后我们还要请解振华主任再给我们做一个回应。

　　钱易： 我参加"生态美·中国美"这个中国政策论坛学习到很多东西，特别受到鼓舞。我看到我们各个地方的领导，还有各部门的领导，都在关注生态文明的建设。生态文明建设已经不是一个环保局的事情，已经不是林业部门的事情，已经不是少数人的事情，我真的很受鼓舞。

　　下面我就谈谈我的感想。从我的了解看，我们生态文明建设，还只是一个起步阶段。我们现在存在的问题要跟取得的成绩比，应该说还要多得多，所以今后还需要大家努力。我在这儿介绍清华大学学生的一个口号给大家，这个口号我觉得非常好，适合于生态文明建设，适合于很多好事情——"从我做起，从现在做起，从小事做起"。我相信如果每一个省市、每一个部门、每一个领导干部，不管是第一把手还是第二把手都这样做，还有老百姓、企业家都是从我做起、从现在做起、从小事做起，我相信我们国家生态文明的建设和我们国家小康社会的建成，这些目标都一定能够达到。

　　谢谢大家！

　　主持人： 解振华先生，您也是在国际上作为中国代表团的团长，在

多个重要的气候谈判、环境谈判的场合发言的中国好声音之一。最后我也想请您站在全球的角度，横向比、纵向比，一起来回应一下我们今天谈到的诸多的关于生态环境建设的问题。

解振华：我们党提出加强生态文明建设，实际上也是顺应了全球转型的一个潮流、一个大的趋势。应对气候变化，我们国内搞节能减排，国际上搞绿色低碳发展。我们国家实际上也在进行调整，实际在转换方式、调整结构上我们是一致的。但是从另外一个意思上讲，我们国家搞节能减排并不是迫于国际的压力，这是中国可持续发展的内在要求。就是没有气候变化、全球的问题，中国现在走的路也要这样走下去。否则的话，我们要实现建成小康社会，要建设美丽中国，要实现中华民族的伟大复兴也是不可能的。所以可持续发展，这是我们民族必须要走的路，而且现在这是我们的短板。所以我们必须要坚定落实科学发展观，要按照生态文明建设的总体部署要求，脚踏实地地落实。

我们今天讨论的是保护环境的问题、节约的问题，实际上是在尊重自然规律。在以自然恢复为主的问题上，可能我们还有很多问题会引起争论。比如说，我们国家水利部门的转变转得最快，为什么？过去是开发水力资源，搞水利建设的，现在搞水资源的保护，它转到这一步来了。现在我们国家的河流存在很大的问题。本来河流有自身的生态系统，它是个河流生态，我们现在变成了湖泊生态，把它截成了一个一个的大坝水库。这个问题实际上就是一个发展和保护的问题。怎么处理？比如说，我们现在地下水短缺，本来在有水的时候应该让它有效地放一些，让它补充地下水，但是我们却严防死守，这也是一个问题。比如说，我们城市宽马路的建设从人性的角度上也有问题。现在北京的马路很宽，根本不人性化。如果走地下通道或者是走上面的天桥，老头老太太怎么走？纽约跟北京一样也是大城市，也是这么多车，为什么只有联合国大会的时候交通才稍微堵一点？因为它没左转弯，它全是右转弯。为什么呢？它微循环好，这是城市建设、城市规划、城市管理的问题。现在出现的很多问题，我们都可以在实践当中进一步地来探讨、研究。

我们要在 2020 年全面建成小康社会，我们要建设美丽中国，我们要实现中华民族的伟大复兴。现在，我们遇到了资源跟环境的制约问题，我们要科学发展，要落实生态文明建设的部署，还要从现在做起，从自己做起，从每个人做起，从每个单位做起，从每个企业做起，从每级政府做起，自上而下的，全社会都要行动起来。我想只要我们按照生态文明建设这些要求来做，我们国家确定的这个目标是能实现的，关键是我们要行动。

谢谢大家！

主持人：谢谢解振华主任。每一期的中国政策论坛都会出现几个使用频率最高的短语，今天在我们这场论坛当中，使用频率最高的短语是八个字，就是金山银山和绿水青山。我想，这几个词的使用，也高度概括了我们过去几十年中国的发展。发展最开始的时候很遗憾，在中国的某些地方、某些区域指导思想是为了要金山银山，宁可不要绿水青山。之后正如刚才我们各位嘉宾提到的，我们的指导精神变成了既要金山银山也要绿水青山，后来又过渡到既要金山银山更要绿水青山。但是刚才我们的一位学员也提到，现在我们更大的观念应该是金山银山就是绿水青山。这句话隐含的意思实际上就是刚才李军书记提到的把生态文明建设这项工作做好就是最大的政绩，把生态文明建设的工作做好就是最大的发展。

本期的中国政策论坛就到这里，我是主持人芮成钢，下期节目再见。

（本文根据录音整理，未经本人审阅）

八 研讨交流

第一次结构化研讨（问题汇集）全班交流实录

2013 年 3 月 2 日

编者按： 3 月 2 日上午，省部级领导干部推进生态文明建设研讨班全体学员参加了国家行政学院春季开学典礼，聆听马凯同志重要报告。下午，研讨班在催化师的引导下，围绕学习领会马凯同志重要报告精神，开展第一次结构化研讨，先从本单位再从全局的角度，分组研讨当前推进生态文明建设工作中需要破解的重点难点问题，并对提出的问题进行了聚焦。

第一组

发言人：宁夏回族自治区政府副主席　屈冬玉

我组归纳了 21 个问题。

1. 产业结构调整与生态文明建设的矛盾问题。
2. 进一步提高认识问题——真抓实干。
3. 发挥媒体在生态文明建设中的积极作用，要传播正能量。
4. 经济发展与环境保护的对立统一问题。
5. 生态文明建设的评价考核体系。
6. 建立与生态文明建设相适应的政策保障体系。
7. 加大人力物力财力的投入，也包括领导力。
8. 淡水安全问题。
9. 银行金融机构特别是商业银行如何支持生态文明建设问题。
10. 行业准入门槛与标准问题，特别是淘汰落后产能的问题。
11. 限制开发区与禁止开发区如何具体落实。
12. 如何把生态文明建设融入经济、社会、文化、社会建设之中？
13. 如何落实生态补偿问题？

14. 政策导向问题，建立正确的用人、产业、经济等配套政策。

15. 环境质量标本兼治的问题，既要解决当下的，更要关注长远的。

16. 生态文明建设的文化培育问题。

17. 如何使政府、企业、个人、市场全社会合力推进生态文明建设？

18. 如何通过科技创新与应用推进生态文明？

19. 依法管理，执法要严。

20. 如何设计具体路径，实现循环、绿色、低碳发展？

21. 如何使不同地区承担共同但有区别的政策问题。

经过讨论，我组聚焦为五个问题。

一是发展理念，理念是趋向，是如何实现发展的根本，用我们古人的话讲是"立德"。

二是制度设置，就是"立法"，要进行制度的规范。

三是政策设计，要把"两个优先，一个为主"落到实处，这是"立场"问题。

四是依法管理，严格执法，就是"立威"。

五是技术，依靠科技创新真正能够把发展引导到创新驱动科学发展的轨道上来。

第二组

发言人：北京市副市长　林克庆

大家结合上午的报告进行了踊跃的发言，也提出了思考和问题，总的归纳是 19 个方面的问题。

1. 发展方式的转变，如何破题？

2. 创新体制机制的障碍是什么？

3. 法律法规制度硬约束。

4. 大城市人口控制。

5. 生态补偿与碳排放权交易机制的建立健全。

6. 生态文明建设如何融入其他四个文明建设。

7. 生态文明建设目标体系及实施措施如何做实、细化？

8. 节能减排不欠新账，快还旧账。

9. 生态文明的内涵。

10. 生态文明建设如何从理念转化为实践？

11. 青藏高原、新疆等生态脆弱地区的生态系统保护与修复：植树造林，涵养水源。

12. 城市规划中如何统筹考虑生态问题？

13. 如何降低全社会的能耗需求？

14. 如何制定重点污染地区的区域性污染控制措施？

15. 政府、非政府组织、企业、公民在生态文明建设中的角色与职责。

16. 能源结构多样化：发展使用清洁能源，改善能源结构。

17. 如何提高全民的生态环保意识？

18. 如何培育大型节能环保骨干企业？

19. 如何推动碳排放权交易？

经大家讨论，确定本小组聚焦的五个问题。

一是关于生态文明的指标体系建设与阶段性的生态文明建设的目标制订和实施。

二是城镇化与生态文明建设如何相结合。

三是改善能源结构，发展清洁能源的问题。

四是加大生态补偿的力度，做实生态保护的具体措施。

五是与生态文明建设相结合相适应，要建立相应的政府考评机制。

第三组

发言人：重庆市副市长　凌月明

我们组提出了 22 个问题。

1. 生态保护与能源、重化工等产业布局的关系。

2. 生态文明建设与区域经济发展，保护了生态，地方经济如何

309

发展。

3. 如何推进生态文化建设？

4. 如何引导社会公众树立生态意识，再来影响人们的行为方式。

5. 建立健全要有相符合的体制机制等制度设计。

6. 要重视产业转移问题，现在的产业转移应注意什么？

7. 如何严格执法保护生态环境？

8. 如何处理好经济发展、社会进步与生态文明的矛盾？

9. 国家出台了这么多好的规划、意见，如何通过法制来落实？

10. 如何对干部尤其是对地方的绩效考核？

11. 自然资源的有限性与人的需求和欲望的无限性的关系——到底是"饿死"还是"呛死"？

12. 如何推进农业可持续发展？

13. 生态建设与能源结构调整的关系。

14. 如何做好顶层设计，实现生态文明建设融入四大建设？

15. 当前污染成本低、治理成本大。如何解决立法滞后、执法不严的问题？

16. 如何在政策上支持能源结构调整？

17. 如何处理政府、企业、公民、社会的良性互动关系，来建设生态文明？

18. 如何解决利益驱动问题？如何让生态建设产生经济效益？

19. 用人导向问题。

20. 创新拉动转型的问题。

21. 国家如何创造好的环境。

22. 生产与科研脱节的问题。

最后聚焦到五个问题。

一是统一思想的问题。生态建设涉及社会各个方面，要把它变成全社会的主流价值观，大家齐心协力共同做这个事。

二是发展模式的问题。十八大报告中讲到转变发展方式。转变发展模式的第一条就是优化空间，这里面涉及产业布局、能源布局、生态保护，特别是国家发改委拟定的生态功能区怎么落实下去。

三是科技创新。我们还是处于一个工业化的中期，但能耗、污染比国外的水平高得多，当前的这一条路子已经走得差不多了，要转怎么办？我们还得靠科技创新，通过创新推动我们的发展。最好的办法就是像苹果公司一样，做一个设计，订单放出去，最后做一个销售，GDP 什么都有了。这是我们未来的发展方向。

四是制度设计。经济政策、法制制度怎么去制订，开始提出顶层设计，后来发现顶层设计太笼统了，一个制度设计要形成从中央到每一个省市制度的整体设计。

五是考核导向。不改变当前以 GDP 为指标对领导干部的考核制度肯定是不行的，对单位的利润和经济效益也要考核，对生态效益需要有奖励制度，形成全方位的考核体系，建立生态保护的补偿机制、严厉的违法惩治机制。

这五个方面作为我们重点探讨的问题，这是一个需要大家一块取得共识、付出行动的长期过程。

第四组
发言人：河南省副省长　陈雪枫

经过讨论，我们组提出了 28 个问题。

1. 提高生态文明理念。

2. 转变经济发展方式。

3. 主体功能区规划落实滞后。

4. 政策不配套。

5. 污染治理投入大，生态建设投入少。

6. 陆海统筹问题。

7. 海洋污染的机制、政策统筹。

8. 促进电力清洁发展政策。

9. 产业结构调整与环保存在矛盾。

10. 环保、财税政策与产业发展存在矛盾。

11. 与环保目标相适应的财政转移支付制度。

12. 建设节能机关，为社会做出表率。

13. 生态文明理念的宣传教育问题。

14. 污染补偿、赔偿机制。

15. 发展与保护的矛盾。

16. 土地资源的科学、合理、有效利用。

17. 不同政府部门参与环保力度不同。

18. 政策落实、措施兑现。

19. 科技投入。

20. 企业做大做强与发展方式转变矛盾，政策保障。

21. 城市发展规划，城市生态文明建设。

22. 国策落实。

23. 更有力的约束政策和手段。

24. 规划的浪费是最大的浪费。

25. 清洁能源的开发。

26. 生态自信。

27. 考核的问题。

28. 生态法制建设。

归纳为五个问题。

一是经济发展与高消耗的矛盾问题。

二是倡导文明建设的理念问题。

三是加快制订工农区建设生态补偿的机制问题。

四是干部考核的内容问题。

五是央企在生态文明建设中的作用。

第二次结构化研讨（问题分析）全班交流实录

编者按： 3 月 5 日下午，省部级领导干部推进生态文明建设研讨班在催化师的引导下，分别围绕"改善产业、价格、财税政策"，"走出发展与保护的两难困境"，"推动管理部门实现有效协同"，"建立健全生态文明的有关标准体系，强化监督考核奖惩力度"四个研讨主题，开展第二次结构化研讨，进行现象描述、原因分析、症结查找。

第一组

研讨主题：改善产业、价格、财税政策

发言人：经济日报社副总编辑　丁士

我组主要讨论生态文明建设中产业、价格、财税的政策，大家发言踊跃，大到国家宏观政策，小到垃圾回收，举了很多例子。归纳起来，我们找了七个方面的现象。

1. 中央的产业政策和地方的产业政策脱节。这些年中央把产业政策包括重点发展的行业及其五年计划都规定得很细了，但在地方还是有些脱节，各自的重点不一样。

2. 一二三产业的价格不协调。最重要的还是体现在基础价格上，尤其是一产的粮食价格。

3. 产业标准的滞后。很多地方门槛标准太低或者没有门槛，大家在低水平里互相竞争。

4. 产业政策不协调、不配套、不细化、不完善。有些政策缺乏系统性，相互之间有的是打架的，甚至是各管一段。还有就是不细化，落实难。

5. 财税政策的匮乏，支持不足。财税的杠杆作用发挥不够，支持

不足。

6. 能源资源的定价不合理。总的来讲，煤的价格还是偏低。

7. 缺少有效的差别性定价机制。很多价格要放开，怎么区别和划分，还缺少有效的机制。

大家也分析了存在这些现象的原因。

1. 市场体制机制不完善，政府与市场分工不合理，我们社会主义市场经济体制还不完善，政府有形的手和无形的手怎么样分工合作还在摸索。

2. 中央在某些方面对地方支持还不足，该给地方管的没有给地方管，放手不够。

3. 有些行政手段忽视了下面的对策和潜规则的干扰，缺乏利益导向。

4. 干部缺乏引导，主要领导一定要重视生态文明，要亲自抓，要有担当精神。

5. 职能转变不到位，执行力不够，建设服务型政府方面做得不够，有些政策在执行时层层衰减。

6. 政策的科学性、协调性、系统性不够，一个产业里面上游、下游政策结合得不紧。

第二组

研讨主题：走出发展与保护的两难困境

发言人：国家统计局党组成员　郑京平

二组围绕如何走出发展与保护的两难困境，开展了热烈而富有成效的讨论，主要归纳为以下几个观点。

1. 要提高认识，强化意识，使发展和保护同步前进。否则一遇到问题肯定牺牲的就是保护，而不是发展。

2. 发展和保护二者是对立统一的，对立可以说是显而易见，如果大家从更高的层次讲发展和保护的目的，从提高生命质量的高度去看，二者就是统一的。

3. 要认识到生态保护作为公共产品的性质，一是容易被人家搭便车，别人建设了生态环境，我不建设也可以享受；二是具有负外部性，我破坏了这个环境，我自己虽然也要受损，但受损更多的是全社会。我们在建设生态文明的过程中一定要考虑这两个特性，否则决策就可能会脱离实际。生态文明建设是有成本的，而且成本很高。

4. 要将两难的问题变成清晰、可以执行的。"两难"难在哪？难在它的度，既要发展又要保护，要找到很好的均衡点。这个阶段有几个硬线是不能碰的，有了硬约束才能使这对矛盾得到很好的处理和解决。

5. 要多管齐下，包括理念上、法律法规上、经济手段上、监督执行上、科技创新上和发展环保产业等，都要跟上。特别是理念上，发展和保护的矛盾最后一定要把环境保护看得很重，真正做到真信、真干，后面一系列事才好办。

6. 要明确好政府、非政府组织、企业、个人方方面面在发展和环境保护，特别是环境保护中的地位和作用。明确规定了以后再去监督执行，才能把这个事情办好。

总而言之，发展与保护是一对很难处理的矛盾，特别是要注意不同的利益群体在这上面的诉求。这里面有竞争，国与国之间有竞争，我不发展就要落后挨打，所以宁肯牺牲一些环境我也要发展；地区与地区竞争，不发展就要挨骂了；企业与企业竞争，我不发展我的产品就销售不出去，没有利润；个人与个人竞争，如果我竞争不上去，不发展，我就得不到尊重。所以，这样一些利益群体都在发挥作用，我们的政策在制定和执行过程中，一定要考虑方方面面才能妥善处理好这个关系。

第三组

研讨主题：推动管理部门实现有效协同

发言人：江苏省副省长　许津荣

我们组聚焦的题目是如何推动管理部门实现有效协同，开始觉得这

315

个题目挺难讨论的，但是一旦进入以后讨论得还是很认真和热烈的。在摆现象和问题的时候我们大概列了有21条，由于时间关系，现梳理为五个方面的问题。

1. 政出多门，各唱各的调。像发改委管节能低碳，工信部门管工业节能，环保部是减排，生态文化在宣传部，政绩考核在组织部，政策主要是财政、税务和发改委。

2. "屁股指挥脑袋"，有好处大家都抢，有问题大家都推，这个也是比较明显的。

3. 职责不清，互相交叉，都管又都不管。

4. 工作效率低，财政资金绩效不高，专项基金不少，但都是分灶碎片化，真正要做大事很难。

5. 生态文明权益主体不清，权益和责任不对称。

生态文明建设是大的系统工程，现在这样的部门协调和存在的问题恰恰是缺少系统性和路线图，缺少耦合和共振，缺少组合。我们讨论的时候，问题和原因是交叉在一起的。接下来我们又讨论了在现有体制下怎么改进，在现有情况下怎么解决问题，或者有所改善。

第一，要转观念。我们发展经济或引领经济的关键要真正从计划经济转向市场经济，但是恰恰我们还停留在熟悉和习惯于计划经济，所以有很多问题很难使市场经济的机制真正发挥作用。

第二，要从体制机制改革入手来找解决协调的药方。当时大家讲得很透彻，现体制下真正找到药还是很困难的，要从改革入手来找药方，我们国家在稳步推进改革。这将给我们带来希望的阳光。

第三，建立高层协调联动机制，在国家层面建立协调机制，各省也可以有空间建立高层协调联动机制。

第四，转变职能，减政放权，强化省级协调能力，调动发挥地方政府的积极性。

第五，要把生态文明建设作为一个系统工程来进行规划和设计，明确各部门和地方政策在系统工程中承担的任务和职责，尽可能减少交叉，强化部门纵向职能配套，做好指导和服务。

第四组

研讨主题：建立健全生态文明的有关标准体系，强化监督考核奖惩力度

发言人：国家土地副总督察、国土资源部党组成员　张德霖

我们组讨论得非常热烈，讨论的话题就是生态文明建设当中的考核和标准问题。这个问题极端的重要，关系到位子，关系到帽子，关系到票子，关系到儿子，更关系到孙子。我们讨论了三十多条，现归纳为以下九条。

1. 生态文明建设主体的考核标准和体系还不够健全。考核的主体是政府还是企业，还是公民？应当建立健全。

2. 生态文明建设的考核标准的行业标准。虽然现在都有，但还不够健全。

3. 生态文明建设考核的标准法制化程度还不够。考核的标准也好，考核的办法也好，常常没有达到立法的高度。

4. 生态文明建设考核的标准和体系的理念还要再前进一步。我们现在大部分用的是工业文明的理念、办法和利益导向来研究生态文明建设的考核的标准和体系。

5. 生态文明建设考核标准的区域化标准应当加以细化和研究，比如说主体功能区域的划分，鼓励、限制和禁止的标准细化。

6. 生态文明建设考核标准和体系的建设如何把国际化的标准和我国现在的国情结合起来，既能够借鉴、学习和遵循国际的考核标准，又能从中国实际的国情出发。

7. 生态文明建设考核的标准体系的建设和具体的政策措施还不够配套。比如说补偿政策等，应当建立健全。

8. 生态文明建设考核的标准目前只考核地方党委政府，应该发挥

市场、非政府组织在生态文明建设考核的标准制定和执行中的作用和力量。

9. 生态文明建设考核的标准和体系涉及方方面面，涉及千秋万代，更涉及顶层。建议应该加强顶层设计，统筹安排，立足当前，谋划未来。

第三次结构化研讨（对策建议）全班交流实录

2013 年 3 月 9 日

主持人： 各位领导、各位学员，下午好。经过八天紧张的学习，我们完成了教学任务，今天进入最后的环节，就是我们第三次的全班交流和结业式。参加今天全班交流和结业式的领导同志有国家行政学院党委书记、常务副院长李建华同志，国家发展和改革委员会副主任解振华同志，国家行政学院副院长何家成同志，环境保护部副部长翟青同志，中央组织部干部教育局巡视员、副院长时玉宝同志，国家林业局总工程师陈凤学同志。

我们今天的内容分两个部分进行，首先请七个组的代表汇报第三次小组研讨的成果，然后颁发结业证书，颁发完结业证书后请国家行政学院党委书记、常务副院长李建华同志做小结。大家知道这一次是一个推进生态文明建设的研讨班，所以我们突出了研讨的特色，共安排了三次研讨，研讨的题目都是由各位学员带来的。第一次研讨我们聚集了二百多个问题，经过研讨班办公室与召集人共同商议，最后选出四个主题。这四个主题成为我们四个小组第二次研讨的研究专题，各组进行了认真的分析和交流。今天我们交流的是三次研讨的最后成果，希望每一组的代表能够把我们这一次学习的体会、成果，以及大家的真知灼见汇报出来，与我们在座的各位领导和学员共同分享。

下面正式开始，我们一个组一个组来进行，首先请第一组的发言人水利部副部长刘宁同志，大家欢迎。第一组研讨的主题是如何改善产业价格和财税政策。

刘宁： 尊敬的各位领导、各位老师、各位同学，我非常高兴受一组各位组员的委托，在这里做一个汇报。我们组的研讨题目是如何完善产

业价格和财税政策。我们进行了认真的研讨，特别是我们组有国家发改委的解振华副主任，有贵阳市委书记李军同志，还有神华集团有限责任公司的董事总经理张玉卓院士等，可谓得天独厚。15位同志在组里讨论得非常热烈，每一位发言的同志都有独到的见解，发言都非常精彩。在这里我可能会挂一漏万，只是尽量表达各位组员在讨论中表达的真正意思。

我的汇报分三个方面。

第一方面包括以下四点。

第一点是关于意识与文化。我们首先要提高全民族的生态文明意识和生态自觉性，认识到绿色、循环、低碳发展是一条必由之路，生态文明建设不能就环境谈环境，而要从五位一体总体布局的高度出发。生态文明建设应完善机制，领导要重视，上下自觉形成合力。要培育良好的生态文化，倡导勤俭节约，避免过度消费，引导群众的环境意识和舆论监督，发挥舆论的正能量。要把生态文明建设置于国际社会发展的大背景中，谋取更大的发展空间。

第二点是关于立法与执法。我们组讨论认为在生态文明建设中，发展是主导，保护是支撑，两者要有机统一、互为依托，不能割裂，更不能对立。发展与保护要两手抓，两手都要硬。当前尤其要做好立法与执法工作，立法与执法要相互协调，立法要更加理性，执法要更加严格，要仿照林业公安模式建立环境警察制度。

第三点是关于公平与诚信。企业和公民都要讲诚信，尤其是在制度和法律约束上要靠自觉和法制，人口、资源、环境三者的关系是我国面临的最重要的问题之一，建议恢复两会期间总书记主持召开的人口、资源与环境会议。经济政策要有价格传导机制，发挥调节作用，具体来说包括以下几方面。

1. 准入与退出。严格市场准入，完善行业准入标准，提高行业准入门槛，解决增量；加强退出制度，包括产业的补偿，减少存量，对于未批先建的项目一定要加强监管。

2. 价格与补偿。价格改革要市场手段与行政手段并重，在主体功能区之间建立生态补偿机制。

3. 税收与财务。现有财税体制已经实施了二十多年，已不能适应当前的社会需要，应尽快推动财税体制改革，流转税向所得税转移，财产税向增值税转移，个人所得税应在居住地缴纳，加快资源税和环境税的改革，建议环境税归国家，资源税放在地方。

4. 调控与监督。多利用市场机制，加强宏观调控，实施好主体功能区划，优化产业布局，加强社会监督和舆论监督。

5. 责任与权益。生态环境治理必须下狠手、下猛药，政府要严格治理、严格执法，企业要把环境资源成本纳入成本体系，公众要有监督意识和反映的渠道，三部分各分其责，各担其责。

第四点是关于创新与资质。我们建议在机构改革时按照贵阳的方式，成立综合协调机构，以有利于生态文明建设的协调，同时严格考核，尤其是对一把手的考核。生态文明建设的核心要靠技术，因此要加大技术研发力度，建立环境治理的区域合作机制，相互支持，相互协调，有关政策、措施、规划必须按照流域、区域进行统一的规划和管理。这是我汇报的第一方面。

我汇报的第二个方面是受我们组的委托，在这里重点汇报一下我们参加此次研讨班的收获。

一、这次研讨班的课程教学内容丰富，授课形式新颖多样，授课师资优秀，专家言之有物，催化研讨学习效果好，尤其将课程与中央电视台的专题栏目结合，不仅促进了学习，而且做了生态文明宣传，传播了正能量。

二、本组学员构成合理，既有领导，又有院士专家，大家分别来自国家部委、地方政府和国有大型企业，既具有国际视野，又兼具地方和企业的实践经验，同学之间能够互相促进，收益颇丰。

三、充分实现了观点的碰撞与分享。我们组的学员提出必须增强生态文明建设的忧患意识和责任感。生态文明建设的基础靠教育，根本靠

321

领导，核心靠技术，动力靠政策。要把生态文明建设作为建设美丽中国的自觉行动，放在经济建设的全局中统筹考虑。

四、国家行政学院为学员提供了完善的后勤服务与保障，我们小组的催化师和联络员工作认真负责，有效保证了研讨效果。

第三方面是三点建议。

一、建议举办省部级领导干部生态文明建设系列专题培训，加强对领导干部在这方面的教育和培训。

二、建议各位学员要将学习成果和转变后的观念落实到工作实践中，做到知行合一。

三、建议尽快出台关于加强生态文明建设的意见。

我的汇报完了，谢谢大家。

主持人： 谢谢。第二组的代表是中国节能环保集团公司副总经理余红辉同志，第二组研讨的主题是如何走出发展与保护的两难困境，大家欢迎。

余红辉： 尊敬的各位领导、各位老师、各位同学，下午好。我们第二组在翁部长①的带领下，围绕研讨主题，就如何走出发展与保护的两难困境展开了认真而热烈的讨论。受小组委托，我将本组的结构化研讨成果报告给各位老师和同学，与大家分享，讲得不对之处请批评指正。

如何走出发展与保护的两难困境，首先是要搞好顶层设计，也就是要从全局的角度推进生态文明建设，对各个方面、各个层次、各个要素进行统筹规划，集中有效资源，高效快捷地实现目标。如果没有科学的顶层设计，就会造成巨大的结构性浪费，而要做好顶层设计，首先要做的就是要提高认识。这是最重要的，全党和全社会必须从战略和全局的高度进一步提高对生态文明建设极端重要性的认识，要真信真干，要树立尊重自然、顺应自然、保护自然的生态文明理念，培养起全社会的生态自觉。生态文明从根本上讲是心态文明。有的同学甚至进一步建议，

---

① 交通运输部副部长、党组副书记翁孟勇。

今年很关键，一大批书记、省长新上任，可以结合《关于加快推进生态文明建设的意见》的出台对各省市的主要领导进行生态文明培训，使之真正上升到国家战略层面。

要做好顶层设计，就不能忽略三个方面的主导力量，即民众、政府和企业，一个也不能少，要明确各自的责任，中央政府和地方政府也要明确各自的职责，搞好生态文明建设要全民动员。民众节能环保意识的提升能够弥补制度和市场调节的缺失，直接降低监管成本和环保产业的经济成本，建议建立群众监督员制度。企业也要明确各自的责任，各类企业各司其职，努力创新商业模式，突破关键技术，降低整体产业的成本，更多地创造生态价值。要走出发展与保护的两难困境，我们还要进行科学的制度设计，要抓好战略的落地，提升执行力，包括建立健全法律政策体系，提高执法力度，建立环境的联防联控机制，调整政府特别是各级领导干部的考核导向，在考核中确立具体生态发展的硬指标。

我们小组还就生态文明建设中需要解决的问题提出了一系列的具体政策建议。首先就是要调整我们的能源结构，大力发展清洁能源，同时兼顾对化石能源的清洁利用。要改变现行的能源价格体系，尽快建立碳交易和环境减排的交易市场，发挥税收的功能，大力发展循环经济，实施重大生态示范工程。还要有一系列的行动方案，如建议国有企业带头承包青藏高原的绿化，要早一点认识，早一点规划，早一点实施。

本组所有的同学都格外珍惜此次学习机会，获益良多，稍有遗憾的就是组与组的成员交流机会稍少一点，希望在今后的学习中有更多交流的机会，如果实在安排不出时间来，上课的座位可以经常变动一下。另外，小组讨论结束时有位同学特别跟我说案例教学的形式很好。我就报告到这里，谢谢。

主持人：谢谢，也感谢您很好的建议。下面请第三组的代表，江西省政协副主席肖光明同志，第三组的主题是如何推动管理部门实现有效协同，大家欢迎。

肖光明：我们小组的成员有各方面的领导同志，他们的水平都比我高，在小组里都做了精彩的发言，但是他们都很谦虚，硬要我这个在二线工作的人上第一线代表我们小组做一个汇报。我昨天晚上熬了一夜，一夜都没睡好，我在这里也不知道是要对各位学员同学的抬举表示感谢，还是要说一声你们太聪明了。我还要说明一个情况，对于我们组讨论的题目，由于组员的工作效率比较高，而且意识超前，本来是两个半天讨论的内容，我们一个半天就讨论完了，之后我们的许省长①已经把讨论情况做了汇报，所以我今天再汇报同样的内容就没意义了。但是我们这个组还是讲大局，自我加压，昨天下午在两位召集人的主持下，我们进行了认真的讨论，紧扣中心，开阔视野，不局限于这个题目，继续做深入的讨论。

言归正传，下面我汇报三点内容，三个方面的情况。

首先是几点感受。我们参加这个研讨班，觉得这个研讨班有四好。

第一个好是研讨班的主题选得好，推进生态文明建设是十八大报告的一大亮点，也是当今中国上上下下社会各界的共同企盼。这次研讨班以推进生态文明建设为主题，组织中央有关部门、地方政府和中央企业的有关负责同志静下心来，认真研讨这个话题，可谓是顺应了高层所思、群众所盼、发展所需，很有必要，很有意义，这是第一个好。

第二个好是这次研讨班组织得好，时间不长，内容丰富，安排紧凑，七天的时间内安排主题报告一次，专题讲授五次，专家论坛一次，经验交流一次，案例交流一次，学员论坛一次，结构化研讨一次，全班交流三次，内容很充实，丰富多彩，紧张有序。这次活动由林业局、行政学院等五个部门共同举办，马凯同志亲自出席开幕式，还成立了专门的机构和领导班子，充分体现了对这次研讨班的重视。

第三个好是这次研讨班的风气好，各位学员自觉执行三个转变，认

---

① 江苏省副省长许津荣。

324

真落实中央改变作风的规定，不管来自哪儿的学员都自觉遵守作息时间，认真听讲。我们注意到，特别令我们感动的是解主任①等几位部长，包括主管环境保护工作的部长，他们都是这方面的专家，但也像普通学员一样，像小学生一样坐在这里认真听讲，而且认真回答老师的提问，很值得我们学习。

第四个好是这次研讨班的效果比较好。首先是上课的质量比较高，马凯同志的主题报告和几位部长的专题讲授从宏观的视角传递了大量信息，有关专家学者奉献了他们的研究成果和独到认知，几位老师的案例分析和点评也都很精彩，所有这些让我们享受了一次次的精神大餐，对于我们很有启发。再就是各组的讨论非常火热，结构化研讨的方式非常好，在召集人和催化师的双重作用下，大家都争着发言，情绪激昂。此外，每次集中授课都留出一定时间给学生提问，手机短信平台进一步催化了教师与学员的互动，会上会下的互动非常活跃，这些收到了很好的效果。

下面我汇报第二个方面的内容，是我们组的几点收获与共识。大家普遍感到这次研讨班时间虽短，但是收效很大，概括起来讲我们有四个方面的收获。一是深化了对推进生态文明建设重要性的认识，深感党把生态文明建设纳入十八大报告是顺应时代潮流和民心、民意的重大决策。二是获得了不少的相关信息，开阔了眼界，增长了知识。三是进一步明确了推进生态文明建设的目标、路径和重点、难点问题，这对我们各自做好自己的工作，更加自觉地推进生态文明建设大有帮助。四是通过这次研讨，大家增强了信心和底气，认为尽管建设生态文明是一项要求很高、过程很难的工作，但这也是全社会共识最大的一件事情。只要认真贯彻落实党的十八大精神，脚踏实地干，同心协力干，锲而不舍地干，就一定会迈入社会主义的新时代，实现中华民族的有序发展。

刚才讲了，我们小组的讨论非常热烈，有一些认识、意见以前也都

---

① 国家发展和改革委员会副主任解振华。

交流过。这里我汇报两个大家议论比较多、认识也比较一致的观点。

第一是如何把握生态文明的科学内涵。我们认为生态是自然状态美好的标志，文明是社会高度发达的标志，生态文明就是社会生产力不断发展基础上人与自然的和谐，是一种高级的、动态的人与自然的和谐，而不是回归低级的、原始的人与自然的和谐和统一。因此讲发展不讲保护不是生态文明，只讲保护不讲发展也不是生态文明，必须坚持在发展中保护、在保护中发展。我们觉得把握这一点非常重要，否则就会偏离和威胁到中华民族伟大复兴和实现中国梦的目标。

第二是如何推进生态文明建设。我们觉得办任何一件事都要有三个关键的要素，一是要有目标，二是找到路径，三是要有推进落实的机制。我们感到十八大以来，我们建设生态文明的目标、路径应该说都比较清楚了，现在的关键是怎么落实、怎么推进。我们觉得有四个方面，也可以讲就是要强化四种导向。

一是产业导向。产业是发展的根基，调整产业结构是有效节能减排，从源头上治理污染的关键举措，所以必须要搞好产业的规划和布局，并制定相应的政策，在这些方面我们国家的有关部委已经做了大量工作，但是还有进一步完善、进一步明确的空间。

二是利益导向。国务院已经颁布了全国主体功能区规划，但并没有真正地落实，究其原因，我们认为主要是配套政策没有跟进，尤其是利益格局没有理顺。生态好可以延年益寿，但毕竟不能当饭吃，只有当保护生态环境不仅具有生态效益、社会效益，而且能直接产生经济效益时人们才会自觉、永久地保护生态环境。因此要真正落实主体功能区规划，很重要的一点就是要调整利益格局，促进区域协调发展。为此，我们建议国家尽快建立和实施生态补偿机制。在讨论当中有同志提出来对生态补偿的机制是不是应该这么叫，有不同看法，但是不管怎么叫，意思就是这么个意思，至于怎么叫都可以研究。在这方面，我们提出下面几点建议。第一个，要加大对重点生态功能区、自然保护区的支持力度。第二个，将所有的生态林纳入补偿范围，并提高补偿标准。我们组有国家林业局的领导，我与他也有交流，现在江西国家级的生态点是有补助的，省里还有两千多万亩的生态公益林就没补助了，要自己掏钱。补助的标准也是比较低的，原来一直是每年一亩五块钱，最近提到了一亩十五块钱。农民守住这个林子，付出的代价是很大的，不要被火烧了，不要被偷了。现在每亩十五块钱，乍一看标准翻了三倍，很高，但是细想一下，十五块钱能干什么呢？农民砍一根竹子的价值也不止十五块钱，所以一定要提高标准。我们的想法是至少应该使林农从国家得到的补偿与种粮的农民得到的补偿大致平等。第三个，要建立开发与保护地区之间，上下游地方、生态收益和生态保护地区之间的横向补偿机制。

三是用人导向。实践证明用人导向决定发展导向。领导干部谁不想干一番事业？要有所作为，这是应该的，是对的。但是在考核指标不科学、不完善的情况下，在个人不需要对社会成本承担责任的情况下，往往就会有其他的选择，比如有一些领导干部往往会选择急功近利，走捷径，大搞短期行为。要推进生态文明建设，必须要改革、完善对领导干部的考核机制，把生态指标纳入进来，把软的变成硬的。同时还应当从制度层面保持领导干部，特别是地方各级党政主要领导干部的任期稳定。因为涉及生态的许多指标难以量化，有一些能量化的也难以考核，所以要考核、评价一个地方的生态状态至少需要几年。因此我们建议中央有关部门作出明确规定，地方各级党政领导干部在一个地方的任期至少为五年，在五年中不得变动，确有特殊原因需要变动，必须按干部任用权限跨一级批准。

四是文化导向。文化是民族之根、社会之魂。任何经济社会现象都有文化的基因，建设生态文明不仅是政府部门和企业的事，而且是全民、全社会的事，要把生态文明的理念、文化融入社会的每一个细胞，融入每一个人的血液，使所有的公民和法人从我做起，正如今天上午讲的，"从我做起，自觉追求生态文明，自觉践行生态文明，为建设生态文明提供不懈的内在动力和强大的支撑"。这是我汇报的第二大方面的情况。

下面是我汇报的第三方面，就是意见与建议。昨天下午围绕着怎么

327

推进生态文明建设这么一个大题目，大家又进行了一番热烈的讨论。我概括了一下，叫做"一大九小"。

"一大"就是提出了一个大政策，也就是生态文明建设的基础政策，这是我们陈部长①提出来的。他说自然孕育了人类，承载着人类的生存和发展，人类以掠夺自然的方式疯狂发展，产生的生态危机必然使自然面临危机，因此必须把控制人类自身的物质消耗欲望和欲望驱动下的开发作为生态文明建设的基础。作为一项可操作的政策，可以在国家发展规划中把地方资源环境承载能力定义为生态权益，把地区生态环境建设增加的资源环境承载能力定义为生态补偿，把地区对生态下游地区资源环境承载能力的影响定义为生态输出，把扣除生态补偿和生态输出后的生态权益定义为生态成本。把人均 GDP 与单位生态成本的比值作为地区经济发展的约束性考核指标，比值高表示高度开发，比值低表示发展不足。这个指标要以人口统计、生态输出能力评估和物质生产能力的调查为基础，根据人民生活幸福指数、生产能力发展水平、经济产业结构形式的变动进行动态调整。严格落实这项政策，能够引导地方政府重视生态文明建设，重视通过创新物质增值消费的形式来提高建立在单位生态成本上的人民幸福指数，这是一项大政策，一项基础性政策。

"九小"是指我们提出了九条具体建议。一是加强能源战略研究，建立长期的、权威的研究机构，进行动态分析研究，并且及时向政府有关部门和企业发布研究结果，用于指导工作。二是要改善能源结构，能否在一定时间内控制煤炭产量不再增加。三是调整能源价格体系，发挥价格的引导作用。节能就是减排，我们有一位领导说他家一个月的电费是两百多块钱，他家的保姆说太便宜了，一个月的电费还不如一个月的手机话费，这也说明能源价格有调整的空间，连保姆都说这个电价太便宜了。四是现在国家对发展新能源大多都有补助，但利润还是太低，建议国家增加补助。四是优化区域布局，我们觉得东部发达地区的布局不大

---

① 住房和城乡建设部副部长陈大卫。

合适。六是重大项目要科学决策，环境评估要严格执行。七是新疆要实现跨区域发展，关键是实现优势资源的转换，起点要高，标准要高。八是沿海发达地区不能把落后产能转移到中西部地区。九是农村的污染也很严重，点多面广，治理难度大，所以农村与城镇的环境保护和生态文明建设要同步推进，要解决化肥、农药的污染问题，一要减量，二要推进创新，在一些关键领域和环节取得突破。

主持人：谢谢，看来确实昨天晚上熬了一夜，所以讲得非常多，内容丰富。希望下面的学员能够控制好时间，每人八分钟。但是建议可以写得详细一些，书面内容留下以后，我们会做整理，整理之后会提交有关部委和国务院领导。第四组的发言人是青海省委常委、副省长徐福顺同志，小组的研讨主题是如何建立健全生态文明的有关标准体系，强化监督考核奖惩力度。大家欢迎。

徐福顺：尊敬的各位老师和同学，我代表第四组汇报两点。

第一点是学习的收获和体会。第四组认为这次研讨班办得很好，马凯同志的重要讲话是对十八大报告关于生态文明建设内容的权威解读，是指导今后工作的重要文件。解主任等五位部委领导的专题讲述非常好，专家论坛办得有深度、有水平，案例教学和经验交流生动有趣，结构化研讨在催化师的催化下，积极、热烈、管用，尤其是以我们几位学员为主体的学员论坛办得很出色。各种教学方式的精心安排，帮助我们增长了知识，提高了认识，学出了思路，坚定了信心，对加强、树立正确的生态文明理念有着积极的推动作用，在加强生态文明建设、还老账不再欠新账方面增强了紧迫感、责任感和使命感。

我们体会到，在思想认识上只要战略布局得当，方针政策对路，就会正确地处理好发展与保护的关系，就会两不误、双促进。在宏观战略上应从国家发展战略层面和社会再生产，以及生产生活方式的全过程解决生态文明建设问题，当务之急的切入点和突破口是要建立安全、洁净、经济、高效的现代能源体系，推进能源产业革命。在政策措施上要动真格的，要有含金量的利益导向，具体解决污染地区的突出问题，高度重

329

视微污染地区的保护问题。在体制机制上应加快形成生态文明建设的推动力，要有重要的抓手和工作平台。在社会动员方面要全党、全社会、全民动员，广泛参与，以身作则，形成合力。在统筹国内外方面要兼顾国内、国际两个大局，积极应对气候变化等全球性生态问题，同时力争发展权，珍惜机遇期。基于以上的认识和体会，建议即将出台的中央文件征求意见稿要有权威、有亮点，含金量要高，要有配套的标准体系、考核体系，要有具体的规划和行动方案，具体的修改意见我们已经上交。

我汇报的第二点是对讨论主题的意见和建议。我们组的这个题目可以理解为两部分：一部分是关于建立健全生态文明的有关标准体系。一是要加强整体研究，尽快出台各领域、各方位的生态文明建设标准体系。二是要主攻国家能源战略的研究，形成能源结构调整的标准体系。三是生态文明建设标准体系的建立健全要承上启下，统筹兼顾，例如小康社会指标体系的大框架可以完善、保留，但对限制和禁止开发区的指标体系需要做重大调整，以体现业绩导向、利益导向。

我们题目的另一部分是关于强化监督考核和奖惩力度方面，我们讨论了六条意见建议。一要尽快形成全国各省、市、自治区共同承担责任，但又有区别的目标、任务考核体系。目标要一致，但切忌一刀切，要按照主体功能区的划分，分别不同指标考核，要给欠发达地区发展权，要尽快建立健全生态补偿标准体系，目标、任务考核要有明确的利益导向，有针对性和操作性。二要明确考核对象和责任主体。要强化政府的主导责任，重点考核其领导决策和监管责任，突破红线应当一票否决；要硬化企业和法人社团的主体责任，考核其实施的责任；要推动落实公民消费者自律的责任和监督责任。三是考核的责任分工要具体明确，总体应为上考下，重点考核各级领导者，中央应建立考核各省市区的工作机制，不是单独的，而是综合的考核工作机制。四是考核的信息结果要公开，要接受全社会的广泛监督，在这方面新闻媒体大有用武之地，一把手很怕你们。五是考核的结果运用要与干部的帽子、票子结合，奖罚分明，建立对各级政府的以奖代补机制，对特别贡献者，例如对于企业的能源结构创新成果运用要给予大奖、特奖。六是与考核相关的制度要完善，例如目前的财政预算标准就要完善，再如我们的差旅费还是多少年不变，明明知道那是胡来的，住澡堂子都不够，要实事求是，既要厉行节约、降低成本，又要符合实际，这样才能建立起有利于党政机关、社团厉行节约、降低成本的制度体系。

最后，我们组对国家行政学院这一次精心的安排、及时的组织，以及对这个研讨班做的大量工作，对我们学员的服务表示衷心的感谢。谢谢。

主持人：最后我们请国家行政学院党委书记、常务副院长李建华同志做总结讲话，大家欢迎。

李建华：各位学员大家下午好，也不是总结讲话了，说几句感谢的话。我们这一次推进生态文明建设研讨班在国务院的高度重视下，在我们几家主办单位的共同努力和协作下，在每位学员的大力支持和积极参与下，在我们行政学院有关同志和各位专家的共同努力下，达到了预期效果。我们每次举办这样的研讨班都要达到两个目的，一是能够为党中央国务院的重大政策，包括经济政策、社会建设、政绩建设等方面提供一个研究、研讨的平台，二是为广大学员提供一个交流的平台。我们这个班通过大家七天的努力，使同志们对我们国家当前生态文明建设的重大方针、重大政策、基本原则、工作重点有了更加深入的理解。也正是由于我们提供了这么一个平台，才能够让中央有关机关的主要负责同志、各地政府的负责同志，以及一些央企的领导同志共同探讨我国重大的发展战略政策问题。如果说得到了预期效果，这是我们当时办班的主要目的，也是我们今后办班的主要原则。所以在这里我要感谢为这个班做出努力和奉献的方方面面的领导和各位同志。

下面谈一点希望。从刚才各位学员的发言中我看到大家对我们的办班组织工作给予了一定的肯定，应该说我们行政学院正在积极探索更好的办学方式，努力能够为党和国家提供更多的政策咨询和意见建议。但是我们的教学组织、我们的教学管理，特别是听了同志们提出的一些建议后，我觉得还有不少需要改进之处。我在这里再次感谢同志们对我们整个教学工作和教学管理工作的大力支持，感谢你们提出的意见和建议。我们肯定会积极改进，在下一次办班中努力把大家提出的建议做到。

最后希望我们每位学员、各位中央国家机关部委的领导同志再次到行政学院学习、指导。祝愿大家身心健康，感谢大家。特别要感谢解振华同志，还有中央组织部的同志，还有有关部委的同志对这次办班的大力支持。谢谢同志们，祝大家回程顺利，身体健康。

我再补充一点，实际上这次我们的省部级班在设计的时候曾计划由国务院领导同志听取大家的总结报告，或者搞一次座谈，但是这次正逢两会召开，又是国务院换届，领导实在非常忙。对此国务院有关领导要求我们向学员们转达他们的问候，我们会把同学们的建议和班上的情况如实向中央写出专报，谢谢大家。

主持人：谢谢。结业式到此结束，各位学员再见。

（本文根据录音整理，未经本人审阅）

九

附

录

班主任日志

周志龙

党的十八大报告把生态文明建设纳入社会主义现代化建设"五位一体"的总体布局，摆在十分突出的地位，这是我们党在理论上和实践上的重大创新。大力推进生态文明建设，是贯彻落实科学发展观的必然要求，是提高人民福祉的迫切需要，是广大人民群众的强烈愿望，也是党和政府的重大责任。为增强省部级领导干部推进生态文明建设的意识和能力，遵照国务院领导的指示，由中央组织部、国家发展和改革委员会、环境保护部、国家林业局、国家行政学院共同举办了省部级领导干部推进生态文明建设研讨班。研讨班于 2013 年 3 月 2 日至 9 日在国家行政学院举办，部分省（自治区、直辖市）、副省级城市负责同志、中央国家机关有关部门负责同志、国有重要骨干企业负责同志，共 58 人参加了此次研讨班。我作为该班班主任，参与了研讨班的筹备和运行全过程工作。

一、研讨班筹备过程

2012 年年底，学院开始办班前期的准备工作。经与有关部门沟通协商后，确定在 2013 年春季开学典礼之时开班。在开学典礼上，请时任中共中央政治局委员、国务委员兼国务院秘书长、国家行政学院院长马凯同志作关于生态文明建设的报告，作为本期研讨班的第一课。

2013 年 1 月 23 日，马凯同志召集座谈会，听取部分专家学者对讲话稿的意见。座谈会后，对讲话稿作了修改，再次发有关同志广泛征求意见。

1 月 24 日，学院进修部、经济学教研部、决策咨询部部分同志商讨培训方案。此后，草拟了培训方案及各讲的授课要点，发相关部门征求

意见，并向部分授课人员发出邀请。

期间，时任学院党委书记、常务副院长李建华同志率队赴重庆调研，副院长何家成同志率队赴南京调研。家成同志根据调研情况，推荐南京市到研讨班介绍建设生态智慧城市的经验和做法。

根据各单位反馈意见修改授课题目和要点后，再次发各单位，作为起草授课讲稿的参考。完成授课人员和专家论坛嘉宾邀请。

3月1日，学员报到。晚7点召开研讨班工作人员会议。

二、研讨班运行过程

3月2日上午举行学院2013年春季开学典礼，也是研讨班开班式。马凯同志作"大力推进生态文明建设"的重要报告。报告会由李建华同志主持。

3月2日下午14：30—15：00，在教室由班主任做导学，介绍研讨班教学安排和有关事项，重点介绍结构化研讨和手机短信交流平台，强调中央八项规定和中组部关于加强学员管理的有关规定。15：00—17：00，全体学员在各组研讨室进行结构化研讨，提出当前推进生态文明建设中的重点和难点问题，聚焦重点问题。17：00—17：30，学员回到教室进行全班交流，各组报告人在全班汇报本组主要研讨成果。

3月3日上午8：30—11：30，国家发改委副主任解振华（也是本班学员）讲授"大力推进绿色循环低碳发展"。

3月3日下午自学。

3月4日上午8：30—10：30，环境保护部部长周生贤讲授"积极探索环保新道路，推进生态文明建设"，班主任主持。由于周部长课后要赶去参加外事活动，课程压缩到2小时，中间没有休息。

3月4日下午14：30—17：30，国家林业局局长赵树丛讲授"中国林业发展与生态文明建设"，课后与学员互动。根据解振华同志建议，研讨班把国家发改委起草的《关于加快推进生态文明建设的意见》（征求意见稿）发给每位学员，征求大家意见。班主任要求结合下一阶段的学习研讨，认真研究文件，提出修改意见。

3月5日上午8：30—11：30，举行专家论坛，题目是"生态文明建设中的知与行"。邀请的专家有：中国工程院院士、清华大学钱易教授，清华大学哲学系主任卢风教授，北京林业大学人文学院院长严耕教授，财政部财政科学研究所副所长苏明研究员，中国社会科学院可持续发展研究中心副主任陈洪波研究员。专家论坛由学院经济学教研部主任张占斌教授主持。各位专家从哲学、文化、历史和现实出发，从不同角度阐述了生态文明建设的重要性、紧迫性，并对当前的财税等相关政策和体制机制做出评价和建议，并回答了学员提出的问题。

3月5日下午14：30—17：00，全体学员在各组研讨室进行第二次分组研讨。七个小组（包括同时上课的厅局级班三个小组）分别围绕以下七个问题进行研讨：一是如何完善政策保障体系；二是如何把生态文明建设贯穿于经济、政治、文化、社会建设中去，走出发展与保护的困境；三是如何推动管理部门有效协同；四是如何建立健全有胆有识文明建设的监督考核奖惩机制；五是如何完善市场机制推进节能减排；六是如何加强环境监测与评价；七是如何加强生态修复。各组分别围绕本组的问题研讨，主要是摆现象，分析产生问题的原因。17：00—17：30，各组回到教室进行全班交流，由各组报告人向全班汇报本组研讨成果。

第二次研讨后，研讨班办公室起草并上报了第一期研讨班简报：《当前生态文明建设中面临的突出问题》。

3月6日上午8：30—11：30，工业和信息化部部长苗圩讲授"走新型工业化道路，推进工业绿色低碳发展"，并与学员互动。

3月6日下午14：30—17：30，江苏省委常委、南京市委书记杨卫泽同志做经验介绍，题目是："深入推进生态文明，加快建设人文绿都，争创美丽中国标志性城市"，并与学员互动。

3月7日上午8：30—11：30，农业部副部长陈晓华讲授"加强农业资源环境保护，促进农业可持续发展"，并回答学员提问。

3月7日下午14：30—17：30，案例教学："十面霾伏"挑战中国政

府。案例教学由学院经济学教研部副主任董小君教授、冯俏彬教授主持。该案例专为本班设计，并请学院音像出版社制作了题为"雾霾压城"的专题片。案例教学中，先由冯教授介绍"公共产品、外部性"等概念，并介绍了当前处理外部性问题的几种主要理论。后面的讨论中，请学员思考并回答相关问题。最后学员分成政府、企业和社会公众三个小组，从各自的角度提出解决雾霾问题的措施。

3月8日上午8：30—11：30，举行学员论坛。重点发言人：贵州省委常委、贵阳市委书记李军，重庆市副市长凌月明，中国工程院院士、神华集团公司总经理张玉卓。点评人：学院决策咨询部主任慕海平、学院经济学教研部副主任张孝德。

首先由李军发言，全面介绍了贵阳市在生态文明建设方面的探索和成效，回答了大家关心的经济欠发达地区如何兼顾经济发展与环境建设的关系问题。在回答学员提问中，李军着重阐述了领导干部如何树立正确的政绩观。

接着由凌月明发言，介绍了重庆创建国家环保模范城市的做法和体会，并回答了学员关于绿化等方面的问题。

最后由张玉卓发言，介绍了我国能源战略的发展趋势、煤炭清洁利用技术的发展状况，提出了政策建议，并回答了大家关于页岩气利用等问题。

每一位发言人发言后，点评专家都做了精彩点评，从理念、政策、问题、建议等各方面提出了自己独特的看法。

三位发言结束后，北京市副市长林克庆介绍了北京市应对大气污染所做的工作和下一步的措施。最后，主持人对第二天上午的中央电视台节目录制活动有关事项做了简短说明。

学员论坛得到学员的高度评价，大家认为这三个典型发言选得好，普遍感到收获很大。

3月8日下午14：30—17：30，举行第三次结构化研讨，各组围绕第二次研讨的问题，针对分析的原因，提出解决问题的对策建议，以及在此次研讨班期间最大的收获。

　　3月9日上午8：30—10：30，研讨班与中央电视台合作录制中国政策论坛："生态美·中国美"。由中央电视台节目主持人芮成钢主持，国家发展和改革委员会副主任解振华和全国政协委员、国家行政学院副院长周文彰作为主嘉宾，邀请钱易院士参加。该节目于3月18日在中央电视台财经频道播出。

　　3月9日下午，举行全班交流和结业式。首先由各组发言人汇报研讨成果，主要是提出政策建议。然后，国家行政学院党委书记、常务副院长李建华为学员颁发结业证书，并做简短小结。主办单位负责同志出席了结业式。会议由国家行政学院教务长、进修部主任陆林祥主持。

　　研讨班结束后，学员围绕如何推进生态文明建设撰写了政策建议。经过充分论证，所提建议具有很强的针对性和建设性。研讨班归纳大家的建议，上报了第二期简报：《大力推进生态文明建设的政策建议》。

三、几点思考

　　研讨班得到学员好评，许多学员发来表示感谢的信息。如，国家发改委副主任解振华：谢谢志龙同志！第一次到国家行政学院学习，感谢你和老师们的辛勤工作，此次学习收获很大，谢谢！宁夏回族自治区政府副主席屈冬玉：昨天的教学安排很专业，大家都很投入。中国农业科学院党组书记陈萌山：谢谢周老师，您敬业专业、认真负责，令我感动。中国建设银行副行长朱洪波：周老师及同志们辛苦了！研讨班时间虽短，但讲座、研讨设计合理，组织安排周密；学习内容丰富、理论与实践结合，收获颇丰，受益匪浅。

　　研讨班之所以获得了大家的一致认可，我认为有以下几方面原因。

　　1. 研讨班主题重大、时机恰当。研讨班得到中央领导同志的高度重视和直接指导，学员们也在思想上高度重视，学习非常投入，这是研讨班取得成效的根本保证。

　　2. 研讨班形式多样，方法创新。除了高层次的领导授课外，研讨班

还安排了多种教学形式。专家论坛上邀请了钱易教授等五位专家学者从不同视角阐述生态文明建设的理论和实践问题；经验交流和学员论坛邀请实际工作一线的领导同志介绍了本地区和本单位推进生态文明建设的探索和思考；在案例教学、结构化研讨等教学环节，大家围绕当前生态文明建设中的一些重点难点问题深入剖析；与中央电视台合作，录制了两期"中国政策论坛"节目，这既是一堂生动热烈的教学课，又向社会宣传党和政府推进生态文明建设的坚定决心和显著成效，进一步拓展了研讨班的成果。在培训中，还探索了结构化研讨和手机短信交流平台等新的培训方法。这些互动性很强的教学形式使培训过程更加生动活泼，实现了知识共享和思维共振，真正达到了教学相长、学学相长的目的。

3. 注意营造浓厚的学习氛围。如：研讨班特意请人民画报社提供各地风景图片，对教室进行了装饰，营造美丽中国的缩影；请学院音像出版社收集并编辑有关生态文明的影像资料，每天开课前在教室屏幕上放映，让学员一进教室就感受到浓郁的生态文明氛围，也体会到主办单位的用心和努力。

4. 坚持问题意识和实践导向，增强培训的针对性和实效性。在开班之时，听取了马凯同志的报告后，首先安排一次研讨，任务就是查找和聚焦当前生态文明建设中亟待研究解决的重点难点问题，以后整个培训都围绕这些问题进行学习、研究、思考。既分组围绕不同的问题进行研讨，又组织进行全班交流，使大家都能对重点问题有一个全面的了解。在培训班期间，把《加快推进生态文明建设的意见》（征求意见稿）发给大家征求意见，更是直接把学习培训与实践应用结合起来，使学习更有针对性，也调动了大家学习研究的热情。实现了把研讨班办成两个平台的目的，即为党中央、国务院重大政策提供研究平台，为广大学员提供交流平台。

5. 加强宣传报道工作。由于研讨班主题是全社会关心的问题，研讨班不仅与中央电视台合作录制了节目，而且与新华社等主流媒体合作进行了专题报道，扩大了研讨班的影响，在培训学员的同时，还向社会宣传了生态文明的理念以及党和政府的方针政策，进一步拓展了培训效果。

在研讨班期间，所有授课和学员论坛都由班主任主持，进一步突出了班主任在学习管理方面的作用，使研讨班管理和服务工作更加规范有序。

2013 年 3 月

主办单位

中央组织部、国家发展和改革委员会、环境保护部、国家林业局、国家行政学院

培训对象

各省（自治区、直辖市）、副省级城市人民政府分管负责同志，中央国家机关有关部门负责同志、国有重要骨干企业分管负责同志

培训目的

进一步深刻领会党的十八大关于大力推进生态文明建设的重要精神；探讨生态文明建设与经济建设、政治建设、文化建设、社会建设深度融合的实现形式和符合我国国情的生态文明建设道路；研讨当前推进生态文明建设的重点难点问题，提出解决问题的对策措施；增强推进生态文明建设的战略思维和领导能力。

教学活动安排

（一）主题报告

大力推进生态文明建设

报告人：中共中央政治局委员、国务委员兼国务院秘书长、国家行政学院院长　马　凯

（二）专题讲授（5讲）

1. 大力推进绿色循环低碳发展

讲授人：国家发展和改革委员会副主任　解振华

授课要点：加强生态文明建设的国际背景，绿色循环低碳发展是生态文明建设的基本途径，推动绿色循环低碳发展的目标任务及政策机制。

2. 积极探索环保新道路

讲授人：环境保护部部长　周生贤

授课要点：我国环境保护工作的基本情况重点任务，环境保护规划、标准、监测，加强生态保护的具体措施。

3. 中国林业发展与生态文明建设

讲授人：国家林业局局长　赵树丛

授课要点：生态文明建设在林业领域的国际国内背景，中国林业在生态文明建设中的使命和战略重点，林业发展中的几个重点问题。

4. 推进新型工业化发展

讲授人：工业和信息化部部长　苗　圩

授课要点：加快生产方式转型，实现清洁生产和资源节约，推进有利于生态文明建设的技术创新，促进信息化和工业化融合，走新型工业化道路。

5. 加强农业资源环境保护，促进农业可持续发展

讲授人：农业部副部长　陈晓华

授课要点：发展现代生态农业的必要性，保障农产品安全和加强农业污染防治，加强农村生活环境治理，发展现代生态农业的具体政策措施。

（三）**专家论坛**

主题：生态文明建设中的知与行

特邀专家：

中国工程院院士、清华大学教授　　　　　　　　　钱　易

清华大学教授　　　　　　　　　　　　　　　　　卢　风

北京林业大学人文学院院长、教授　　　　　　　　严　耕

财政部财政科学研究所副所长　　　　　　　　　　苏　明

中国社会科学院可持续发展研究中心副主任　　　　陈洪波

主持人：

国家行政学院经济学教研部主任、教授　　　　　　张占斌

（四）经验交流

南京市河西新城区建设低碳生态智慧城市的实践与探索

主讲人：江苏省委常委、南京市委书记　　　　　　　　杨卫泽

（五）案例教学

"十面霾伏"挑战中国政府

主持人：国家行政学院经济学教研部副主任、教授　　董小君

　　　　　国家行政学院经济学教研部教授　　　　　　冯俏彬

（六）学员论坛

主题：生态文明建设中的难点与对策

点评人：

国家行政学院决策咨询部主任、研究员　　　　　　　慕海平

国家行政学院经济学教研部副主任、教授　　　　　　张孝德

（七）中国政策论坛（与中央电视台合作）

主题：生态美·中国美

主讲领导：国家发展和改革委员会、环境保护部、国家林业局、国家行政学院领导

主持人：中央电视台主持人

（八）结构化研讨（3次）

围绕推进生态文明建设中的重点难点问题进行深入研讨，交流经验，提出政策建议。

催化师：经济学教研部樊继达、蔡春红、马小芳、王茹

（九）全班交流

汇报研讨成果和学习心得。

学习和参考资料

1.《推进生态文明建设研讨班参考资料》，研讨班办公室编。

2.《拯救地球生物圈——论人类文明转型》，新华出版社，2012年，姜春云主编。

课 表

时 间		内 容	授课人承担部门	上课地点
3月2日 （周六）	9：00—11：30	国家行政学院春季开学典礼，中共中央政治局委员、国务委员兼国务院秘书长、国家行政学院院长马凯作主题报告：大力推进生态文明建设	办公厅	报告厅
	14：30—17：30	导学	周志龙	会议中心 二层中会议厅
		结构化研讨（一）问题汇集	樊继达　蔡春红 马小芳　王　茹	会议中心 第1、2、3、4 会议室
3月3日 （周日）	8：30—11：30	专题讲授：大力推进绿色循环低碳发展	解振华	会议中心 二层中会议厅
	14：30—17：30	自学		
3月4日 （周一）	8：30—11：30	专题讲授：积极探索环保新道路	周生贤	会议中心 二层中会议厅
	14：30—17：30	专题讲授：中国林业发展与生态文明建设	赵树丛	会议中心 二层中会议厅
3月5日 （周二）	8：30—11：30	专家论坛：生态文明建设中的知与行	特邀专家： 钱 易　卢 风 严 耕　苏 明 陈洪波 主持人：张占斌	会议中心 二层中会议厅
	14：30—17：30	结构化研讨（二）问题分析	樊继达　蔡春红 马小芳　王　茹	会议中心 第1、2、3、4 会议室
3月6日 （周三）	8：30—11：30	专题讲授：推进新型工业化发展	苗 圩	会议中心 二层中会议厅
	14：30—17：30	经验交流： 南京市河西新城区建设低碳生态智慧城市的实践与探索	主讲人：杨卫泽	会议中心 二层中会议厅
3月7日 （周四）	8：30—11：30	专题讲授：加强农业资源环境保护，促进农业可持续发展	陈晓华	会议中心 二层中会议厅
	14：30—17：30	案例教学："十面霾伏"挑战中国政府	董小君　冯俏彬	会议中心 二层中会议厅
3月8日 （周五）	8：30—11：30	学员论坛：生态文明建设中的难点与对策	点评人：慕海平 张孝德	会议中心 二层中会议厅
	14：30—17：30	结构化研讨（三）对策建议	樊继达　蔡春红 马小芳　王　茹	会议中心 第1、2、3、4 会议室

345

（续表）

时 间		内 容	授课人承担部门	上课地点
3月9日 （周六）	8：30—11：30	中国政策论坛：生态美·中国美	与中央电视台合作	会议中心 二层中会议厅
	14：30—17：30	全班交流 结业式	进修部	会议中心 二层中会议厅